JN288821

大阪市立自然史博物館叢書 ― ④
鳴く虫セレクション

大阪市立自然史博物館叢書—④

鳴く虫セレクション

音に聴く虫の世界

大阪市立自然史博物館・大阪自然史センター 編著

東海大学出版会

Singing insects : Stories about their songs and acoustic behavior

edited by Osaka Museum of Natural History and Osaka Natural History Center
Tokai University Press, 2008
ISBN978-4-486-01815-5

はじめに

　四季のはっきりした日本では、身のまわりの自然が季節の移ろいとともに、美しく変化していきます。先人たちはこれらの中から、様々な美を見つけてきました。そして、長い歴史の中で、季節の変化を鑑賞する文化や芸術を発展させてきました。

　梅雨の明けるころになると、森の中のセミが鳴き始めて、暑い夏の到来を告げます。涼しい秋の夜長には、コオロギ・キリギリス類たちが、林や草原でバラエティに富んだ鳴き声の競演を繰り広げます。自然の中にある美のうち、視覚による最たるものが花なら、聴覚によるそれは、鳴く虫たちといってよいでしょう。

　この本は、大阪市立自然史博物館で再版の要望が強かった1978年の特別展解説書『鳴く虫』の改訂ということで企画を進めてきました。主に以下の2つのパートからなっています。

　1つは概説です。鳴く虫とはどういうもので、なぜ、どのようにして鳴くのかについて、広く紹介しています。また、鳴き声の違い、分布、生息環境など、各種のデータについても扱うようにしました。

　もう1つが読み物としての要素で、これが本書の大きな特徴となっています。ここでは、鳴く虫全体のことや、現在進んでいる最新の研究のことなどを網羅するものにはなっていません。特にバッタ・コオロギなどの直翅目の部分は、大阪市立自然史博物館のサークルから発展した日本直翅類学会のメンバー、つまりアマチュアのみなさんが主に執筆しました。たくさんの著者が日頃から取り組んでいるテーマについて、どのようなことを考え、それがどんなに楽しく、どんなに興味深いかということを、それぞれの切り口・語り口でもって著すスタイルになっています。

　このような構成の本ですから、読者のみなさんは興味あるテーマのページからお読みいただくことができる反面、結果的に全体のまとまりがないものに見えるかもしれません。しかし、多様性は自然において重要なキーワードです。そこから果てしない魅力と未来へ繋がるエネルギーが生まれるものであると確信しています。本書が百花繚乱ならぬ、百「虫」争鳴の1冊として、鳴く虫の尽きない魅力を紹介し、多くの方々、特に若い世代が興味を持つきっかけになれば、きっとわが国の鳴く虫文化も、後世へ脈々と受け継がれていくことでしょう。

　さあ、鳴く虫たちによるすばらしいアコースティックワールドへ、扉を開けて進んでいきましょう。〈初宿〉

目次

はじめに………………………………………………………………………………… v
口絵

1章　鳴く虫の話：直翅目編………………………………………………………… 1
　コオロギたちの鳴き声………………………………………… 角（本田）恵理　2
　　1．コオロギの鳴き声の役割……………………………………………………… 2
　　2．種間での鳴き声の違い………………………………………………………… 3
　　3．鳴き声レパートリー…………………………………………………………… 4
　　4．エンマコオロギ類の呼び鳴きの機能………………………………………… 5
　　5．鳴き声の進化を考える………………………………………………………… 7

　草原で鳴くバッタたち………………………………………………… 内田正吉　10
　　1．原っぱのバッタ………………………………………………………………… 10
　　2．バッタの鳴き方………………………………………………………………… 10
　　　2-1　後脚と前翅で鳴く………………………………………………………… 10
　　　2-2　飛びながら鳴く…………………………………………………………… 11
　　3．色々な鳴くバッタ……………………………………………………………… 12
　　　3-1　トノサマバッタ…………………………………………………………… 12
　　　3-2　クルマバッタ……………………………………………………………… 13
　　　3-3　クルマバッタモドキ……………………………………………………… 15
　　　3-4　カワラバッタ……………………………………………………………… 16
　　4．その他のバッタの発音………………………………………………………… 17
　　　4-1　後ろ脚の「脛」で蹴って鳴く…………………………………………… 17
　　　4-2　からだの一部を振動する………………………………………………… 18
　　　4-3　その他の鳴くバッタたち………………………………………………… 18
　　5．バッタの鳴き声を聴いてみよう……………………………………………… 19

　あれ⁉　こんな鳴き方もある！：コオロギ・バッタたちの不思議な鳴き方
　　……………………………………………………………………… 河合正人　22
　　1．メスも鳴く虫…………………………………………………………………… 22
　　2．翅を使わないで鳴く虫たち…………………………………………………… 22
　　3．なぜ、振動で交信するのか…………………………………………………… 24

4．鳴く虫たちの"耳"		25
5．鳴くことの意味		26

消え行く草原のマツムシ……内田正吉 28
1．『虫のこえ』の鳴く虫たち … 28
2．関東地方の内陸のマツムシ … 28
   2-1　マツムシの生息地を探す … 28
   2-2　夜に調べる … 30
   2-3　生息地の特徴を見出す … 31
   2-4　マツムシのすむ草原の由来 … 32
   2-5　過去の記録が教えてくれること … 34
3．虫の音を聞くということ … 35

春に鳴く虫：クビキリギス……伊藤ふくお 37
1．クビキリギスという虫 … 37
2．クビキリギスの生態 … 37
3．奈良県飛鳥川での観察 … 39
4．クビキリギスの移動を調べよう … 40
   コラム　クビキリギスとツチイナゴの越冬について ……（伊藤ふくお）41
   コラム　鳴く虫たちの食事メニュー ……（杉本雅志）42

日本のキリギリスとその近縁種……和田一郎 43
1．はじめに … 43
2．日本のキリギリス … 45
3．世界のキリギリス … 46

ヤブキリの声に耳を傾けてみよう……小川次郎 50
1．ヤブキリとはどんな虫？ … 50
2．鳴き方が違えば別種？ … 50
3．仮称がいっぱい！ … 51
4．ヤブキリの研究は続く … 54

ノミバッタの異端児返上計画……村井貴史 55
1．ロシア沿海州にて … 55
2．ノミバッタの分類 … 56

日本産ヒナバッタ類とその見分け方 ……………… 石川　均　61

1. はじめに …………………………………………………… 61
2. 高山バッタ ………………………………………………… 61
3. ヒナバッタの分類 ………………………………………… 62

属・種の説明 ………………………………………………… 65

　　コラム　まだまだわからない幼虫の識別 ……………（杉本雅志）70

本州で見られるササモリ類幼虫の見分け方 ……… 市川顕彦・河合正人　72

1. バッタに似たキリギリス・ササキリ …………………… 72
2. ササキリの幼虫の見分け方 ……………………………… 72

琉球の鳴く虫に会いに行こう！ ……………………… 松本雅志　76

1. 琉球列島に行こう！ ……………………………………… 76
2. どの島に行くのか ………………………………………… 76
3. いつ行くのか ……………………………………………… 78
4. ハブに注意！ ……………………………………………… 78
5. 南国のユニークな鳴く虫たち …………………………… 80
   - 5-1　タイワンツチイナゴ ……………………………… 80
   - 5-2　ヒルギササキリモドキ …………………………… 80
   - 5-3　ヒラタツユムシ …………………………………… 81
   - 5-4　クロギリスの仲間 ………………………………… 81
   - 5-5　ヒシバッタの仲間 ………………………………… 83

移入か？　在来か？　移り変わる分布を追って ……… 杉本雅志　84

1. はじめに …………………………………………………… 84
2. フタイロヒバリの場合 …………………………………… 84
3. タイワンカヤヒバリの場合 ……………………………… 85
4. クロツヤコオロギの場合 ………………………………… 86
5. キリギリスの場合 ………………………………………… 88
6. むすび ……………………………………………………… 89

江戸東京の虫売り：鳴く虫文化誌 …………………… 加納康嗣　90

1. 江戸の虫聴名所 …………………………………………… 90
2. 江戸の虫屋 ………………………………………………… 92
3. 江戸の虫屋屋台 …………………………………………… 96

- 4．江戸で売られた虫と虫籠……………………………………99
  - 4-1　虫売りの季節 ………………………………………99
  - 4-2　虫の種類 …………………………………………99
  - 4-3　虫の値段 …………………………………………102
  - 4-4　虫籠 …………………………………………………102
    - (1) 竹ヒゴの虫籠……………………………………102
    - (2) 小泉八雲の虫籠…………………………………103
    - (3) エンマコオロギの虫籠…………………………105
  - 4-5　鳴く虫の流通 ………………………………………105
- 5．虫売りは、なぜ江戸で繁盛したのか………………………106

2章　鳴く虫の話：セミ編………………………………………109

セミの鳴き方と進化……………………………………初宿成彦　110
1．あなたの身近なセミは？……………………………………110
2．セミが合唱をするわけ………………………………………110
3．鳴き声による被害……………………………………………112
4．声の大きさと進化……………………………………………113
5．鳴くのは危険…………………………………………………114

アカエゾゼミを絶滅から救え：鳴く声による同定…………大谷英児　116
1．アカエゾゼミって？…………………………………………116
2．絶滅危惧種……………………………………………………116
3．鳴き声の聞き分け……………………………………………117
4．自動音声同定装置をめざして………………………………119

原始日本のセミ：ヒメハルゼミの魅力……………………初宿成彦　121
1．ヒメハルゼミの新産地ぞくぞく……………………………121
2．ヒメハルゼミの全山大合唱…………………………………122
3．お告げから「ヒメハルシアター」へ………………………123
4．姫春姫…………………………………………………………124
5．元祖・姫春姫…………………………………………………125

世界最大のセミ：テイオウゼミ……………………………宮武頼夫　127
1．テイオウゼミの仲間…………………………………………127
2．重さも世界一？………………………………………………127

3．生きたテイオウゼミを手にのせた！･････････････････････････････ 129
　　　4．鳴き声も世界一？･･･ 131

　セミの系統進化と生物地理･･･････････････････････････････････ 初宿成彦 133
　　　1．セミの歴史･･･ 133
　　　2．多様な中国のセミ･･･ 133
　　　3．朝鮮半島・対馬のセミ･･･ 134
　　　4．南西諸島のセミと生物地理･････････････････････････････････････ 135
　　　5．チッチゼミ･･･ 135

　セミの外来種：金沢のスジアカクマゼミ･･････････････････････ 宮武頼夫 138
　　　1．日本新記録のセミ･･･ 138
　　　2．鳴き声と発見のいきさつ･･･････････････････････････････････････ 138
　　　3．その後の経過と現在のようす･･･････････････････････････････････ 140
　　　4．どのようにして入ってきたのか･････････････････････････････････ 141
　　　5．金沢市のクマゼミのようす･････････････････････････････････････ 142
　　　6．今後はどうなる？･･･ 143

　セミの孵化を観察しよう･････････････････････････････････････ 森山　実 145
　　　1．卵を探せ！･･･ 145
　　　2．卵期間も長い!!･･･ 146
　　　3．孵化は雨の日が良い･･･ 147

　セミと人間生活との関係･････････････････････････････････････ 宮武頼夫 150
　　　1．セミ採りとセミの文化･･･ 150
　　　2．セミグッズ：中国のセミなど･･･････････････････････････････････ 150
　　　3．セミは害虫？･･･ 152
　　　4．食べ物としてのセミ、薬としてのセミ･･･････････････････････････ 154

　芭蕉が詠んだセミはニイニイゼミか？････････････････････････ 市川顕彦 156

3章　鳴く虫の基礎知識･･････････････････････ 宮武頼夫・市川顕彦・初宿成彦 163
　虫は、なぜ鳴くのか･･･ 164
　　　1．鳴き声の役割･･･ 164
　　　2．鳴き声の起源･･･ 166

鳴き方の仕組み ………………………………………………………………… 168
- 1. ナキイナゴ・ヒナバッタ類 ……………………………………………… 168
- 2. キリギリス類（キリギリス上科） ……………………………………… 168
- 3. コオロギ類（コオロギ上科） …………………………………………… 168
- 4. セミ類 …………………………………………………………………… 169

鳴き声の種類 …………………………………………………………………… 172
- 1. セミの例 ………………………………………………………………… 172
- 2. 直翅類の例 ……………………………………………………………… 173

鳴き声はどこで聞く：鳴く虫の耳 ………………………………………… 174

鳴き声の音響学：鳴き声の表わし方 ……………………………………… 176

鳴く虫の生活史 ………………………………………………………………… 177
- 1. セミ類 …………………………………………………………………… 177
- 2. キリギリス類・コオロギ類 …………………………………………… 178

鳴く虫の発音と日周活動 ……………………………………………………… 180
- 1. セミ類の発音の日周活動 ……………………………………………… 180
- 2. キリギリス類・コオロギ類の発音の日周活動 ……………………… 181

発音昆虫と発音のタイプ分け ………………………………………………… 183
- A. 発音の装置を持っていないもの ……………………………………… 183
- B. 発音の装置を持っているもの ………………………………………… 184
- C. 鳴き声を出す装置を持っているもの ………………………………… 185

4章 もっと鳴く虫を楽しむために …………………………………………… 189

鳴く虫を飼おう ………………………………………………… 安藤俊夫・中原直子 190
- 1. あると便利な採集用具類 ……………………………………………… 190
- 2. 飼育の基本事項 ………………………………………………………… 192
  - 2-1 飼育箱、孵化容器箱の色々 ……………………………………… 192
  - 2-2 飼育箱の網目の大きさ …………………………………………… 192
  - 2-3 土中に産卵する種類の産卵材料 ………………………………… 193
  - 2-4 エサの色々 ………………………………………………………… 194

	2-5	産卵管理箱、幼虫・成虫飼育箱、孵化箱の置き方と置き場所	195
	2-6	給水方法とその置き場所	195
	2-7	土の乾湿調整	196
3.	各種類の飼育法		196
	3-1	スズムシ	196
	3-2	マツムシ	199
	3-3	カンタン	203
	3-4	クサヒバリ	208
	3-5	カネタタキ	211
	3-6	クツワムシ	212
	3-7	キリギリス	216
	3-8	ヤブキリ	219
	3-9	コンパニオンインセクト　モリバッタ	222
	3-10	好き嫌いが激しい樹上性ツユムシ	224
	3-11	くいだおれコオロギ	225
	3-12	立て板もへっちゃら　樹上性コオロギ	226
	3-13	べんじょこおろぎと呼ばないで　カマドウマ	227
	3-14	滑り止めなし地表性コオロギ	228
	3-15	大増殖コバネヒシバッタ	228
	3-16	弱く強かなウミコオロギ	230

きれいな標本が作りたい！ 杉本雅志　232
  1．殺虫・整形　232
  2．乾燥　234

おわり　237
参考文献　239
付録　日本の鳴く虫一覧（市川顕彦・初宿成彦）　246
索引　329

1章
鳴く虫の話：直翅目編

コオロギたちの鳴き声

角（本田）恵理

1．コオロギの鳴き声の役割

　秋の夜、外に出ると虫の鳴き声がにぎやかです。ふと足を止め、虫の鳴き声に耳を傾けた経験を持つ人は多いと思います。一方で、本州の冬はとても静かです。冬の静寂を知ると、秋の虫たちの鳴き声のにぎやかさが懐かしく思い出され、季節限定のにぎやかさになおいっそうの感慨を覚えます。

　虫の発音は、正確には、日本列島では秋とは限らず、ほぼ1年中続いています。日本列島は南北に長細くなっており、どの地方で聞くかによって、虫の鳴き声の聞こえる季節も聞こえる種類も違っています。本州では秋限定と思われている鳴き声も南西諸島へ行けば、ほぼ1年中聞くことができるのです。虫の鳴き声が聞こえる季節、それはすなわち、虫たちの繁殖期にあたります。

　コオロギやキリギリス、バッタなどを含む直翅目は、成虫になって初めて翅がはえそろいます。幼虫時代には翅は見当たりません。何度も脱皮を繰り返し、成虫の一歩手前、二歩手前の幼虫になると、小さな小さな翅がはっきり確認できるようになります。成虫になって初めて、翅がはえそろい、コオロギらしい姿になり、オスは鳴くことができるようになり、メスと出会い、繁殖するのです。本州の多くの地域では、秋に産み付けられた卵が冬を越し、翌春、卵から幼虫がかえります。鳴く虫たちは、実は、秋になるずっと前から地面にいるのです。しかし、そのときには、小さくて、鳴き声はまだ出さず静かに暮らしていて、私たちはただ気付かないだけなのです。

　コオロギの仲間たちは、鳴く虫の中心的な存在といえるでしょう。コオロギの鳴き声は世界各国で広く研究されており、その研究は、神経生理学、行動学、進化生態学など幅広い分野にまたがって行われています。私はコオロギの鳴き声を研究しています。日本国内ではコオロギの歌の研究者は意外に少ないのですが、昨今、音響分析技術が利用しやすくなり、コオロギに限らず動物の音声の研究が急速に進展しつつあります。

　コオロギの場合、鳴くのはオスのみです（図1）。翅に注目するとオスとメスがすぐに見分けられます。オスの前翅の翅脈はでこぼこしていて、メスの翅脈とはずいぶん違うのです（図2）。オスの前翅には発音器官があります。右前翅の裏面にあるヤスリ器と左前翅にあるコスリ器です。これらを擦り合わせることにより翅を振動させます。翅の振動は、発音鏡とよばれる部分、琴線部とよばれる部分に伝わり、翅全体

1章　鳴く虫の話：直翅目編

図1　鳴くエンマコオロギのオス．前翅を立てて擦り合せて発音する．

図2　タイワンエンマコオロギのオスの前翅．翅脈がでこぼこしている．

の振動を引き起こし鳴き声が生み出されるのです。

　コオロギの鳴き声は、成虫になったオスだけが発する繁殖のための信号です。秋の夜を彩るコオロギたちの鳴き声はコオロギたちの恋の歌だったのです。では、コオロギたちの鳴き声は、どのような情報を伝えているのでしょうか？　コオロギたちの鳴き声は、主に種とオスの状態を伝えていると考えられています。

　コオロギのオスの鳴き声を頼りに、メスはオスのもとへとやってきます。メスのコオロギたちは、オスたちの鳴き声に大変に敏感です。実験室でスピーカーから同種のオスの鳴き声を流すと、スピーカーに着実にたどり着きます。コオロギの鼓膜器官は、左右前脚の脛節部分にあります。また、胸部にも聴覚気門とよばれる特殊な聴覚器官を持っています。それらを駆使して非常に正確に音源までたどり着けるのです。

2．種間での鳴き声の違い

　虫たちの鳴き声は、種によって異なり、秋の野外では、たくさんの種類の鳴く虫たちが一斉に鳴いています。その鳴き声の多彩さもまた、秋の夜、虫たちの声を楽しむことの魅力の1つだと思います。虫の鳴き声をおぼえれば、どんな虫がどのあたりで鳴いていてどういう状況にあるのかをだいたい把握できるようになります。夜の暗闇の中で、音を頼りに虫の生態を心に思い描くのはたいへん楽しいことです。

　虫の鳴き声とまとめてよんでしまいがちですが、日本列島に鳴く虫はとてもたくさん分布しています。「虫の鳴き声は好きですか？」と尋ねられたら、みなさんはどのように答えるでしょうか？

環境音に対するアンケート調査結果をまとめた論文で、川の水の流れる音、車の音などに並んで、虫の鳴き声という項目があり、虫の鳴き声が快い音と評価されていたことがありました。私はその結果を見て、とても疑問を感じました。虫の鳴き声は種によってかなり違うからです。そこで、7種類の直翅目昆虫の鳴き声を聞いてもらって快いかどうかを尋ねるアンケート調査を行いました。結果は、虫の種類によってずいぶん違っていました。最も快いとされたのは、エンマコオロギとアオマツムシの鳴き声でした。これら2種の鳴き声には共通点があります。鳴き声を構成する1つひとつのパルスの長さが長く周波数変調を伴うのです。この特徴が、人の耳に心地良く聞こえるようです。不快と評されたものは、周波数のかなり高い鳴き声、短いパルスの連続する鳴き声でした。虫によって鳴き声は違うのに私たちは虫の鳴き声は心地良いと思っています。それは、虫の鳴き声という言葉を聞いたときに、人は、自分がよく知っている好ましい虫の鳴き声を思い描いて評価しているからだと思います。その対象は、私たちが行ったアンケート調査で評価の高かったエンマコオロギやアオマツムシの鳴き声である可能性が高いと考えています。特に、エンマコオロギは日本人にとってたいへん親しまれているコオロギで、エンマコオロギの鳴き声は、多くの人に"コオロギの鳴き声"として認識されているのだと思います。以前、海外の学会発表で、エンマコオロギの鳴き声を再生して聞いてもらったところ、たいへん好評でした。エンマコオロギのパルスの長さはコオロギ類の中では非常に長く、心地良い響きを生み出しています。その鳴き声の心地良さは、海外の研究者をも惹き付けるほど魅力的なものなのです。

3．鳴き声レパートリー

鳴き声の多彩さは、種の違いからくるものだけではありません。同一個体でも色々な鳴き声を発するのです。状況によって鳴き声が変わること、すなわち鳴き声にレパートリーがあることは1960年代にはすでに報告されています。細かくは7種類（さらに細かく分けると9種類）にも分けられているのですが、その中で主なものは、呼び鳴き（calling song）、求愛鳴き（courtship song）、闘争鳴き（aggressive song）の3つで、野外でよく耳にするものです。これら3つのレパートリーは、状況によってはっきりと異なる音として人にも聞き分けられるもので、多くの種で明瞭に区別できます（図3）。

コオロギの配偶行動は、まず、単独状態にあるオスが呼び鳴きを発することから始まります。呼び鳴きは、メスの誘引と他のオスへの自己の存在アピールの機能をはた

すと考えられています。鳴いているオスのそばまでメスが接近してくると、オスは鳴き声を求愛鳴きに変化させます。その後、メスがオスの後方からオスの背中に乗り、交尾が成立します。メスのほうからオスに接近し、メスが自らオスの背中に乗ることが必要であるため、コオロギの配偶行動では、最後まで選択権はメスにあり、強制交尾は起こりにくい状況だと考えられます。

　闘争鳴きは、オス同士が至近距離にあるとき、発せられる鳴き声です。多くの種で、闘争鳴きの中では、一貫して音圧の大きいパルス列が続き、不規則に途切れるものです。呼び鳴きのような一定数のパルスで構成される規則正しいチャープ構造を示しません。求愛鳴きも、トリル部分は大変不規則です。闘争鳴きも求愛鳴きのトリル部分も相手の反応次第で発音を調節しているという点で共通しています。その事が不規則な発音と関係があるのかもしれません。

　コオロギの歌の研究で、もっともよく研究されているのは呼び鳴きです。私はエンマコオロギ類の鳴き声を研究していますが、最初に手がけたのは、やはり呼び鳴きでした。

4．エンマコオロギ類の呼び鳴きの機能

　日本には、エンマコオロギ属のコオロギ4種が自然分布しています。日本列島上では、北からエゾエンマコオロギ、エンマコオロギ、タイワンエンマコオロギが分布し、小笠原諸島に固有種であるムニンエンマコオロギが分布しています。さらに最近では、岡山の一部に本来ならオセアニアに分布しているコモダスエンマコオロギが移入されています。

　私は、日本列島に広く自然分布するムニンエンマコオロギを除いた3種を対象として、呼び鳴きを詳しく調べました。すると、図4のように、エンマコオロギの呼び鳴きだけが顕著に異なる鳴き声を持つことがわかりました。エンマコオロギは、分布の北側でエゾエンマコオロギと、分布の南側ではタイワンエンマコオロギと分布を重ねています。どちらの共存域においても、エンマコオロギの声と他種の声は区別しやすそうです。

　実際に、メスに呼び鳴きを再生して聞かせる実験を行った結果、エンマコオロギのメスは、近縁他種であるエゾエンマコオロギやタイワンエンマコオロギの呼び鳴きを自種であるエンマコオロギの呼び鳴きと区別できることがわかりました。実験では、2個あるいは3個のスピーカーからエンマコオロギの鳴き声と同時に他種の呼び鳴きを流し、メスの反応を調べたのです。エンマコオロギのメスは、高い確率でエンマコ

| エゾエンマコオロギ | エンマコオロギ | タイワンエンマコオロギ |

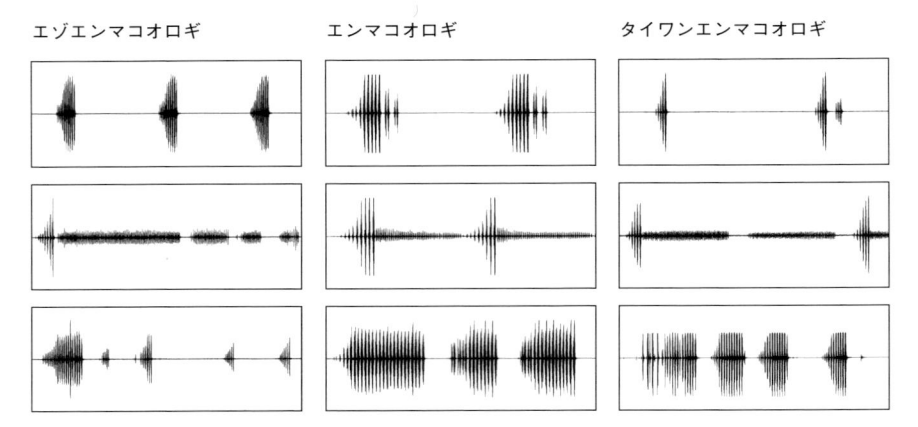

図3 エンマコオロギ類3種の鳴き声レパートリーの波形図を示す．上段から，呼び鳴きcalling song, 求愛鳴きcourtship song, 闘争鳴きaggressive song（各5秒間）の波形図．

オロギの呼び鳴きを再生しているスピーカーへ接近し、スピーカーに接触したり、スピーカーの周りをぐるぐる回ったりしました。中には、スピーカーによじ登ったメスもいました。エンマコオロギのメスは、自種のオスの呼び鳴きに強く惹き付けられていたということです。また、エゾエンマコオロギとタイワンエンマコオロギのメスは、エンマコオロギの呼び鳴きを自種の呼び鳴きと区別することができました。したがって、エンマコオロギと分布が重なっていても、エゾエンマコオロギもタイワンエンマコオロギも、呼び鳴きでしっかり判別できるということがわかりました。一方、エゾエンマコオロギとタイワンエンマコオロギは、呼び鳴きが似ており、メスの弁別も混乱することがわかりました。しかし、エゾエンマコオロギとタイワンエンマコオロギは、分布が重複せず、何の支障もありません。このような呼び鳴きの分布を持つことは、鳴き声の限られたバリエーションを有効に活用できる形になっているのだと思います。

　ところが、最近、求愛鳴きについて調べたところ、どうも呼び鳴きほど明瞭な結果は得られませんでした。エゾエンマコオロギが、同所的にも分布するエンマコオロギの求愛鳴きに強く惹き付けられるのです。エゾエンマコオロギとエンマコオロギは、実験室内では交雑が可能です。しかし、子の世代では様々な不具合が生じ、孫世代は生まれないことが調べられています。エゾエンマコオロギのメスは、エンマコオロギのオスの求愛鳴きに惹き付けられることで不利益を被るのではないか？　とたいへん不思議な気持ちです。このことに関しては、現在、調べているところです。

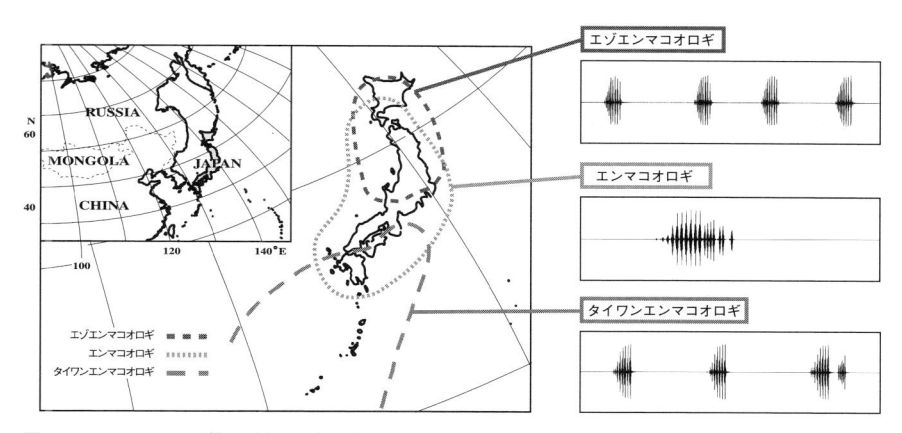

図4 エンマコオロギ類3種の日本列島上での分布と呼び鳴きの波形図（5秒間）を示す．3種の分布（Masaki & Ohmachi, 1967を改変，日本昆虫学会より許可を得て転載）は，現在の分布は異なっていると考えられる．特に，鳴き声の似ているエゾエンマコオロギとタイワンエンマコオロギに関しては，2種の分布域が現在どのような関係にあるのか詳しい調査をしたうえでの鳴き声研究の再考察が必要と考えている．

5．鳴き声の進化を考える

　現在、私たちが聞いている鳴き声はどのような進化の過程を経て、今のような鳴き声になったのでしょうか。形質の進化を考察する場合、最近では、分子系統樹を用いることが多くなりました。分子系統樹とは、遺伝子やタンパク質の類似度に基づいて種間やグループ間の系統関係を解析し、その結果に基づいて得た系統樹のことです。分子系統樹と各種の形質を眺め合わせて、どのように形質が進化してきたのかを考察するのです。

　エンマコオロギ類の分子系統解析を行ったところ、3種の中では、呼び鳴きの大きく異なるエンマコオロギとタイワンエンマコオロギが遺伝的に近い関係にあることがわかりました。エゾエンマコオロギとタイワンエンマコオロギの呼び鳴きの類似は、遺伝的近縁関係を反映するものではなかったのです。実は、このような遺伝的類似度と鳴き声の類似度が一致しないという結果は、北米大陸のコオロギ類でも報告されています。近縁であるがゆえに、鳴き声が大きく違うことが必要であった時代が過去にはあったのかもしれません。

　鳴き声の進化を考える場合、前述のように系統樹と照らし合わせて考えることはたいへん楽しいことです。しかし、もう一点、とても興味を感じるテーマがあります。それは、そのような鳴き声の進化がどのような要因によって生じてきたのかというも

のです。それは、系統樹と鳴き声との関係からだけでは読み取ることはできません。各種についてオスの鳴き声とメスの反応を調べて、その種の鳴き声にどのような選択圧が進化過程でかかってきたかを考えることが大切なのです。進化の過程でかかる選択圧としては、自然選択によるものと性選択によるものがあげられます。自然選択は個体の生存に有利な形質に関わるもの、性選択は配偶に有利な形質に関わるものと表現することが可能です。コオロギのオスの鳴き声のように、配偶に必須の形質は性選択によって進化してきたと考えることができます。性選択が鳴き声の進化にかかわってきた可能性を示唆するエンマコオロギの研究例をお話したいと思います。

　私は、エンマコオロギの鳴き声をたいへん美しいと感じています。秋の夕暮れ、畑野に響くエンマコオロギの高らかな澄んだ鳴き声（"ころころりーりーりー"と聞きなしされることが多い鳴き声です）は、聞いていてたいへん心地良いものです。一緒の部屋にいると、その鳴き声の大きさに少しつらくなることもありますが、野外で聞く鳴き声はとても美しく心地良いものです。

　前の部分でも述べましたが、エンマコオロギの鳴き声は、パルスが長いという特徴を持ちます。日本のコオロギ類の中では、もっとも長いパルス長を持つ鳴き声です。私は、コオロギの歌をコンピューターで合成してメスに聞かせて反応を観察するという実験（プレイバック実験とよびます）を行いました。その結果、エンマコオロギのメスは、長いパルス長に対して好みを示すことがわかりました。エンマコオロギのオスが実際に持っているパルス長と、さらに長いパルス長を一緒にプレイバックした結果では、実際のエンマコオロギのパルス長よりも長いパルス長を持つ鳴き声に強く惹き付けられていました。この結果は、たいへんおもしろいことです。メスは鳴き声で、配偶相手を決定していると考えられますが、その場合、より長いパルス長の鳴き声に惹き付けられているのです。このことは、結果的に、エンマコオロギの鳴き声のパルス長に対して長くなる方向へと進化させる力になると考えることができます。実際には、長いパルス長の鳴き声を発するには、何かコストがあるのかもしれません。たとえば、エネルギーが非常に多く必要であるとか、鳴いているオスの場所が特定しやすくなり、危険になるなど。現実には、そのようなコストとの兼ね合いで、エンマコオロギの鳴き声は現在の形で落ち着いているのだと考えることができます。

　鳴き声の進化の過程の考察は、分子系統樹だけではなく、種ごとにかかえる鳴き声状況をつぶさに調べることにより、初めて可能となります。エンマコオロギのパルス長に対するメスの好みの話は、種固有の鳴き声状況の1つの例です。このような種ごとの鳴き声情報を少しずつ積み重ねていくことが鳴き声の進化を理解するための大切

な作業なのです。私たちヒトの一生は80年ほどでしょうか。エンマコオロギたちの一生は半年弱、ほんの数カ月間ですが、鳴き声の進化の過程を考察するには、何千万年もの間の何千万世代の中で生じてきた進化の歴史に思いを馳せることが大切なのです。

草原で鳴くバッタたち

内田正吉

1. 原っぱのバッタ

みなさんは、バッタを採ったり追いかけて遊んだりしたことは、ありませんか？

広い原っぱや川沿いの草原を歩くと、バッタがピョンピョンと足元で跳ねる姿や、パタパタと遠くまで飛び去る姿を見ることがあります。そんなバッタたちを追いかけた楽しい思い出を持っている人もおられることでしょう。

バッタがたくさんすんでいる草原で、じっと耳を澄ますと、バッタの鳴き声が聞こえてくることがあります。キリギリスやコオロギたちの鳴き声ではなく、バッタの鳴き声です。バッタも、鳴くのです。

2. バッタの鳴き方

2-1 後脚と前翅（まえばね）で鳴く

バッタの仲間は、キリギリスやコオロギとは異なる鳴き方をします。

キリギリスやコオロギが、左右の前翅を擦り合わせて鳴くのに対し、バッタはそれ以外のいくつかの方法で鳴きます。どこまでを「鳴く」といっていいのか困ることもありますが、ここでは便宜的に、バッタが体の一部を使って自ら音を出すことを、「鳴く」としておきます。

もっとも一般的なバッタの鳴き方は、前翅と後脚を擦り合わせる方法です。地面や草にとまって前翅を閉じているときに、後脚を上下に動かします。上下に動かすといっても、脚の付け根は固定されているので、実際にはそこを要として、後脚を上げ下げするわけです。このときに膝は折り曲げていますので、膝の端が円弧を描くように上下に動きます。この動きによって、腿の内側にある隆起線が、翅の側面の脈（翅脈）にこすり合わされます。そのようにして発音する、つまり「鳴く」のです（図1）。

このような方法で鳴くバッタには、後脚の腿の内側にある隆起線か、あるいは翅にある翅脈のどちらかに、とても小さくて細かな突起の列が一列あります。これは一般に「ヤスリ」とよばれています。ヤスリが、腿にあるのか、翅脈にあるのかは、種類によって異なっています（図2）。

このように後脚の腿節を前翅に擦って鳴くタイプを、岡田正哉さんは「もも鳴き」とよんでいます。

図1 ナキイナゴ（オス）．ススキの葉の上で，後脚を動かして鳴いている．

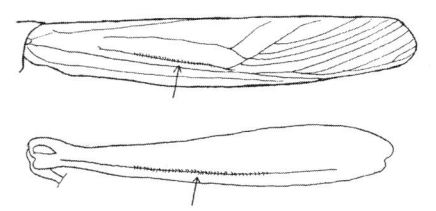

図2 バッタのヤスリの位置．上：カワラバッタ（オスの左前翅側面）；下：ナキイナゴ（オスの左後腿節内側）．市川顕彦氏原図．

2-2 飛びながら鳴く

　バッタの仲間は一方で、飛びながら鳴く種類もいます。

　バッタにとって飛ぶことは一般には、外敵から逃げたり、他の場所へ行ったりするための移動手段です。しかしいくつかの種類で、鳴くために飛ぶことが知られています。

　鳴くための飛翔は、通常の移動のための飛翔と比べて、飛ぶ距離や飛跡が異なる場合が多くあります。飛びながら空中で、「バチバチバチ」や「パタパタパタ」など種類ごとに特徴的な音を出します。

　バッタが飛びながら鳴くことを、英語ではcrepitationといいます。この単語を英和辞書で見ると、「パチパチということ（鳴る音）」とあります。バッタが空中で鳴く音をそのまま表わしている言葉です。

　一方、このタイプのバッタの鳴き方に対しての、日本語の用語は今のところないようです。ここでは前述の岡田さんの命名法に習って、バッタが飛びながら鳴くことを「飛び鳴き」と仮によぶことにします。

　この鳴き方の仕組みは、はっきりとは解明されていないようです。ただし、後ろ翅を使って音を出していることは間違いないようです。

　このように、後脚と前翅を使った「もも鳴き」や、飛びながらの「飛び鳴き」が、バッタの代表的な鳴き方です。ではどのようなときに、「もも鳴き」や「飛び鳴き」が行われるのでしょうか。

　日本産のバッタの鳴く行動については、実は観察記録の報告がとても少ないです。

図3 トノサマバッタ（オス）．

しかも断片的な記録がほとんどです。そのためここでは、最近に私が観察した内容を中心にして、これらバッタの鳴く行動について紹介します。

3. 色々な鳴くバッタ
3-1 トノサマバッタ

　トノサマバッタ（図3）がたくさんすんでいる草原では、オスの「もも鳴き」をしばしば聞くことがあります。それは、「トゥルルルル」と聞き取れる軽快な鳴き声です。

　私は以前に、メスの上に乗っているオスが、しきりに鳴いている行動を観察したことがあります。この行動を観察しているときに、他のオスがそこへ近寄っていました。メスの上にいるオスはどうやら、近くの地面にいる他のオスの接近を意識して鳴いているように思われました。メスの上のオスがしきりに鳴いているとき、さらに別のオスが遠くから飛んでやって来ました。

　メスの上のオスは、なぜしきりに鳴いていたのでしょう。それは、他のオスの接近を察知したためであるように見受けられました。一方で、遠くから飛んでやってきた別のオスは、メスの上で鳴いているオスの音に引き寄せられたように思われました。他のオスへの警戒に対する鳴き声が、別のオスを引き寄せてしまうことなんてあるのでしょうか。多くの野外観察例を増やしていくことによって、トノサマバッタが鳴くことの意味がはっきりとわかってくるでしょう。

　このほかトノサマバッタは、メスを発見したときに、ジリジリと鳴きながらメスに

図4 クルマバッタ（オス）．

近づくこともあるようです。このときの鳴き方もやはり、「もも鳴き」なのでしょう。メスに接近するときに鳴くことと、メスの上でしきりに鳴くこととは、別の意味がありそうです。

　トノサマバッタのオスはさらに、「飛び鳴き」もします。トノサマバッタが飛んでいるときに「パタパタパタ」と軽快な音が聞こえてくることがあります。このときの飛び方を注意して見ると、ごく短い距離しか飛ばないことがわかります。トノサマバッタは、逃げ去るときには50 mやそれ以上の距離を簡単に飛びます。そのような飛び方のときには、鳴き声が聞こえることはまずありません。それに対して「パタパタパタ」という鳴き声が聞こえるときの飛ぶ距離は、せいぜい数メートルか10 mほどにすぎません。飛翔力の強いトノサマバッタがそのような短い距離しか飛ばないのは、移動が目的ではないことは、容易に察せられます。つまり、音を出すために飛んでいるということです。「飛び鳴き」をしているオスを観察し続けていると、発音を伴った短い距離の飛翔と着地とを、何度も繰り返していることがあります。しかも、その行動は、ある範囲にとどまっていることが多いです。しかし時には、そのような短い飛翔と着地を繰り返しながら、徐々に別の場所へと移動していくこともあります。

3-2　クルマバッタ

　クルマバッタのオス（図4）は、地面にいるときに「キュッ・キュッ」という軽快な音を出すことがあります。後脚を前翅にこすって音を出す鳴き方、つまり「もも鳴き」タイプです。クルマバッタの「もも鳴き」は、単独のオスが地面付近を歩いているときにしばしば観察されます。でもこの鳴き方にどのような意味があるのかは、よくわかりません。観察例を増やす必要があるでしょう。

クルマバッタの発音はむしろ、飛びながら鳴くことの方が注目されています。クルマバッタのオスの「飛び鳴き」は、特徴的なものです。それは、草地から飛び立つときに、「ブルル」という音を出します。そして草原の上を旋回するようにして数メートルから10ｍほどの距離を飛び続け、着地の少し前に空中で「バチバチバチ」と音を出すのです。クルマバッタの「飛び鳴き」に関して、私は次のような観察をしています。

　関東地方の平野部でのことです。9月下旬のある晴天の昼すぎに、広い草原にいました。そこでは、とてもたくさんのクルマバッタが短い距離を飛びながら「バチバチバチ」と鳴いていました。12時30分から13時ころまでの約30分間に、10ｍ×10ｍほどの範囲の草原で、のべ100例ほどの「飛び鳴き」が観察されました。

　そのように、たくさんのクルマバッタたちが入れ替わり立ち代り飛び立って、空中で「バチバチバチ」と鳴いていました。鳴きながら飛ぶのはすべてオスでした。それに混じって、ごく少数ですが、メスの飛翔も見られました。メスが飛んで着地すると、複数のオスが草むらから飛び立ち、メスの着地地点付近へと向かう様子が観察されました。

　メスは飛んでいるとき、後脚の脛（すね）を垂らしていました。クルマバッタのメスの後脚の脛は、オスの場合と同様に、あざやかな朱色をしています。秋の昼の陽光に照らされて、空中で垂らしているその脛が、とても赤く映えるのです。

　次々に飛び立って鳴くオスたちがなぜ、一定の範囲で「飛び鳴き」の行動をしていたのかは、はっきりとはわかりません。しかしながらメスの行動をとおして、たくさんのオスたちが「飛び鳴き」をしていた理由が理解できそうです。つまりメスの飛翔は、オスを引き寄せるための意図的な行動であるように思われました。メスの飛翔が、オスのクルマバッタたちを集める働きをしているのではないかと思われたのです。その結果として、メスが飛ぶ場所でたくさんのオスの「飛び鳴き」が行われていたと解釈できそうです。

　このようなたくさんのクルマバッタが次々に飛び立って鳴くという光景を見る機会は、あまり多くありません。それに対して、1頭のクルマバッタのオスが単独で、飛びながら鳴くという行動は、しばしば見ることができます。1頭のオスが、飛び去ってしまうわけではなく、再びもとの場所に戻る行動も観察されています。さらには、メスも飛びながら音を出すらしいという記録もあります。

　クルマバッタが鳴くことの意味については、まだまだわからないことだらけです。

図5　クルマバッタモドキ（オス）.

3-3　クルマバッタモドキ

　クルマバッタモドキ（図5）が鳴くことは、今までほとんど知られていなかったようです。しかしながらある状況下では、しばしば鳴くことが観察されます。ある状況下とは、飼育容器の中に、複数のクルマバッタモドキを入れた場合です。何かの拍子に、容器の1カ所に複数のクルマバッタモドキが寄せ集まってしまった場合に、1頭のオスが、「トゥルルルルル」あるいは「チュルルルルル」と聞き取れる音を出すことがあります。このとき、鳴いているオスは静止して、後脚を斜めに上げ、とても狭い幅で脚を細かく往復させて、前翅に擦り合わせて音を出しています。

　このようにして鳴くのはいつも、他の個体が接近したときです。接近している個体は、鳴いているオスに対して特に関心があるようにも見られません。容器の中で居場所を求めているときに、たまたま複数の個体が寄り集まってしまったとしか見えない状況です。

　この発音行動は、他個体の接近を避けようとしているようにも、あるいは、自分のいる場所を主張しているようにも、思われます。

　このほか私は一度だけですが、飛翔しながら音を出す事例（飛び鳴き）を観察したことがあります。それは11月中旬の小春日和の日のことです。関東地方の草原でバッタを観察していたところ、1頭のクルマバッタモドキのオスが1.5 mほどの距離を飛翔しました。そのときに、「タタタ」という音がかすかに聞こえてきたのです。クルマバッタモドキが飛翔しながら鳴くことは今まで報告されていないと思われますので、あまり一般的な行動ではないのかもしれません。しかしながらクルマバッタモドキは

図6 カワラバッタ．オス同士が石の上にいる．向うのオスが後脚を動かして鳴いている．

普通に見られるためもあってか、彼らの行動が注目されることはなかったようです。このバッタを注意深く観察してみると、おもしろいことがわかるのではないでしょうか。

3-4 カワラバッタ

　カワラバッタもよく鳴きます。夏から秋にかけて、カワラバッタがたくさんすんでいる河原に訪れると、このバッタが「ジジジ」と軽やかに鳴いている姿にしばしば出会えます。やはり、後脚を前翅に擦って鳴く、「もも鳴き」です。

　カワラバッタが鳴くときは、他のバッタ類には見られない行動を伴うことが多いです。それは、2頭あるいは3頭のオスが互いに歩いて接近して、石の上で「ジジジ」と鳴き合うのです（図6）。そしてしばらくすると、お互いにそこから歩いて離れていきます。そのような寄り合いのような行動を、しばしば見ることができます。これは、コオロギ類に見られるような闘争的な行動とは違います。単に、おだやかに寄り合っているだけのように見えます。

　このようなオス同士が寄り合う行動は、石ころだらけの広い河原でカワラバッタが散らばってしまわないための役割をしているといえそうです。でもお互いに出会ったときになぜ鳴くのでしょうか。そしてなぜすぐに離れていくのでしょうか。詳しい理由はわかりません。

　オスが接近するのは、もちろん他のオスに対してだけではありません。メスに対しても接近していきます。そのときにも、「ジジジ」という鳴き声を発することがあります。メスに対しては、後脚をゆっくりと上下する行動も見られます。このときには

図7　ツマグロバッタ（オス）.

音は聞こえません。

　カワラバッタでは、「飛び鳴き」は今のところ報告されていないようです。カワラバッタの後翅には、黒っぽい帯状の斑紋と、その内側にあざやかな青色の色彩があります。そのことからこのバッタは、飛翔を伴うコミュニケーションも行なっている可能性が高いと、私は考えています。

　つまり、空中で羽ばたいて青色の後翅を広げることによって、地面にいる他のカワラバッタにそれを示すのではないかと思うのです。ですから「飛び鳴き」をしている可能性もあります。もし「飛び鳴き」をするなら、どのような音を出しているのか、ぜひ聞いてみたいものです。

4．その他のバッタの発音
4-1　後ろ脚の「脛」で蹴って鳴く

　以上に紹介した以外の方法で、鳴くバッタもいます。

　ツマグロバッタ（図7）は、ツマグロイナゴ、ツマグロイナゴモドキ、ツチバッタなどの和名も使われてきました。1つの種に対して2つの和名が使われてきたバッタは、少なくはありません。でも3つ以上の標準的な和名が用いられてきた例は、このツマグロバッタの他にはほとんどありません。

　さてツマグロバッタは、特徴的な鳴き方をします。左右どちらかの後脚の脛節を後方へ蹴り上げます。それが翅と擦れ合う瞬間に音が出ます。その音は、人によって

「チャッ」「シャッ」「ジュキッ」などと表現されています。岡田正哉さんは、このような鳴き方を「すね鳴き」とよんでおられます。

　この鳴き声を少し離れて聞くと、「パチ」という感じにも聞き取れます。今にも雨が降りそうな曇天に、たくさんのツマグロバッタが草むらのあちこちで「パチ」「パチ」と盛んに鳴いていると、まるで音だけの雨が降っているような錯覚すら抱いてしまいます。ツマグロバッタ属のバッタは、ヨーロッパからアジア、そして北アメリカにかけて分布しています。ヨーロッパにいる種でも、今紹介したのと同様の音の出し方をすることが知られています。

　ツチイナゴではオスが発音することが、中原直子さんによって報告されています。「後脛節を前翅に打ちつけて『スチャチャッ』という音を間をおいて数回繰り返す」という行動です。この発音は交尾中のみ見られたそうです。この発音のタイプは、ツマグロバッタと同じような鳴き方でしょう。また交尾中に発音することは、前述のトノサマバッタのオスがメスの上に乗っているとき（このとき交尾はしていませんでした）に鳴いていたことと、類似した行動のようにも思われます。

　クルマバッタモドキでも、「すね鳴き」らしい行動が観察されています。ただしこの行動での発音は確認されていないようです。

4-2　からだの一部を振動する

　フキバッタ類ではタンザワフキバッタの2頭のオスで、石川均さんによって次のような行動が報告されています。それは、「後脚をたたんで宙に浮かせたまま左右に数度細かく振るわす」行動です。一方のオスが「その行為を行うと他方の個体もそれに反応するかのように同じ行動をとり、それはつねに行われた」そうです。このときに音は聞こえなかったそうですが、あるいはそれぞれのオスの接地面を通じて、振動が相互に伝わるのかもしれません。

　コバネイナゴでは、メスが他の個体が接近したことに対して拒否するときに、「タタタタタタ……」とタップすることが知られています。同様の行動は、オンブバッタのメスの幼虫でも記録されています。これらの行動は、先に述べたクルマバッタモドキのオスで観察される発音行動と、似ているようにも思われます。

4-3　その他の鳴くバッタたち

　鳴くバッタは、他にもたくさん知られています。

　ショウリョウバッタは、オスが飛びながら「キチキチキチ」とよく鳴きます。ショウリョウバッタは、他のバッタには見られない特徴的な飛び方をします。それは、低い放射線状の飛跡を描くのですが、飛翔の最後のあたりで、すっと下に落下するよう

に急カーブを描いて草むらや地面に降ります。どうやらそのときには、飛んでいる空中で翅を閉じてしまうようです。もちろん、「キチキチキチ」という音は、急降下する前の低い放物線の飛跡を描いているときに発せられます。

ところで、かつてキチキチバッタという和名のバッタがいました。これは現在のショウリョウバッタモドキのことです。ショウリョウバッタモドキは鳴くことは知られていません。当初このバッタに和名が付けられた時点では、ショウリョウバッタモドキが「キチキチ」と鳴くものと間違われていたのでしょう。あるいは、ショウリョウバッタのオスとショウリョウバッタモドキとが混同されていたのかもしれません。でも鳴かないのにキチキチバッタという和名であるのはおかしいという意見が、昭和の初めころから出されるようになりました。そして1933年に加藤正世さんによって現在のショウリョウバッタモドキへと和名が改称されたいきさつがあります。

ナキイナゴは、その和名が示すように、よく鳴くバッタです。オスだけが鳴きます。初夏の野山のススキがたくさん生えているところで、ナキイナゴの「ジキジキジキ」という軽快な鳴き声を聞くことがあります（図1）。ときには、エサであるイネ科植物の葉を食べながら鳴いていることもあります。鳴くことを楽しんでいるかのように思えてしまいます。ナキイナゴは鳴く姿をもっとも観察しやすいバッタなのですが、その割には鳴く行動についてあまり調べられていません。

ヒナバッタ類は、日本からたくさんの種類が知られています。その多くは高山やある特定の地域から知られています。もっとも普通に見ることができるのは、ヒナバッタとヒロバネヒナバッタです。これらのバッタは「もも鳴き」によって、変化に富んだ鳴き方をすることが知られています。特にヒロバネヒナバッタは、様々な鳴き声を出します。オスが単独でいるときの鳴き方や、メスに接近するときの鳴き方など、その場の状況によって、鳴き方を変えています。でも、鳴き方と行動とのかかわりについては、詳しくは調べられていないようです。ヒナバッタでも、ヒロバネヒナバッタほどはっきりはしていませんが、単独でいるときと、メスに接近するときとでは、明らかに鳴き方が異なっています（図8）。

このほかマダラバッタやヤマトマダラバッタでも、「もも鳴き」によって鳴くことが知られています。

5．バッタの鳴き声を聴いてみよう

バッタの仲間は、主に日中に活動します。しかも地面付近や草の上で鳴く種類が多いです。したがって、バッタの鳴いている姿を見ることは意外と簡単です。でも、鳴

図8 ヒナバッタ．メスの後方にいるオスが後脚を上げて，鳴こうとしているところ．

いている姿を見るには、観察に適した場所や季節があります。以下に、鳴くバッタを野外で観察するときのポイントを紹介します。

　鳴くバッタを観察するためには、まず、鳴くバッタがたくさんいるところへ行く必要があります。郊外や人里周辺では、トノサマバッタやショウリョウバッタがよく見られるバッタです。地域によっては、ヒナバッタも普通に見ることができるでしょう。

　これらのバッタがたくさんいる場所は、大きな川の河川敷や、川沿いの土手などの草原です。運動場や学校の校庭などでも草が生えているなら、このようなバッタがすんでいることがあります。

　まずはバッタがいそうな草原に足を踏み入れて、バッタが飛び出すことを確かめましょう。ショウリョウバッタなら、このようなときにも飛び去りながら「キチキチキチ」と鳴くことがあります。でも、あまり草原に足を踏み入れると、多くのバッタがそこから飛んでいってしまいます。鳴くバッタがいることを確かめたら、耳を澄まし、目をこらして、バッタの行動を観察してみましょう。

鳴くバッタを観察しやすい季節は、主に夏から秋です。ただし平地の夏の炎天下はとても暑いので、避けたほうが良いです。また暑い日中には、バッタはとても活発に飛ぶので、じっくり観察するのは容易ではありません。そのため平地では、秋が観察の適期です。一方、6月ころの初夏に鳴くバッタもいます。その代表はナキイナゴです。

　観察に適した時間帯は日中です。太陽の熱によって地面付近が十分に暖められてから、バッタたちはさかんに活動します。そのため天候は、晴天が適しています。雨天はもちろんのこと、曇天でも活動はにぶくなります。風の弱い晴天の日中が、観察に適しています。

　なお夏だけではなく、秋でも暑い日はあります。バッタがいる場所は日陰のないことが多いです。暑さ対策（日よけや水分補給）には十分注意しましょう。

　鳴くバッタは、鳴くことだけではなく、歩いたり、少しジャンプをしたり、飛んだり、オス同士が出会ったり、メスとオスが出会ったり、エサ（主に草の葉）を食べたりするなど、変化に富んだ活発な動きをします。そのような行動も観察するとおもしろいでしょう。どのバッタが、どのような時に鳴くのかを注意深く観察すると、鳴き声の意味が見えてくるかもしれません。

　また、ときにはバッタがすんでいる周囲の環境の様子を、目だけではなく、耳で確かめておくことも大切です。バッタのいる草原に立って、耳を澄ませてみましょう。キリギリスやコオロギなど色々な虫の音のほか、鳥の声、風の音なども聞こえてくることでしょう。そんな様々な自然の音の中に混じって、今まで気が付かなかったようなバッタの鳴き声も聞こえてくるかもしれません。

　鳴くバッタの行動は、まだまだ調べられていないことがたくさんあります。身近な昆虫の代表でもあるバッタを、ぜひじっくりと観察してみてください。

あれ!? こんな鳴き方もある！：コオロギ・バッタたちの不思議な鳴き方

河合正人

1．メスも鳴く虫

　音を出す虫として昔から親しまれてきたスズムシやマツムシなどコオロギの仲間、クツワムシやウマオイなどキリギリスの仲間は、2ページからの角さんの説明にあるように左右の前翅を擦り合わせて音を出します。また、10ページからの内田さんの解説にあるように、バッタの仲間は後ろ脚を前翅に擦り付けて音を出します。このように最近の観察でバッタの仲間も多くが鳴くのだということがわかってきました。

　これらの鳴く虫たちの発音の重要な役割は、仲間への何らかの信号で、とりわけオスからメスへのラブコールが大きな意味を持つと考えられています。そのためオスの前翅にはヤスリ構造や脈の曲がり方などに発音のための特別な構造が見られ、バッタの場合には後脚、太腿の内側にも発音のための特別な構造があります。

　ところがメスも鳴く種類がいて、なかでもキリギリスの仲間のツユムシ科のクダマキモドキ類（図1）には、メスの方が大きな音を出すものさえ知られています。コオロギ類やキリギリス類など左右の翅を擦り合わせて音を出す種類のオスの翅は、上に重なった翅の重なり部分の基部から1/3ぐらいのところでほぼ直角に曲がった脈が太くなっています。その裏側にヤスリがあり、下に重なった翅の縁の固くなった部分で反対側の翅のヤスリを擦って音を出します。しかし、ツユムシ科のメスは、下に重なった右翅の重なり部分で横に並ぶ脈にヤスリに相当する小さなイボ状の低い突起が並んでいたり、縦の脈にトゲが並んでいたりして、仕組みがオスの翅とは逆の感じの発音構造になっています。ツユムシ科のなかでも、オスがわりあいハッキリした音を出すセスジツユムシやホソクビツユムシは、メスの発音構造は弱くて、まだ発音が確められていません。しかし他の多くのツユムシ類はオスでも鳴き声が弱くて短い音しか出さない種類が多く、まるでオスの信号量不足をメスが補足しているような感じがします。

2．翅を使わないで鳴く虫たち

　翅を擦り合わせた音の不足を補足するか、むしろ、別の方法で発生させた音を主要な信号として使っているような種類もいます。

　樹上生活者が多いキリギリスの仲間で、森林生活の傾向が強いササキリモドキの仲間には、人間の耳ではほとんど聞き取れないような高い音で鳴くことがあります。特

1章　鳴く虫の話：直翅目編

図1　ヤマクダマキモドキのメス.　　　　図2　ハネナシコロギス.

に翅が短いタイプの種類は、少し長めの前胸背板に翅がほとんど隠れており、時折、前胸背板を持ち上げてチョコッと翅を擦り合わせたような短い音を出します。しかし、この仲間は、翅を擦り合わせて鳴くのとは別に、後脚をトトンと叩きつけてステップを踏むような音の信号を出しています。ササキリモドキの仲間は分類の上でもまだ良くわかっていない種類が多く、発音に関することもまだまだわかっていないことがたくさんあります。

　同じく林の中で樹上を走り回るハネナシコロギス（図2）も脚打ち音を出します。しかし、この脚打ち音とは別に、腹部の第2と第3節にあるトゲの列を、後脚太腿の固い筋の部分を擦り付けて、キュキュキュッというような音も出します。まるでバッタの仲間のような感じですが、翅がないので腹部に発達したトゲに後ろ脚を擦り付けて発音しているのです。これに脚打ち音を組み合わせて仲間との交信をしていると思われます。

　コオロギの仲間でも林にすむマツムシモドキや草原にすむキアシヒバリモドキは、翅の脈がオスもメスも同じ形で発音のための構造がなく、以前は鳴かないと思われてきました。しかし、飼育していると色々な行動から発音しているということがわかってきました。

　マツムシモドキ（図3）の場合、古い図鑑には「翅を使って音を出すことはできないが、プーという音を出す」と書かれている場合もありましたが、実態がよくわからないものでした。長い間、図鑑は何かの間違いで実は鳴かないのだろうと考えられてきましたが、1979年にマツムシモドキを飼育していた藤本艶彦さんが、夜になるとあちこち動き回って、とまっているものにアゴを打ち付けるような仕草で音を出すことに気が付きました。このとき、体の後半部が跳ね上がって翅も震えるように見えるの

図3 マツムシモドキ．   図4 キアシヒバリモドキ．

で、古い図鑑の記述のころは、翅を使って音を出しているように思ったのではないかと考えられました。さらに飼育容器を色々変えてみると、それぞれの容器に特有の音色が出たことから、マツムシモドキのからだの部分から発する音ではなく、その個体がとまっている物体がマツムシモドキの動きによって振動させられて発する音であることが確められました。その後、さらに詳しい実験から、マツムシモドキはキツツキのように口器で物体を叩く音ではなく、からだの一部を激しく震わせて、それをアゴを通じてとまっている物体に伝えている音であることがわかってきました。

　草原にすむ小さなコオロギの仲間のキアシヒバリモドキ（図4）も同じような音の出し方をする鳴く虫です。やはりマツムシモドキと同じように翅の脈がオスもメスも同じで発音のための仕組みがなく、1978年にまとめられた鳴く虫の本では「鳴かない」とされていました。しかし、マツムシモドキと同じようにからだの振動をとまっている草などに伝えて、信号を送っているらしいことがわかりました。

3．なぜ、振動で交信するのか

　人間の耳でハッキリ鳴いているとわかる音を出す鳴く虫たち以外にも、直翅類の昆虫たちは色々な方法で音を出して交信していることがわかってきました。そして種類によってはオスからだけに限らず、メスも発音して交信していることが、だんだんと明らかになってきました。

　翅を使って人間にでもよく聞こえるような大きな音を出し、また複雑な鳴き方を目的、状況に応じて使い分ける代表的な鳴く虫に対して、メスも鳴いて補足しているような、また脚打ち音などを組み合わせる虫たちは劣った信号手段を持つといえるのでしょうか？　いや、むしろ生活している環境や生活方法に適応した音の出し方であり

交信手段であると考えられます。

　翅を使って音を出すコオロギの仲間やキリギリスの仲間は、翅が共鳴箱の役割もしており、擦り音を増幅させ、空気を媒体として鳴き声を遠くまで届かせます。この仲間の多くは草原のような広い空間か樹上高いところで生活しているものが一般的です。

　一方、メスとオスの鳴き声の大きさに大差のないものや脚打ち音を出すコロギスの仲間やササキリモドキの仲間、そしてからだの振動音を止まっているものに伝えるマツムシモドキやキアシヒバリモドキなどは、森林性または深い草地の中で暮らしています。その環境は木の小枝や葉や草が入り組み、草の密集や木々の枝や葉の重なりの中に埋もれて暮らしている虫たちであるといえます。そのような場所で発せられる虫たちの高い音は、草の密集部分や木々の枝や葉の重なりの中で反射や吸収にあいやすく、減衰しやすいと考えられるので、遠くへ音を届かせるには効率が悪いと考えられます。とまっているものに伝えた振動を、接触している枝や茎を媒体にした方が確実に伝わることもあることでしょう。

　翅を使って音を出すのではなく、脚打ち音や振動音を伝えるものはコロギスの仲間やキアシヒバリモドキにしても、よく歩き回る性質があります。このような生活を考えると、じっとして音を出したり音が届くのを待つより、振動の媒体から媒体へ動き回って脚打ち信号とともにいろんなところで振動を受け取る方が有利で、このような交信方法へ発達したと考えることができます。しかし、その証明にはまだまだ観察例や標本比較が足りません。

4．鳴く虫たちの"耳"

　音を出す、つまり空気媒体で信号を受け取るには耳が必要です。コオロギの仲間やキリギリスの仲間は前脚のヒジあたりに耳の役割をする凹みや鼓膜があります。キアシヒバリモドキとハネナシコロギスでは同じ場所を捜しても耳らしい構造が見当たりませんが、マツムシモドキには鼓膜らしいものが見えます。この場合、キアシヒバリモドキは空気伝達の音は使っておらず、マツムシモドキは人間にも聞こえるほどの音を信号として使っていると考えられます。しかし、ハネナシコロギスの腹と脚を擦り合わせて出す音は、どのように信号として受け取ることができるのでしょうか？　音を聞く器官が他にあるのでしょうか？

　キリギリスの仲間は後胸の側板にも音を聞くことができる器官あるといわれていますが、ハネナシコロギスの場合はこの部分にもそれらしい構造がありません。またキアシヒバリモドキの場合、長翅型の場合には耳が存在します。生活型の違いで音また

は信号の受け取り方をかえることがあるのでしょうか？　信号を受け取る器官と働きについても研究はまだ先です。

5．鳴くことの意味

　ここで鳴くことによる交信の効果を考えてみましょう

　コオロギやキリギリス、またバッタが鳴くことの意義については、前項までに角さん、内田さんが述べているように、まず第一に自分と同じ種類のものが一定の距離の範囲に集まっていられるように保つという働きがあると考えられています。一方で、近づきすぎたオス同志を遠ざけ合うための信号でもあります。そして究極の目的ともいえるのが、メスの接近を促すための信号と考えられています。まず仲間との交信であり、縄張りの主張とラブコールであり、一方でその対極にはメスを適度に鎮める効果も考えられます。特に交尾のスタイルがメスのからだの下にオスがいる形が基本のコオロギの仲間では、強いメスのアゴの下に自分のからだがあるわけですから、オスにとっては被食回避の方策も必要です。それも併せて考えると、どのような鳴き方をするのかも生活と密着していると考えられます。

　コオロギの仲間では、鳴く時に翅を立てる角度がほぼ直角になるものと、45°くらいに立てるものとに大別できます。カンタンやアオマツムシなどマツムシ科、クサヒバリなどヒバリモドキ科は、翅を直角に立てて鳴きます。この虫たちの主な生活場所は草や木の葉の上で密集していても、からだの上方に空間があるところを好みます。通常は物陰で生活しているスズムシも、鳴くときは空間へ出てきて、翅をほぼ直角に立てて鳴きます。この直角に翅を立てて鳴く種類は翅の付け根に分泌線があり、メスが十分に近づくとこの甘い分泌液を舐めさせて、その間に交尾をします。

　一方、翅を立てる角度が45°程度のものは、誘い鳴きと一人鳴きの違いが大きく、交尾しようとする状態のときには、小刻みな翅の振動をしながらメスの腹の下に潜り込みます。こちらの方は交尾の直前まで音を出しているわけで、仲間を呼んでいるときとは異なる穏やかな押えた調子の鳴き方になっているのが特徴的です。このような鳴き方をするのは地表性または樹幹に張り付くようにして動き回る種類で、コオロギ科やカネタタキ科がこのタイプの鳴き方です。

　翅を直角に立ててメスの前でデモンストレーションをしているような動きをするのは直翅目の昆虫以外ではゴキブリでも知られる現象です。ゴキブリの場合には翅の脈に発音構造が発達していないので、行動は発音行動に似ていますが発音は認められていません。翅を思い切り広げてふるわせる行動は、カマキリや直翅目のコロギスの威

嚇動作にも似た感じがあります。カヤキリという大型のキリギリスの仲間は、鳴いているときに捕まえられても激しく鳴き続けることがあります。

　これらの行動を見ていると、鳴くという行動は興奮に起源する動作から発展したものかと想像させるものがあります。その興奮をコントロールできるようになったものが発音、つまり鳴くという現象で、翅をふるわせる行動を仲間との交信手段に使えるように発展してきたと思われます。鳴くのにもう1つ必要な要因は、発音構造を進化させてきたことです。翅の脈が発達して擦って音が出るようになり、広い空間を使って空気を媒体に音の信号を発展させたのが、翅を使って音を出す仲間だという考え方ができます。一方、狭い空間や小枝や葉の重なりで音の広がりの障害物が密集したところで活動するものは、翅だけでなく脚やアゴを含む頭部とからだの前半部の振動を信号手段に使う方向へ発展したという考え方ができます。この翅を擦り合わせることとは違った発音方法の鳴く虫たちは、すみかの条件や細い枝先や茎を走り回る生活と関係した交信手段をとった「鳴く虫たち」と考えていますが、それを確めるにはまだまだ多くの観察例が必要です。

消え行く草原のマツムシ

内田正吉

1．『虫のこえ』の鳴く虫たち

　文部省唱歌に『虫のこえ』という歌があります。

　「あれ松虫が鳴いている」の歌詞で始まるこの歌は、明治43年に『尋常小学読本唱歌』という当時の小学校の音楽の教科書の中で、初めて世に出ました。この歌には、様々な鳴く虫たちが、その鳴き声とともに登場します。

　チンチロリンと鳴くマツムシ。リーンリーンと鳴くスズムシ。キリキリキリキリと鳴くコオロギ（この「コオロギ」の部分の歌詞は、当初は「キリギリス」となっていました）。ガチャガチャと鳴くクツワムシ。スイッチョンと鳴くウマオイ。

　涼しいそよ風が吹くような秋の夜長に、様々な虫たちが鳴き競っているありさまを歌っています。ここに登場する虫たちは、この歌が作られた明治後期には、代表的な鳴く虫だったのでしょう。そしてこれらの虫たちが奏でる鳴き声も、多くの人にとって馴染み深いものであったことと思います。

　戦争中の昭和17年から終戦直後の数年間に使われた教科書には、『虫のこえ』は載りませんでした。でもその数年間を除くと、明治43年から平成に至るまで『虫のこえ』はずっと、小学校の音楽の教科書に載っています。明治43年は西暦1910年ですから、現在に至るまでの約100年近くの間、この『虫のこえ』は歌われ続けてきたことになります。

　ところがこの歌に登場する鳴く虫たちは現在、地域によっては著しく減ってしまいました。なぜ、減ってしまったのでしょうか。そして、どのように減ってしまったのでしょう。

　以下に『虫のこえ』の冒頭に登場するマツムシを取り上げ、この鳴く虫が減ってしまった埼玉県やその周辺地域で私が今まで調べてきたことを紹介します。

2．関東地方の内陸のマツムシ

2-1　マツムシの生息地を探す

　マツムシは本州以南に分布しているコオロギの仲間です。体長は約2cmで、全身が淡い褐色です。翅が半透明なので、あめ色のような色合いを帯びています（図1）。マツムシの特徴的な鳴き声は、一般に「チンチロリン」と表現されています。

　関東地方の南部では海沿いの地域に多く見られることがあります。西日本では平野

図1　マツムシのオス．

にたくさんすんでいる地域もあるようです。マツムシは、暖かい地方に多い鳴く虫といえるでしょう。

　関東地方では、海から遠く離れた内陸部にも、マツムシがすんでいる地域があります。たとえば埼玉県や群馬県では、河口から約180km以上も上流にある大きな川の河川敷に、マツムシの生息地があります。関東地方には広い平野がありますので、そのように内陸であっても、まだ標高は100mに達しない地域が少なくありません。そのような平野に、マツムシはすんでいるのです。でも暖かい地域の沿岸部と比べて、それら内陸ではマツムシの生息地はとても限られています。

　私がバッタや鳴く虫を調べ始めるようになったのは、20歳をすぎてからのことです。それは1990年ころのことです。実はそれまで、マツムシの鳴き声を聞いたことがありませんでした。私は、マツムシの鳴き声は歌詞としての「チンチロリン」しか知らなかったのです。

　私が初めてマツムシの鳴き声を聞いたのは、1993年の秋のことです。埼玉県内を流れる荒川という大きな川があり、その河川敷でバッタや鳴く虫を調べていました。その河川敷では日中だけでなく、夜間にも調査を行いました。なぜなら鳴く虫の多くの種類は、夜間にさかんに鳴くからです。

　その日の宵。あたりが暗くなってから、私はその河原に立ちました。そして、驚きました。初めて耳にするマツムシの鳴き声が、あちらこちらから聞こえてくるのでした。それは「チンチロリン」というよりは、「ピッピロピ」あるいは「ピッピリリ」と表現したくなる鳴き声でした。鋭く透きとおった音色。マツムシの鳴き声に、そん

な印象を受けました。当時この河川敷には、ススキが一面に生い茂る広い草原がありました。マツムシは、このススキの草原にすんでいたのです。

その後、埼玉県内のあちこちのバッタや鳴く虫の分布調査をするにつれて、マツムシの生息している場所が他にもあることがわかりました。でも、そんな場所は、とても少ないのです。

2-2 夜に調べる

マツムシは、夏から秋にかけての季節に鳴きます。夜にさかんに鳴き、日中に鳴くことはほとんどありません。そのためにマツムシの生息地を発見するには、鳴き声を便りにした夜の調査が不可欠です。日が暮れて、あたりが暗くなってから、徒歩や自動車で移動しながら調べていきます。いろんな鳴く虫の分布調査の一環として、私はマツムシの生息地を見つけていきました。

初めての場所をいきなり夜間に歩き回るということは、できるだけ控えています。日中にそこを歩き、その場所のようすを見ておいた上で、夜間に歩くようにしています。日中、事前に歩いておくことには、2つの意味があります。1つは、環境のようすを眼で見て確かめておくということです。具体的には、地形や植生を確かめておくのです。地形や植物の生えているようすから、そこにどのような夜行性の鳴く虫がすんでいるのかを予測することができます。そしてもう1つは、危険な場所がないかを確かめておくのです。

環境のようすも、危険な場所の有無も、どちらも夜間には見ることが困難です。それに日中に歩いていれば、夜も歩きやすくなります。しかし夜間の調査は危険なので、1人では行なわないようにしましょう。

色々な場所で鳴く虫の分布調査を行ないながら、埼玉県やそれに隣接した群馬県の一部地域で、多くはないもののマツムシの生息地を発見することができました。そのような調査を通して、これらの地域のマツムシの生息地には、ある特徴があることが見えてきました。それは、「河川敷」と「ため池の堤」に生息地が偏っている、ということでした。

河川敷というのは、具体的には大きな川の広大な河川敷です（図2）。ため池の堤は、大きな川からは離れた小さなため池の堰堤です（図3）。しかし、広大な河川敷やため池の堤であるなら、どこにでもマツムシがいるわけではありませんでした。

河川敷であっても、マツムシがすんでいる範囲は、とても限られているのです。ため池がたくさんある地域であっても、マツムシが鳴いているため池の堤は、とても少ないのです。特にため池の場合には、マツムシの生息地はお互いに遠く離れて点在し

図2　広い河川敷のマツムシの生息地（群馬県内）.

図3　マツムシが生息しているため池の堤（埼玉県内）.

ている傾向があることもわかってきました。マツムシのいるため池の間隔は、もっとも短い場合でも5kmもあります。その間には、堤にマツムシがすんでいないため池がいくつもあるのです。

2-3　生息地の特徴を見出す

　大きな川の河川敷と、小さなため池の堤。一見すると何の関係もないように見えるこれら2つのタイプの場所は、マツムシにとってどのような共通点があるのでしょうか。

　マツムシがすんでいるこれらの場所を調べてみると、ある共通点があることがわかりました。それは、生えている植物の種類構成がよく似ている、ということです。

　埼玉県や群馬県においてマツムシのすんでいる場所は、草原です。もっとも、「草原」とはいえないほど、面積の狭い場合もありますが。いずれにしても樹木はほとんど生えていなくて、草がたくさん生えています。しかも、優勢的に生い茂っている草の種類が、どの生息地でも共通しているのです。それは、ススキやチガヤです。

　ススキはみなさんもご存知でしょう。人の背丈かそれ以上の高さに生育して、秋になると淡い銀色の穂を出します。その穂は、十五夜になくてはならないものです。

　一方、チガヤは、あまりご存じない方もおられるでしょう。チガヤはススキを1/3くらいに小さくした姿をしています。春や初夏に、細長い銀色の穂を出します。

　ススキもチガヤも、どちらもイネ科植物です。マツムシは、これらイネ科植物の茎に卵を産み付けることが知られています。ですからマツムシが暮らすためは、ススキやチガヤがたくさん生えている場所が適しているのでしょう。

　そしてススキやチガヤ以外にも、生えている植物に共通点があることがわかりました。それは、在来の植物が多く生えているということです。たとえば、河川敷ではス

図4 マツムシのいる草原に生えるワレモコウの新葉.

スキの草原にメドハギやトダシバなどが混生していて、チガヤの草原ではオトコヨモギや、コマツナギ、カワラケツメイなどが特徴的に生育していました。一方、ため池の堤ではススキやチガヤとともに、ツリガネニンジンやワレモコウが特徴的に生育していました（図4）。これらの多くは、多年生の草です。また、どの生息地でも、外来の植物は多くないという共通点もありました。

つまり埼玉県や群馬県の内陸にあるマツムシの生息地は、ススキやチガヤが生い茂っていて、その茂みの中にオトコヨモギやツリガネニンジン、ワレモコウなどといった在来の草が特徴的に生えている、しかも外来植物が少ない、という草原であることがわかってきたのです。これは河川敷であっても、ため池の堤であっても、共通した傾向です。

河川敷とため池というと、共通点として水辺であるということがイメージされるかもしれません。でもマツムシは、水辺にはすんでいません。マツムシのすんでいる草原はむしろ、乾いている場所にありました。

2-4　マツムシのすむ草原の由来

それでは、埼玉や群馬の内陸のマツムシの生息地は、なぜ河川敷やため池の堤にかたよっているのでしょう。先ほど述べた植物の特徴をとおして考えてみると、その理由が見えてきました。

地域に在来の植物がたくさん生えている草原は、「半自然草原」とよばれています。ここに「半」という字が付いているのがポイントです。「半ば自然の草原」は、見た目は自然の草原といってもいいのでしょう。が、その成り立ちは、完全な「自然」で

はないのです。人が年に1回か数回の手入れ（草の刈り取りなど）を長い年月にわたって続けることによって生まれた草原なのです。もちろん、人が意図的にそこに植物を植えることはしません。その地域にもともと分布していた草原を好む植物が、人の手助けを受けて繁茂する。その結果として自然の草原のような姿が現われてくる、ということでしょう。このような草原を成り立たせる人の手助けには、草刈り以外には、春先の火入れ（野焼き）などがあります。

　マツムシが生息している埼玉県内の河川敷では、春先に火入れをしている草原もあるようです。ため池の堤では、年に数回の草刈りをするケースが少なくないようです。マツムシが生息している河川敷やため池の堤では多くの場合、人が手を入れることによって草原が維持されてきたのです。

　ということは、これらのマツムシの生息地は、人が手入れをしてきたことによって作られてきた半自然草原であるということができそうです。ススキやチガヤとともに、オトコヨモギやトダシバ、ツリガネニンジンやワレモコウなどの在来の多年生の草が生えていることも、そこが半自然草原であることを示しています。なぜならこれらの草は、ススキが繁茂する半自然草原と結び付いていることが知られているからです。ただし、河川敷とため池の堤とでは、特徴的に見られた植物の種類に違いがあったので、それぞれの草原の成り立ちの背景は異なっているのでしょう。

　以上のように、この地域のマツムシは、半自然草原に依存していることが見えてきました。河川敷やため池の堤に半自然草原があるのは、必要があって人がそこに手を加え続けてきたからです。河川敷では草を刈り取って飼料などとして利用していたのでしょう。ため池では、水漏れを防ぐために、堤の手入れが不可欠だったようです。そのような結果として、たまたまマツムシの生息に適した植生が残されてきたのだといえます。したがってススキやチガヤが繁茂する半自然草原であるなら、河川敷やため池の堤でなくても差し支えないわけです。

　しかしながら、これらの地域では現在、半自然草原といえる草原は、ほとんどありません。特に平野部では、とても少なくなっています。平野部で半自然草原がかろうじて残されているのが、広い河川敷の一部や、ため池の堤なのです。ちなみに関東地方の内陸では、マツムシは山地にはすんでいません。ですからこの地域では、マツムシの生息地は平野部の河川敷やため池の堤にほぼ限られているわけです。

　ではなぜ、関東地方の内陸のマツムシは、半自然草原に依存しているのでしょうか。その理由はわかりません。一方、西日本の海沿いの地域では、いたるところの草原でマツムシがさかんに鳴いていることがあります。ということは、どこの地域であって

もマツムシは半自然草原に依存しているというわけではなさそうです。いずれにしても関東地方の内陸で見られる事例は、マツムシの生息地を考えるうえでの興味深い課題を示しているように思われます。

2-5　過去の記録が教えてくれること

　先に述べたように、埼玉県内の現在のマツムシの生息地はとても局所的です。それぞれの生息地は、お互いに遠く離れています。

　ところが、文献に残されている記録をみると、過去の埼玉県にはマツムシは今より広く分布していたことがうかがえるのです。ということは、現在の分布のあり方は、過去の記録と比べるならば、かつての広い範囲にたくさんあった生息地が次々に分断され、縮小されていった姿なのだろうと思われてくるのです。つまり、かつてはマツムシのすむことのできる半自然草原があちこちに普遍的にあったのでしょう。それが著しく減ったことが、マツムシの生息にもマイナスの影響を与えていったと考えられるのです。

　半自然草原は、人が適度に手を入れることによって維持されるという特徴があります。ですから、人の手が入らなくなると、そこに生える植物の種類が移り変わってしまいます。草原からやぶのような植生へ、さらには樹林へと変化してしまいます。そうなると、マツムシはすむことができなくなります。緑がたくさん残されている場所であっても、マツムシの生息が認められない場所が埼玉県内にはたくさんあります。そのような地域では、手入れがされなくなったために植生が変わり、マツムシの生息地が消え去ってしまったケースが少なくないでしょう。あるいは、今まで草刈りをしていた場所に除草剤をまくことで草を枯らすようになると、マツムシだけではなく、多くの生きものがすめなくなってしまいます。事実、農地の周辺（畦や農道など）に除草剤が恒常的にまかれている地域が少なくありません。このような現象は、埼玉だけに限らないようです。農薬使用に関わる様々な立場の人が、そのことによる生きものへの弊害の大きさを理解してほしいと願っています。

　さらに生息地が減ってしまったのは草刈りや火入れなどの手入れがされなくなっただけではなく、宅地や工業用地などの開発も大きな原因と考えられます。このような都市化によっても、マツムシの生息地は大きく失われたといってよいと思います。

　東京都の郊外では、1970年代にはまだ道端でさえマツムシがたくさん鳴いているところがあったようです。でもそれ以降は急速に、都内のマツムシの生息地は減ってしまったようです。ここには、都市化による影響がうかがえます。

　人が手を入れなくなっても好ましくなく、手の入れ方が大きく変わることも好まし

くない—半自然草原という、人の自然への微妙な働きかけで成り立っている植生に頼っている関東地方の内陸のマツムシは現在、生息を維持する上でとても厳しい状況に置かれているということができます。

3．虫の音を聞くということ

　明治やそれ以前には、関東地方の内陸には草原が少なくなかったようです。そのような草原は多くの場合、自然の植生（もともとあった自然の森林）に人が手を加えた結果として作り上げられてきたものです。そのような草原に、長い年月にわたってマツムシがすみ続けることができたのでしょう。

　文部省唱歌の『虫のこえ』は、昭和17年からの数年間に教科書に載らなかったと、冒頭に書きました。でも実は、その数年間に使われた音楽の教科書にも、マツムシが登場している歌があるのです。『初等科音楽一』という教科書に、『秋』という題名の歌が載っています。その歌の出だしが「ちんちろ松虫、虫の声、庭の畠で鳴きました」という歌詞なのです。マツムシがとても身近な鳴く虫であったことを意味しているようで、興味深く思います。当時、たいへんな時代であったからこそ、庭先で鳴いている虫の音に耳を傾けるような感性を育んでもらいたいという想いがこの歌詞に込められていたのだろうと、私は解釈したいです。

　もちろん現在でも、マツムシが庭先で鳴いている地域もあることでしょう。関東地方の内陸でも、当時はそのようにマツムシが身近であった地域は多かったことでしょう。しかしながら最近の数十年間、あるいは半世紀の間に起った手入れの放棄や開発は、マツムシだけではなく、様々な鳴く虫たちの生活の場を奪い去るものでした。特に都市の拡大としての開発は、様々な生きものたちを退けてしまいました。

　今から千年ほど昔の平安時代。京の都にいた清少納言は『枕草子』の中で、虫としてふさわしいもののなかに「スズムシ」や「マツムシ」をあげています。この時代の「スズムシ」は現在のマツムシ、「マツムシ」は現在のスズムシを、それぞれ示しているようです。いずれにしてもこの時代に清少納言は、マツムシやスズムシを好ましい虫として認めていました。秋の夜、野外で鳴いているそれらの虫の音に、彼女は耳を傾けていたのでしょう。

　マツムシは、秋の夜に麗しい鳴き声を響かせてくれます。その鳴き声は、千年の昔に清少納言が聞いた音色と変わっていないはずです。

　はるかな長い時間の中で、同じ自然の音を聞くことができる。このことの持つ意味は、とても奥深いものがあると思います。そのように考えると、鳴く虫たちの生息地

がこれ以上減ることは避けなければなりません。
　私たちは今、様々な人工の音に囲まれて日常をすごしています。でも、ふと耳を向けると、時には、そこに自然の音があることに気付きます。そこに、はるかな長い時間を感じ取ることもできます。マツムシの分布や生息地のようすを調べることによって、そんな想いが湧いてきました。

春に鳴く虫：クビキリギス

伊藤ふくお

1．クビキリギスという虫

　菜の花（セイヨウカラシナ）が咲く春。咽（むせ）かえるような草いきれの中、ジィーーンと甲高い鳴き声が響きます。鳴き声の主はクビキリギス（図1）。オスが翅を擦り合わせて鳴く声です。オスは夜も鳴きます。昼間は、単独で私はここにいるぞと鳴いているようで、夜は昼に比べて多くのオスが鳴き比べをしているように私には聞こえます。夜は本格的なラブコール。昼は、冬を無事にすごした雄叫びのようです。そう、クビキリギスは直翅目の中で数少ない成虫の姿で冬を越す種なのです。

　クビキリギスの名前の由来は、何かにかぶりつくと首がもげても（頭が胸から外れても）かぶりついているキリギリスの仲間だから。首切りきりぎりす→クビキリギスとよばれ、これが正式な日本名となっています。また、口の周りが赤い（図2）ので、血吸いバッタやショウガ食いや、クチベニとよぶ地方もあります。ラテン名（学名）は、*Euconocephalus varius*で、クビキリギスの他に、オガサワラクビキリギス・タイワンクビキリギスがクビキリギリス属に分類されています。

　からだの色も様々で、桃色、緑色、灰褐色、の基本3色があり、それぞれにバラエティーがあります。なかでも、桃色の個体は絶品といっていいと私は思います。恥ずかしながら、私は『バッタ・コオロギ・キリギリス大図鑑』の写真撮影に携わるまで、赤い系統の体色をした直翅目に出逢ったことがなかったので、それが私の手元に送られてきたときの驚きは鳥肌が立つほど大きいものでした。数年後、新聞紙上でピンク色のクビキリギス報道がされましたが、そのときはさほどの驚きはありませんでした。最近、ヒロバネヒナバッタの幼虫で赤色をしたのを観察しました。クビキリギスに限らず直翅類では赤い体色は当たり前のことかも知れませんが、赤色は警戒色の役目を十分に果たしているのか少々疑問です。

2．クビキリギスの生態

　成虫で冬を越したクビキリギスは、交尾をして卵を残します。奈良県では6月上旬、クビキリギスの小さい幼虫が、チガヤやススキなどイネ科の多い草原で見られるようになり、丁度このころそれまで聞こえていたクビキリギスの鳴き声が聞こえなくなります。これは、成虫で冬を越した世代の終焉が近いことを示しています。しかし、6月の梅雨に入るころ再びクビキリギスの鳴き声が聞こえるのです。この時期の鳴き声

図1　鳴くクビキリギス（褐色個体）.

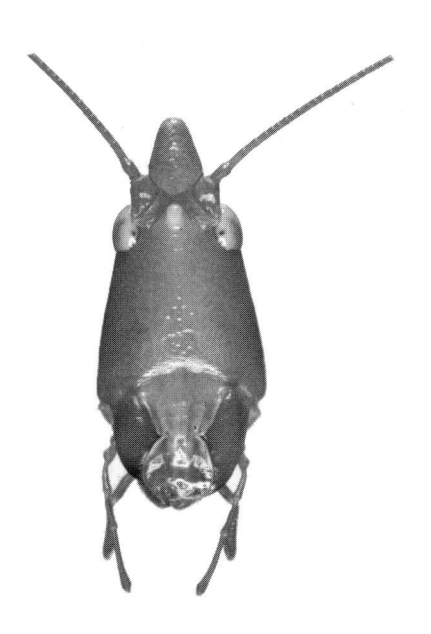

図2　クビキリギス（メス）の顔．口の周りが赤い．

は、4月から5月にかけての最盛期の鳴き声ではなく、夜間にあちらの草むらから1個体、少し離れた草むらから1個体といったものです。最初は、いまだ生き残りがいるのか、ぐらいにしか思わなかったのですが、同じような現象を次の年も気付きました。それでも天候の影響などもあるかもしれないと思っていました。が、その次の年もと毎年そのような現象を観察したのです。

　クビキリギスのことをもっと知ろうと、過去の文献を探してみると、冨永修さんが『ばったりぎす』No.106で、生活史や生態などをまとめていて、必ずしも成虫で越冬するのではなく、幼虫での越冬もありとなっていました。私も越冬幼虫を2度観察しています。中原直子さんは、『ばったりぎす』No.111・112・116・118・121で、成虫の飼育下での生態や、自然状態で採集し飼育した幼虫の生態など詳しい生活史を報告しています。越冬後の繁殖期になると、オスは結構遠くまで移動しているらしいことや、幼虫で越冬した個体が成虫になり本来の鳴き声を出すには、羽化後時間が必要なことなど、興味深い観察記録が書かれています。しかし、私の観察にあるような、同じ場所で鳴き声が途切れる観察例はありません。では、次に私の観察例をお話します。

表1　クビキリギスの初鳴き記録

年月日	時間	場所
1999年4月2日	am 9：30	田原本飛鳥川堤防
2001年4月11日	pm 7：30	田原本飛鳥川堤防
2002年4月1日	pm 2：30	桜井市大和川堤防
2003年4月7日	pm 7：10	広陵町葛城川堤防

3．奈良県飛鳥川での観察

　奈良盆地のほぼ中央部を南北に流れやがて大和川と合流する飛鳥川(あすか)が、橿原市から田原本町へと流れる辺りの堤防では、年に2回ほどの草刈がされています。セイヨウカラシナ、セイバンモロコシ、セイタカヨシなど結構背丈の高い植物が繁茂しているため、時には藪状態になることもあります。堤防の道は、右岸側がサイクリングロードで自転車と人専用になっています。左岸側は地元の人のための生活道路で、車も通れます。私はこの道をほぼ毎日、通勤に使っています。以前は、地道でショウリョウバッタなどの産卵も見られる私にとっては楽しい道でしたが、最近舗装されてしまいクビキリギスの観察以外は、ただ通行するだけの道になってしまいました。クビキリギスの鳴き声がたくさん聞けるのは、左岸側約500 mの草むらです。初鳴きは、毎年ほぼ4月上旬（表1）で、辺りが暗くなった午後7時半ころに鳴き始めます。昼間盛んに鳴くようになるのは、ゴールデンウイークのころです。私の耳には夜も昼も鳴き声に大きな差があるようには聞こえません。しかし、メスを誘うためのメイティングコールは、夜間のほうが一生懸命鳴いているよう私には聞こえるので、昼間より夜間にメスを誘っているようです。このころに交尾していると思われるのですが、私は観察していません。幼虫は、5月下旬から6月上旬、草むらをよく探さないと見つかりませんが、観察記録は少ないながらも見られるようになります。

　肝心の鳴き声ですが、年によってばらつきがあり、6月中旬から下旬に鳴き声が少なくなり、数日から1週間ほど鳴き声が途切れます。再び、6月下旬から時には7月に入ってから聞こえるのです。数年間観察するうち、途切れる日にちはまちまちであっても、必ず何日間かは、鳴かない日があることがわかりました。幼虫で越冬した個体たちが、このあたりで羽化し鳴き始めるのでしょうか。それとも、別の場所で育って移動してきたオスたちが鳴いているのでしょうか。幼虫越冬した成虫が鳴くには少々無理があるのは、中原直子さんの観察から証明済みです。そうなると、どこからか飛んできたと考えるのが自然です。冨永修さんも中原直子さんも、オスは移動していることを書いています。もしかしたら、この時期にクビキリギスのオスは新しいメ

スを求めて日本中を飛び回っているのかも。と、つい楽しいことを考えてしまいます。これは、遺伝子の攪乱からも有利なことですし、とても興味深い生態です。

4．クビキリギスの移動を調べよう

　クビキリギスのオスが移動しているかどうかを調べる方法の1つが、中原さんも実践したマーキング法です。秋から冬にかけて成虫になったオスにマークするのが楽な方法ですが、できれば、冬越し中のオスを見つけてマークするのが、クビキリギスに負担をかけない一番良い方法だと思います。

　この文章を書いたのを良い機会に、2007年の冬からクビキリギスの冬越し中の個体にマーキングを始めました。マークは油性ペンで上翅に、記号か番号を書くだけです。これからから、クビキリギスの鳴き声を聞いたら、その主を見つけてマークの有無を確かめる楽しい観察ができそうです。

● コラム

クビキリギスとツチイナゴの越冬について

　みなさんお馴染みの、エンマコオロギは少し湿りっけのある土の中で卵の状態、夏の昼間鳴くキリギリスも、土の中で卵の状態で冬をすごします。トノサマバッタやショウリョウバッタも卵です。私たちに馴染みのある直翅目の仲間は卵で冬をすごすのが多いようです。私が観察しているフィールドでは、クビキリギス、シブイロカヤキリ、ツチイナゴの3種が成虫で冬を越します。私の仕事場の先住民マダラカマドウマなどカマドウマの仲間や、ヒシバッタの仲間、ノミバッタの仲間、アリツカコオロギの仲間などは、成虫だけでなく幼虫状態でも冬越しをするので、成虫で冬を越すとは正確に言いがたい部分があります。

　クビキリギスの冬越しは、多くの場合ススキやイグサなどイネ科の株に潜り込んでいます。そのような株がない場所では、イネ科などの根際にじっとしていたり、森の中の潅木にいたりするのを私は観察しています。また、ナナホシテントウの越冬実験をするのに、晩秋に刈り取ったススキを、約30 cm径の紙の円筒に適当な間隔になるように詰め、ナナホシテントウがたくさん発生している河川敷の草むらに設置し、厳冬期の2月にこれを解体しました。結果、ナナホシテントウの越冬のデータも取れたのですが、クビキリギスやツチイナゴも、人工のススキ株を越冬に利用していたことがわかったのです。

　図1は、私が撮影したクビキリギスの冬越しです。潅木の枝や、草の根際にいる場合を除いて、ススキなどイネ科の株に潜り込む場合、どの個体も必ず頭を地上に向け逆立ちした状態で潜っています。オスが鳴くときにも、水平に近いか、頭を下向きにした姿勢で鳴きます。クビキリギスは逆立ち状態が落ち着くのでしょう。

　これと、対照的なのがツチイナゴです。ツチイナゴも成虫で冬越しする種です。ツチイナゴも、ススキ、メリケンカルガヤなどイネ科の株に潜り込んで冬を越すことが多いのですが、なぜか上向きにススキなどの茎につかまっています（図2）。なぜ、冬越しの姿勢が違うのか、私にはわかりませんが、キリギリス科とバッタ科の性質の違いか、頭の形態の違いかこちらも大いに興味の引かれる生態です。〈伊藤ふくお〉

図1　メリケンカルガヤの中で冬越しをするクビキリギス．頭を下向きにしている．

図2　メリケンカルガヤの中で冬越しをするツチイナゴ．頭を上向きにしている．

● コラム

鳴く虫たちの食事メニュー

　直翅目の図鑑『バッタ・コオロギ・キリギリス大図鑑』が出版され、ようやく名前がわかるようになりましたが、その生態についてはまだまだわからない事だらけです。

　たとえば、彼らがどのように暮らし、何を食べているのか。直翅目の多くは飼育下で与えられたエサを何でも食べるので、自然界で具体的に何をどのくらい食べているか、などという基本的なところがよくわかっていないのです。

　「便所こおろぎ」の愛称で知られるカマドウマがまさにそうで、洞穴の壁に群がるマダラカマドウマを見ていると昼も夜もじっとしていて、あの大きなからだで、いつ、何を食べているのか、疑問に思ってしまいます。ときどき徘徊して、手当たり次第に何でも拾い漁っているのだとは思いますが、動きの遅い昆虫やミミズなどを襲ったりもするようです。

　これに比べ、植物を食べるものは好みの種類や部位がある程度決まっていて、飼育下でも検証しやすいです。最近の私の発見は、沖縄で普通に見られるアカアシホソバッタの幼虫を短期飼育したときのこと。このバッタは林縁部によく見られ、ススキやチガヤなどイネ科の植物上で見つける事が多いので、それを主食にしているものと思い込んでいました。ところが採集した幼虫にいくつかのイネ科植物の葉や茎を与えても食べないので、半信半疑で林縁部に見られる植物の葉をいろいろ与えてみると、キク科のアメリカハマグルマやクワ科のシマグワ、イヌビワなどを食べ、無事に脱皮して成虫になりました。これだけでイネ科を食べないとは言えませんが、多種多様な植物を食べている事は判ったわけです。

　鳴く虫たちがどのように暮らしているかという基本的なことを知るのには、なるべく多くの人が関心を持って、地道で正確な観察の結果を積み重ねていくより他に近道はないと思います。

　皆さんも、野外で何か食べている直翅類を見かけたら、その虫の種名、成虫か幼虫か、何のどの部分を食べていたか、などの情報を書きとめておき、機会があれば博物館などの詳しい人に伝えるか、どこかに発表しましょう。そこからまた、彼らの興味深い生態の一端が垣間見えるかも知れません。〈杉本雅志〉

日本のキリギリスとその近縁種

和田一郎

1. はじめに

　草原で、夏の暑い盛りに「ギィーッ！・チョン」と鳴いているキリギリス（図1）は、日本では古くから親しまれてきた虫であり、昔はデパートでもスズムシやマツムシとともによく売られていました。この中で子どもたちが親に「買って！」とせがむのは決まってキリギリスのほうでした。それはなぜでしょうか。

　今から30～40年程前、筆者が育った東京都下では、ちょっとした空き地でもキリギリスの声がよく聞かれました。現在のようにTVゲームやインターネットがなかった時代、子どもたちは学校から帰れば近所の子たちと外で遊ぶのが普通でした。季節によりその内容は変わり、冬～春は凧揚げ、独楽回し、石蹴りなど、夏～秋は虫採りが中心でした。

　虫採りで人気が高かったのはセミ、カブトムシ、クワガタとトノサマバッタ、キリギリスなどのバッタの仲間です。子どもたちはからだが大きく、かっこよくて、めずらしい虫が好きなのです。セミではツクツクボウシやミンミンゼミ、クワガタでは大型のノコギリクワガタが採れると友だちに自慢できたものです。また、カブトムシは当時東京都下ではほとんど採ることができなかったので、デパートで売られているものがうらやましかったものです。

　バッタの仲間では簡単に採れてしまうショウリョウバッタやエンマコオロギよりも、トノサマバッタやキリギリスに人気がありました。また、スズムシやマツムシは当時も野外で会うことがなく、デパートだけで見かけるものでした。もちろん、もし近くに生息していたとしても出現時期は秋で、しかも夜活動するので虫採りの対象には、ならなかったと思いますが。

　人気のあったトノサマバッタは見つけても、近づくと数十メートル先まで飛び去ってしまい、なかなか追いつけません。飛んでいる間、離されないように追い続け、次に着地して飛ぶ準備をするまでの瞬間がとらえるチャンスなのです。一方のキリギリスは、鳴き声はあちらこちらから聞こえてくるのに姿は見えず、たまに見えてもすぐ繁みに潜ってしまい、子どもたちにとっては非常に手ごわい相手でした。やや浅めの草地で鳴いている個体に狙いを定め、草を周りから踏み倒して、外に飛び出してくるものを手で採ろうとしますが、小学生ではほとんど採ることができませんでした。

　キリギリスの声はあまり美しい声とはいえませんが、遠くからでも聞こえる大きな

図1　ヒガシキリギリス（埼玉県飯能市）．

声で、他種と間違えることのない声です。しかも、キリギリスが鳴き出すのは7月中旬ころからなので、ちょうど子どもたちの夏休みと一致しており、この声を聞くとやっと休みになったんだなあとわくわくしたものでした。

　この時期、トノサマバッタは第一化目の最盛期ですが、売られているのを見たことがありません。トノサマバッタなどのバッタ類はキリギリスに比べて飼育が難しく、採るときの楽しさに比べると、おもしろさがないためでしょう。

　一方、キリギリスは飼育して1～2カ月程鳴き声を楽しむことができます。その声には、美しさというよりは機械的なおもしろさがあります。「ギィーッ！」という声の後に合いの手のような「チョン！」が入ったり、入らなかったり、続けたり、個体や産地、環境によっても変わります。東京都下のものは「チョン！」を入れる割合が少ない場合が多いようです。また、たくさんの個体がいると「つれ鳴き」をします。1匹が鳴くと「ギィーッ！」・「ギィーッ！」・「ギィーッ！」……と他の個体が順に続いていくのです。デパートで盛んに鳴いているのはこのためです。こういったことから、キリギリスはなかなか採れないわりにはその声はよく知られており、デパートで見かけたときにどうしても欲しくなってしまうのです。筆者が中学生のころ、東京都調布市の多摩川土手には非常に多数の個体が生息していて、1日がんばれば50頭くらいは採集することができました。

　今では、都市周辺では声が聞かれなくなり、デパートでもほとんど見られなくなってきましたが、郊外の山や河川敷へ行けばまだ多くの声を聞くことができます。また、2000m以上の山で秋遅く鳴いていて驚かされることもあります。

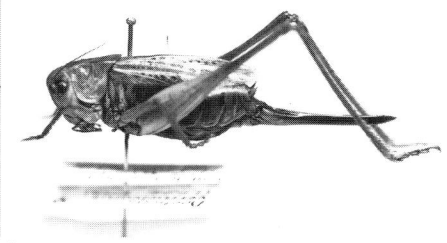

図2　カラフトキリギリス（メス）．左：北海道産，右：フランス産．

2．日本のキリギリス

　この「キリギリス」とよばれている虫は実は一種ではありません。日本では北海道から沖縄にかけて複数の種が生息しているのです。図鑑などに掲載されているものは関東周辺で採集されたものが多いようです。

　日本で「……キリギリス」という和名でよんでいるものには、カラフトキリギリス属とキリギリス属があり、いわゆるキリギリスは後者を指します。両者は分類学的にはヤブキリ属、フトギス属とともにキリギリス科キリギリス亜科キリギリス族に所属しており、ヤブキリ属を含めた3属は外観が互いによく似ています。形態的にはヤブキリ属とキリギリス属がもっとも近く、前胸腹板に一対の突起があることで他のキリギリス亜科および、キリギリス族の他属と分けられます。また、キリギリス属は、後脚フ節の付け根に可動のへら状突起があることで、ヤブキリ属と区別することができます。

　日本には、カラフトキリギリス属ではカラフトキリギリス1種が北海道に分布しています（図2）。このキリギリスはヨーロッパから中央アジア、モンゴル、旧満州、アムールから樺太まで広く分布している種で、日本では1978年に初めて北海道の小清水原生花園で発見されました。鳴き声は「ジッジッジッ……」という断続音で、いわゆるキリギリスとはまったく異なった声です。

　今のところ、北海道東部および北部の沿岸地帯からのみ知られており、ロシア側から樺太を通じて北海道に入ってきたと考えられます。日本産はヨーロッパ産に比べて長翅で、産卵器が著しく上反しており、やや分化している可能性もあります。

　一方、キリギリス属では、最近まで日本には3種が分布しており、ハネナガキリギリスが北海道に、キリギリスが本州と四国、九州に、オキナワキリギリスが沖縄本島と宮古島にそれぞれ異所的に分布すると考えられていました。しかし、最近の研究で

は形態の差から、本州〜九州のキリギリスは複合種で少なくともヒガシキリギリスとニシキリギリスに分けられると考えられるようになっています。鳴き声はいずれの種も「ギィーッ！・チョン」とういう声でよく似ていますが、周波数や鳴き方にわずかな差があります。

日本産キリギリス属は互いによく似ており、室内での交雑実験などから、1種として扱うべきという考え方もありますが、ここでは別種として海外の他種との関係について述べていきます。

3．世界のキリギリス

キリギリス属は世界に約20種ほど知られており、いずれも旧北区（ユーラシア大陸の温帯域）に分布しています。アフリカ大陸からは知られていません。

過去にキリギリスを形態から比較した総説とよべるものは少なく、約80年前にウヴァロフやダーシュにより出されたものがあるだけです。ウヴァロフはキリギリス属を、主に前翅の形態と体形から大きく4つのグループに分けオス尾肢の形とメス産卵器の長さ、形などにより各種を解説しています。またダーシュは、ティティレーターとよばれるオス交尾器の形状により3つのグループに分けました（図3）。

重要な区別点として、外部形態ではオスは尾肢の内歯の位置（α/β）と内歯の形、メスは産卵器の長さと太さ、下面の窪みがあげられています。最近の研究ではオス発音器の最大幅、後腿節長と前胸背長との比もまた重要な形質であることがわかってきています。オス交尾器では基部の曲がりと直線部分の長さなどが重要です。

外部形態と交尾器からキリギリス属は大きく3つに分けることができます。

①ヨーロッパキリギリス群

外観はフトキリギリス群に似ていますが、ティティレーター基部の曲がりが強く、先端側の直線部分が長いのが特徴。シベリア以西に2種分布。

②コバネキリギリス群

オスは強く短縮した前翅を持ち、メスは産卵器が非常に長いです。8種ほど知られており、中国東部と中国西部〜トルコ周辺に分布の中心があります。中国東部のものは、オスの前翅が膨らみ後方に広がっており、これらをフクレバネコバネギス群として別のグループに分ける場合があります。代表的なものにカホクコバネギス（図4）があり、上海などでは竹製の籠やひょうたんに入れられて売られています。

③フトキリギリス群

キリギリス属を代表するグループでシベリアから極東まで広く分布しています。非

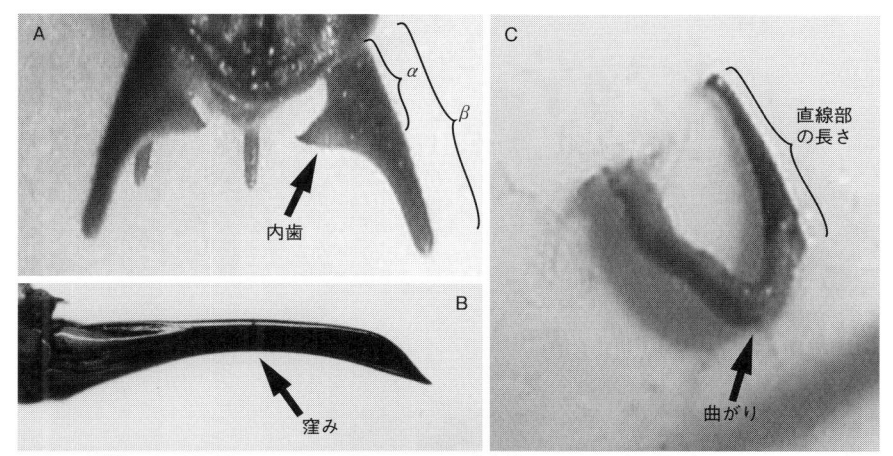

図3 形態による区別点．A：オス尾肢，B：メス産卵管，C：オス交尾器（ティティレーター）．

図4 上海産カホクコバネギス．

常に長い前翅を持つ種を含んでおり、これらを別のグループに分ける場合があります。10種ほど知られており、日本産キリギリスはすべてこのグループに含まれます。

フトキリギリス群については、日本産キリギリスおよび分布が隣接する代表的な種について述べます。図6は各種の分布図を示したものです。

③-a）ハネナガキリギリス

外観はニシキリギリスに似ています。前翅の黒斑が少なく長翅の個体が多いです。北海道、樺太、国後島の他、ロシア～中国の東部、朝鮮半島に分布しています。対馬、済州島からは知られていません。

③-b）マンシュウキリギリス

前翅に黒斑があり、外観はヒガシキリギリスに似ていますが、小型でほっそりして

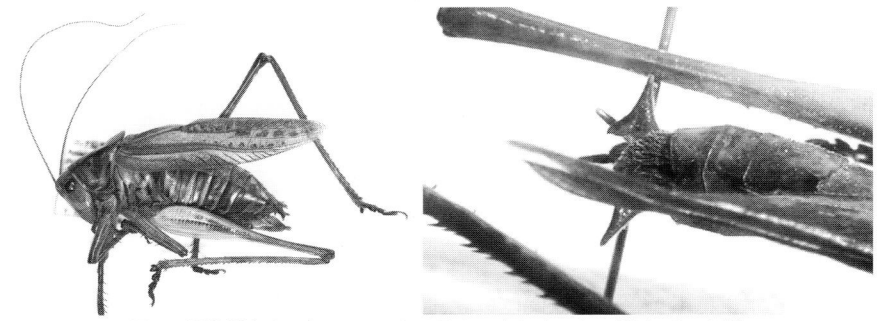

図5 沿海州産チョウセンフトキリギリス（オス）．左：側面，右：尾肢．

います。オスは尾肢の内歯が膨らんでおり、メスは産卵器の下面が上方に窪んでいることでヒガシキリギリスと区別できます。シベリア以東のロシア、中国に広く分布しています。但し朝鮮半島からは知られていません。

③-c）チョウセンフトキリギリス（図5）

前種の亜種。オス尾肢の内歯の膨らみがさらに大きく、メス産卵器は下面の窪みが大きいです。がっしりした体型で、外観がヒガシキリギリスに非常に似ています。ロシア～中国東部、朝鮮半島、済州島に分布しています。対馬からは得られていません。

③-d）ヒガシキリギリス（図1）

日本特産。青森～岡山の本州に分布。前翅の黒斑が目立ち、がっしりした体型。最近の研究により次種（ニシキリギリス）とは別種と考えられるようになっており、後脚の長さ、発音部の幅、交尾器などが異なります。

③-e）ニシキリギリス

近畿地方の一部と中国地方から北九州にかけて分布。済州島からも本種と考えられるものが得られています。ハネナガキリギリスに似て前翅が長く、黒斑が少ないです。キリギリスとして記載された種は、模式標本の検討により本種であることが確認されています。対馬、四国、中南部九州、屋久島、奄美大島のものも今のところ本種と考えられています。

③-f）オキナワキリギリス

日本特産。沖縄本島と宮古島に分布。非常に大型ですが、ニシキリギリスの大型個体と紛らわしい場合があります。

③-g）アモイハネナガキリギリス

中国のアモイからメスのみで記載された非常に長翅の種。前翅に黒斑がほとんどな

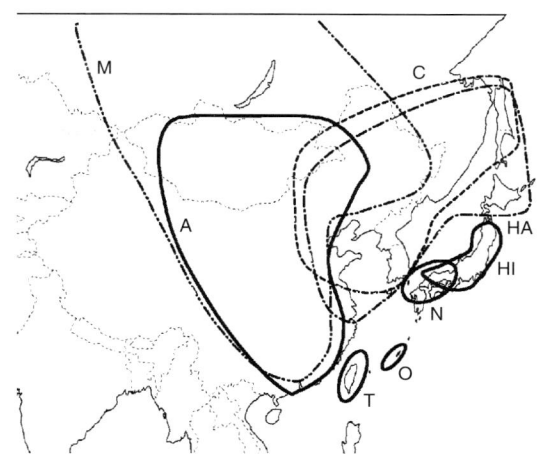

図6 フトキリギリス群代表種の分布．M：マンシュウキリギリス，A：アモイハネナガキリギリス，C：チョウセンフトキリギリス，HA：ハネナガキリギリス，HI：ヒガシキリギリス，N：ニシキリギリス，O：オキナワキリギリス，T：タイワンキリギリス．

くほっそりしており、別属にされたこともあります。外観は一見ヤブキリ属にも似ていますが、後脚の付け根に可動のへら状突起があることで区別できます。

③-h) タイワンキリギリス

台湾から知られる長翅の未記載種。外観はオキナワキリギリスに非常に似ていますが詳細は不明。

フトキリギリス群は、図6の分布図からわかるようにロシア～中国の東岸に分布の中心があり、中国東岸ではほとんどの地域で複数の種が混生しています。済州島にもチョウセンフトキリギリスとニシキリギリスが生息しています。日本においてはまだ同所的に複数種が発見された例はありませんが、大陸との隣接地域では今後の研究により発見される可能性もあります。対馬産は今のところニシキリギリスと考えられていますが、長翅の個体群と短翅の個体群が狭い島の中で異所的に生息しており、朝鮮半島産も含めた、さらなる検討が必要です。またタイワンキリギリスとオキナワキリギリスの関係も今後の検討課題です。

ヤブキリの声に耳を傾けてみよう

小川次郎

1．ヤブキリとはどんな虫？

　ヤブキリという虫を知っていますか？　キリギリスによく似た大型の鳴く虫ですが、キリギリスと違って、上から見ると背中に茶色の帯があるのが特徴です（図1）。

　このヤブキリの仲間は、ユーラシア大陸とアフリカ大陸北部の主に温帯域に分布していて、世界に23種が知られています。日本では南は九州から北は北海道の南部まで見られ、23種のうちの5種（ヤブキリ、ヤマヤブキリ、イブキヤブキリ、ツシマコズエヤブキリ、ウスリーヤブキリ）が記録されています。

　暖かい地域であれば春に幼虫が孵り、6月の上旬には羽化して鳴き始め、鳴く虫の種類がもっとも多くなる秋にはほとんど見られなくなりますので、初夏の虫といえます。ただし、気温の低い北日本や標高の高い所では、夏に成虫になり、秋まで見られます。

　すんでいる環境は名前の通り「やぶ」で、植物が絡まったようなごちゃごちゃした所にいるので非常に採りにくい虫です。なかにはキリギリスと同じように草原にすむため、比較的採集しやすいものや、逆に完全に樹上性で木の高い所にいるため、まったく手出しのできないようなものもいます。

　ヤブキリももちろん鳴く虫で、オスはかなり大きな声で鳴きます。鳴き方にはいくつかのタイプがあり、大ざっぱにわけると、「シリシリシリ……」と数秒から数分間鳴き続ける「連続鳴き型」と、「ジー、ジー、ジー、……」と規則的に切って鳴き続ける「断続鳴き型」の2つに分かれ、さらにそれぞれのタイプに、同じ気温の下で、鳴く速度の速いものと遅いものがあります。それらの鳴き方は個体群によってほぼ決まっていて、異なる鳴き方の個体群が同所的に生息している地域もあります。

2．鳴き方が違えば別種？

　鳴く虫のオスが鳴いているのはメスをよぶためだということは容易に想像できます。そして、種類によって鳴き方が違います。ということは、オスの鳴き方が違えば引き寄せられるメスの種類も違う、言い換えれば、メスは同じ種類のオスの声にだけ引き寄せられるということになります。先ほども述べた通り、ヤブキリにはいくつかのタイプの鳴き方があります。では、鳴き方の異なるヤブキリはそれぞれ別種ということになるのでしょうか。

1章　鳴く虫の話：直翅目編

図1　ヤブキリのオス.

　鳴く虫に限らず動物において、形態や交信手段などが異なるために交尾自体ができなかったり、もし交尾ができたとしても、その子孫が残らなければ、それは種が違うということになります。ヤブキリの場合、鳴き方のタイプには色々ありますが、各タイプの個体群の形態を見比べても、あまり大きな違いが見られません。さらに、鳴き方の異なる個体群のオスとメスを交配させることもできるようです。つまり日本のヤブキリは、各個体群がまだ種分化する前の段階にあるということがいえます。こういう状態ですから、日本各地の鳴き方の異なるヤブキリを分類しようとしても、混乱してしまうわけです。実際、日本のヤブキリの分類は長い間混乱し続けてきました。その混乱ぶりをよく表しているのが、仮に付けられる名前、「仮称」です。それについて、次の章でまとめてみます。

3．仮称がいっぱい！

　日本のヤブキリについて、各地で様々な研究者が調査を行い、その結果を報告しています。その中でも、日本直翅類学会の連絡誌『ばったりぎす』では、創刊号からヤブキリの話題が取り上げられ、最新号までに「ヤブキリ」という文字の出てこない号のほうが少ないほどです。このことは、この虫が研究対象として興味深いグループであるということを表している一方で、今現在でも前述の混乱が解決されていないグループであると解釈することができます。

　では、どれほど混乱してきたのか、具体的に見ていただきましょう。表1をご覧ください。これは『ばったりぎす』の誌面にこれまでに登場した、ヤブキリ類に当てら

表1 ヤブキリ類に与えられた仮称 (『ばったりぎす』より抜粋).

【地名】	【鳴き方】
イセヤブキリ	エゾチッチヤブキリ
エンシュウヤブキリ	オオゴエヤブキリ
オオミネヤブキリ	オソナキヤブキリ
カンサイヤブキリ	キチキチヤブキリ
カントウヤブキリ	キリナキヤブキリ
キイコズエヤブキリ	キリナキヤマヤブキリ
キタヤブキリ	クギリナキヤブキリ
キリガミネヤブキリ	チキチキヤブキリ
キンキヤブキリ	チリチリヤブキリ
シコクコズエヤブキリ	ナガナキヤブキリ
シコクモリヤブキリ	ナガナキヤマヤブキリ
シコクヤブキリ	ハヤナキヤブキリ
シコクヤマヤブキリ	ヒトコエヤブキリ
シモツケヤブキリ	フタコエヤブキリ
スルガヤブキリ	伊吹キリナキ型ヤブキリ
ダイセンヤブキリ	伊吹ナガナキ型ヤブキリ
タンザワヤブキリ	【生息環境】
ツヤブキリ	サトヤブキリ
ツシマモリヤブキリ	ハタケノヤブキリ
ツシマヤブキリ	ハヤシノヤブキリ
トウカイヤブキリ	ミヤマヤブキリ
トウホクヤブキリ	モリヤブキリ
ニシノヤマヤブキリ	山のヤブキリ
ニッコウヤブキリ	畑のヤブキリ
ニホンヤブキリ	【その他】
ヒコサンヤブキリ	オオヤブキリ
ヒョウノセンヤブキリ	タダヤブキリ
ヒラヤブキリ	ナミヤブキリ
マツモトヤブキリ	ヤブキリギリス
ユラヤブキリ	

れた仮称です。ただし、非常によく似た表現のものや、海外のヤブキリに付けられたもの、そして現時点できちんと学名が与えられている5種に付けられた和名は除いています。これらの名前を「地名」、「鳴き方」、「生息環境」、「その他」の4つの由来ごとに分類してみると、「地名」に由来した名前がもっとも多く、次いで「鳴き方」由来が多いことがわかります。各地域ごとに鳴き方の異なる個体群が生息しているため、

1章　鳴く虫の話：直翅目編

表2　ヤブキリ類の鳴き方に付けられた型名（『ばったりぎす』より抜粋）．

【擬声語】	
カチャ・カチャ型	ジャー・ジャー型
カチャカチャ型	ジャー型
カチャ型	ジリジリ…型
ギィー・チョン型	シリシリ型
ギイーイッ・キチッ型	ジリッ・ジリッ型
キチキチ型	ジリッジリッ型
ジ・ジ型	ジリリ…型
ジー・ジー短鳴き型	ジリリリ…型
ジー・ジー断続型	ジリリリリ…型
ジーイ・ジーイ型	ジリリリリ型
ジィージィー型	ジリリリ型
ジー型	ジリリ型
シキシキシキ…連続型	チキ・チキ型
ジッ・ジッ型	チキチキチキ型
ジッジッジッ型	チキチキ型
ジッジッ型	チキ型
ジッリリリ型	チッチッチッ型
ジッ型	ツルルルル，ツルルルル，ツルルルル型
【その他】	
イブキヒメギス型	ハヤナキ型
オソナキ（やや遅）型	ヒトコエ型
オソナキ型	ヒメギス型
キリギリス型	フタコエ型
キリナキサト型	短切型
キリナキヤマ型	短鳴型
キリナキ型	断続型
キンキオソナキ型	断続鳴き型
クギリナキ型	長鳴型と断続型の中間型
コバネヒメギス型	通常型
チッチゼミ型	乱れ鳴き型
ナガナキ型	連続型

研究者が新たな個体群を発見するたびに、それらに仮の名前を付けていった結果といえるでしょう。

　それでは続いて、混乱の大きな原因となっている「鳴き方」に付けられた「型」の名前を表2に示します。ここでは、大きく「擬声語」と「その他」の2つに分類して

みました。混乱の様子を感じていただくため、「擬声語」の方はあえてよく似た表現のものも取り上げています。これらを見ると、各研究者がそれぞれ独自の表記で報告しているために、どれとどれが同じ型でどれとどれが違う型なのかが、誰にもわからない状況が生れていることが想像できるかと思います。

4．ヤブキリの研究は続く

　50ページで、鳴き方は大きく「連続鳴き型」と「断続鳴き型」の2つのタイプに分けられ、それぞれに鳴く速さの異なるタイプが存在すると述べました。この分類方法を用い、それぞれの鳴き方を片仮名（擬声語）で表記することを極力避けることにより、現時点で鳴き方のタイプに関する混乱はかなり収まったものと思われますが、肝心の形態分類が解決していないため、まだまだ日本のヤブキリはわかっていないことだらけです。

　最終的に日本産のヤブキリ類は5種程度に落ち着くものと考えていますが、日本各地に鳴き方の異なる興味深い個体群が数多く生息しています。それらの鳴き方をテーマとした実験として、やってみたいことが色々あり、たとえば次のようなことが気になっています。

・本当にメスは同じ個体群のオスの鳴き声にしか引き寄せられないのか。
・たとえば、樹上性の個体群を草原のような環境で飼育するといったような環境の変化が起こったとしても、鳴き方は変化しないのか。
・異なる鳴き方の個体群のオスとメスをかけ合わせるとその子孫の鳴き方はどのタイプになるのか。

　ここでは3つだけあげましたが、これら以外にも飼育実験してみるとおもしろそうなテーマがたくさんあります。1年に1回しか発生しない大型の昆虫ですので交配実験は大変ですが、みなさんもご近所のヤブキリで実験してみてはいかがでしょうか？

ノミバッタの異端児返上計画

村井貴史

１．ロシア沿海州にて

　ある夏の日、私はロシア沿海州の大湿原のほとりに立っていました。博物館のＳ先生の水生甲虫の調査につれて行ってもらったのです。一応、鳴く虫屋のつもりの私ですが、かっこいいゲンゴロウモドキやぴかぴかのネクイハムシを採りたくないはずがありません。胸まで覆う胴長に身をかため、水網を片手に、いよいよ湿地に入ろうかというとき、ふと足元を見ると、土の表面が微妙に浮き上がっているのが目に入りました（図１）。「……ああ、見つけちゃったか……」しばしの躊躇の後、湿地に入るのは中断してその土くれをつつき始めました。

　ノミバッタは湿った地面の上にすむ、小さな直翅類です。地表を浅く溝状に掘り取って、その土を上にドーム状に積み上げ、巣のようなものを作ります（図１右および図２）。地面は湿って黒っぽくても、積み上げた土粒は乾いて白っぽくなります。他の土壌動物の糞塊とちょっとまぎらわしいのですが、なれると見分けることができるようになります。沿海州で見つけたものは、このノミバッタの巣なのでした。

　ノミバッタの採集方法は大きく分けると２つのスタイルがあります。１つは、いわゆるスィーピング法で、頑丈な捕虫網で地面近くをすくっていると、いつの間にか採れているという方法。もう１つは、地上にいるノミバッタを探し出して捕まえる方法です。巣を見つけ、土粒のドームを少しずつはがして中に潜むノミバッタに吸虫管を近づけて直接吸い込みます。荒っぽくやると、ノミバッタは気配を感じてぴょんと跳躍し、見失ってしまいます。その名の通り、ノミバッタは小さな体ですばらしい跳躍力を持っていて、巣の中にいても天井を突き破って飛び跳ねて脱出することができるのです。地面に広がる巣のどのあたりにノミバッタが潜んでいるか、予想しながらつついていくのはけっこう楽しいものです。この２つの採集方法、後者の方が「品格が高い」ことはいうまでもありません。もちろん、沿海州でも巣をつついての採集です。

　それにしても、はるばる沿海州までやってきて、ものすごい大湿原を目の前にして、水生甲虫採りの万全の装備に身をかためながら、何でこんな道端でノミバッタ採りなんかするのか。ちょうどそのころ、日本のノミバッタを見直してみようと考えていたからでした。そのためには、日本の近隣の地域のノミバッタを観察できるのは願ってもない機会だったのです。

図1 ロシア沿海州のノミバッタ生息地（左）と発見したノミバッタの巣（右）．

図2 巣から姿を現したノミバッタ（兵庫県篠山市）．

2．ノミバッタの分類

　日本では、それまでノミバッタの仲間は「ノミバッタ」という1種だけが知られていましたが、あまりまじめに調べ直した人はいませんでした。しかし、南西諸島のノミバッタはからだに白い斑紋が多く出るということが知られていて、本州などのものとは別の種かもしれない、といわれていました。これが同一種の地理的な変異なのか、あるいは本当に別種なのか、きちんと調べ直すというのが課題です。このため、沖縄をはじめ日本中でノミバッタを採り、人から標本を借りたりもらったり、博物館に出

かけて標本や文献を調べ、台湾や沿海州でもノミバッタ採りをした、というわけです。

　ノミバッタは直翅目の中では変わり者とされることが多いようです。確かに少々変わっています。オスは鳴かないし（海外ではわずかに発音する種が知られています）、後脚のフ節は退化しているし、メスに産卵器らしきものは見当たりません。コオロギに近いようでもあり、バッタに近いようでもあり、ノミバッタ亜目として独立させられたり、結局よくわからない異端児のような扱いです。しかし、直翅目の他のグループだってそれなりに個性的なものばかりです。種類数が多いからなんとなくメジャーな気がしているだけなのかも。ノミバッタも種類数がもう少しあれば、メジャーになるに違いありません。

　まずは集まった標本の外見をよく観察してみます。基本的な形態はどれもよく似ているのですが、確かに沖縄産の標本は白い斑紋がたくさんあり、本州のものには白斑はほとんどありません。でも沖縄産も白斑のパターンは同一ではなく、またからだのつやが強かったりまったくなかったり、どうも複数種が混じっていそうな気がしました。

　このような場合には、オスの交尾器を調べるのが常套手段です。交尾器は体の中に隠されている小さな器官なので、標本を解剖して取り出し、薄い水酸化カリウム水溶液で余分な筋肉を溶かして、顕微鏡で観察します。面倒な作業ではありますが、それほど特殊な研究機器を要するわけではありません。昆虫では、種が違うとオスの交尾器の形態が異なる場合が多く、外見が似ているけれどなんとなく違う気がする、というときには、オスの交尾器を見ればはっきりすることがよくあります。さっそくノミバッタの交尾器を調べてみました。ひとしきり面倒な作業をして観察の準備をし、顕微鏡を覗いてみると、やはり違っていて、4種が混じっていることがわかりました。本州産は1種、沖縄産は3種です。改めて見直せば、白い斑紋も体のつやも、確かに4つに分かれます。くだんの沿海州の標本は本州産と同種と判断されました。

　次に、この4種の正体を確かめなければいけません。リンネ以降、無数に記載された動物の学名から、日本産の4種に該当しそうなものを見つけ出し、1つひとつ異同を検討しないといけません。これは、1からやろうとすると、気の遠くなるほど大変な作業です。ところが、幸いなことに、ノミバッタの分類の大家であるドイツのギュンターさんが世界中のノミバッタをリストアップした資料を発表していたのです。これで該当しそうな学名を絞り込むことができ、原記載論文やタイプ標本をチェックして、さらにギュンターさんからのアドバイスも得て、無事に学名を決めることができました。

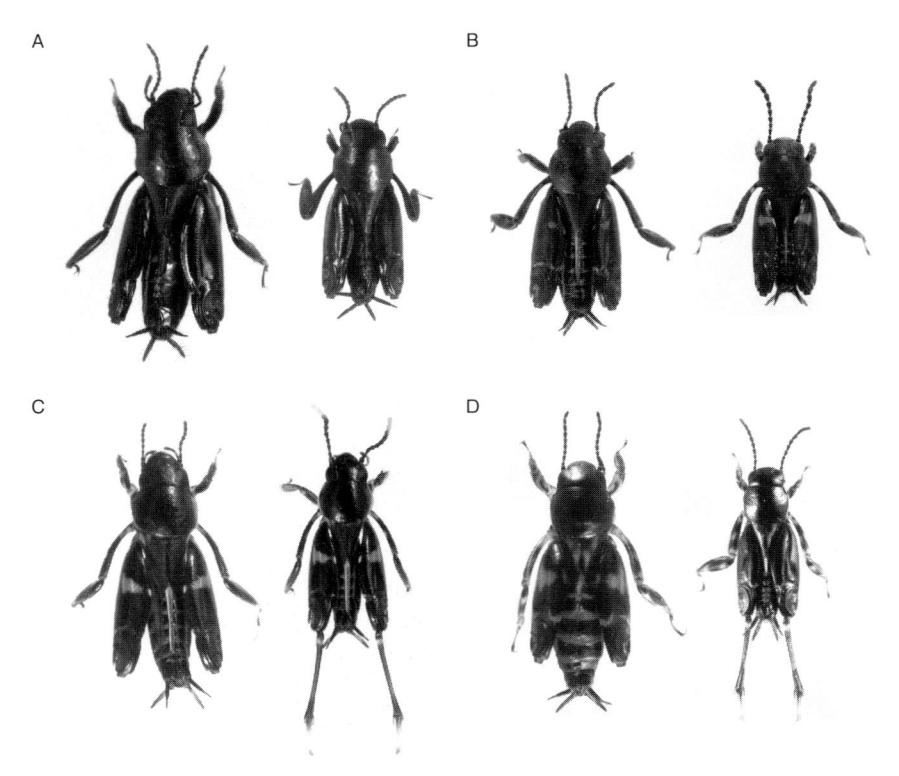

図3 日本のノミバッタ類. A. ノミバッタ, B. ニトベノミバッタ, C. ツノジロノミバッタ, D. マダラノミバッタ（左メス, 右オス）(Murai, 2005を改変, 日本直翅類学会より許可を得て転載).

　もちろんこれで日本のノミバッタのすべてがわかったわけではありません。他にも未知の種がいるかもしれませんし、各種の詳しい分布や生態の違いなど、わからないことはたくさんあります。ここで4種のノミバッタを簡単に紹介しておきます（図3, 4）。この小文をきっかけにノミバッタ類に少しでも興味を持っていただけると幸いです。

・ノミバッタ *Xya japonica*（図3A）
　体は全身がほとんど黒く、前胸背板の後角と後脚腿節の上縁に小さい白斑があります。体の表面には、弱いつやがあり、やや銅色を帯びています。オスの交尾器は側片がよく発達します（図4C1）。オスの肛上板は矢印型です（図4B1）。日本では北海道から九州まで、海外では朝鮮半島とロシア沿海州に分布します。日本の本土域に

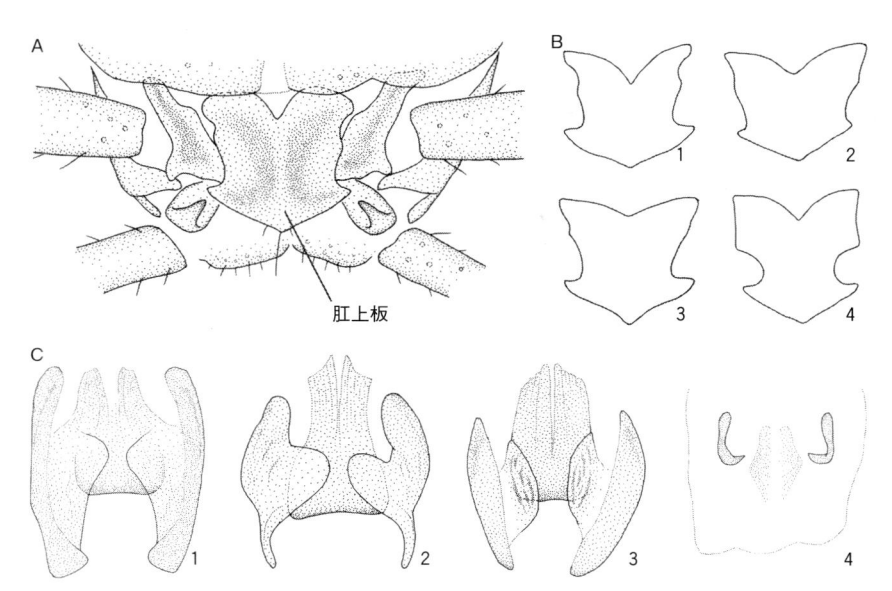

図4 A. ノミバッタのオス尾端部，B. オス肛上板，C. オス交尾器上面（BCとも，1．ノミバッタ，2．ニトベノミバッタ，3．ツノジロノミバッタ，4．マダラノミバッタ）(Murai, 2005を改変，日本直翅類学会より許可を得て転載).

いるものは、たいていこの種と考えていいのですが、近畿地方でマダラノミバッタが採れたこともあるので、油断はできません。畑や河川敷などの湿った地面に普通に見られますが、いそうなところには必ずいる、というほど普通ではありません。たくさんいた場所でも数年後にはぜんぜんいなくなる、ということがよくあります。生息に適した環境は、乾燥が進んだり草木に覆われたりしてあまり長続きしないように思います。いい場所を求めて移動しているのでしょうか。

・ニトベノミバッタ *Xya nitobei*（図3B）

　体のつやはとても弱く、オスメスとも後脚の腿節によく目立つ白斑があります。オスの交尾器は側片の後方が細くなっています（図4C2）。オスの肛上板は矢印型ですが、側方の棘が小さめです（図4B2）。日本では、徳之島、沖縄島、西表島の標本がありますが、分布の詳細はまだよくわかっていません。海外では、台湾から知られています。生息環境は他の種よりもやや草深いところに多いようです。

・ツノジロノミバッタ *Xya apicicornis*（図3C）

　触角の先端2～3節が白く、簡単に見分けられます（他の種では触角はすべての節

が黒いです)。からだには弱いつやがあります。白斑はオスメスともよく発達します。オスの交尾器はノミバッタにやや似ていますが、側片が小さめです（図4C3）。オスの肛上板はノミバッタに似て矢印型です（図4B3）。日本では西表島と与那国島から見つかっています。海外では、インドから東南アジア、台湾に分布します。西表島ではもっとも普通な種で、水田周辺などに多数生息していますが、隣の石垣島ではまだ見つかっていません。ちなみに、西表島はツノジロ、ニトベ、マダラの3種が分布し、日本でいちばんノミバッタの種類の多い地域です。

・マダラノミバッタ *Xya riparia*（図3D）

　からだには非常に強いつやがあります。白斑はオスではあまり発達せず、メスはよく発達します。オスの交尾器はとても変わっていて、一対のかぎ状の小片があるだけです（図4C4）。オスの肛上板も基部の横に四角いでっぱりがあり、他の種とは明らかに異なります（図4B4）。もしかしたら、別の属に分類した方がいいのかもしれません。日本では奄美大島以南に分布していて、南西諸島ではもっとも普通の種類です。兵庫県神戸市と大阪府豊中市で採集された標本があり、分布はまだよく調べないといけませんが、この記録は移入によるものかもしれません。海外では、東南アジアに広く分布します。

日本産ヒナバッタ類とその見分け方

石川　均

1．はじめに

　バッタの仲間（バッタ亜目）には、ノミバッタのような小さなものからトノサマバッタのように大きなものまで色々な大きさのバッタが見られます。そんなバッタの中でヒナバッタ類は小型の部類に入ります。"鳴く虫"といえばセミ、コオロギ、キリギリスの仲間が代表的なものですが、バッタもまた"鳴く虫"の1つです。ショウリョウバッタが、飛んでいるときにキチキチキチ……と音を出すことはよく知られていると思います。しかし、そのほかのバッタというと覚えのある人は少ないでしょう。日本にいるヒナバッタ類のオスはすべて発音します。大きな鳴き声とはいえませんが、注意すればすぐわかります。ヒナバッタ類はバッタの中では、鳴く虫の代表的なグループなのです。

　このヒナバッタ類ですが、色彩は地味で地面や草などの背景に溶けて目立たないため、身近にいる種もいるのにあまり知られていません。ヒナバッタ類は背丈の低いイネ科植物を主とした草地にすんでいます。そのような草地は、海岸や高山荒原を除くと何らかの撹乱を受けて維持されているところです。河川敷の草地は洪水により、田畑の畦や道路沿いそしてスキー場などの草地は、人為で草刈りが行われることによって成立しています。昔はどこにでもあった空き地にもこのような草地がありました。そういうところにはヒナバッタがすんでいました。このように人家付近でも見られたはずのバッタです。しかし今は違います。特に平野部では市街化の進行により次第に見られなくなっているようです。少し山の方に行くと、前翅の広がったヒロバネヒナバッタが同じような草地にすんでいます。これらの2種は日本の低山地に広く分布しています。それに対して、分布が局所的、あるいは限定されているヒナバッタ類もいます。それらは本州では標高の高いところにすんでいます。

2．高山バッタ

　高山蝶とよばれる氷河期の生き残りともいわれるチョウのことはよく知られていますが、ヒナバッタ類の中にも高山に生息する種があります。北海道では低いところにいますが、本州では高山・亜高山帯という高いところにすんでいて、"高山バッタ"とでもよびたいようなバッタです。高山蝶は日本一高い富士山にはすんでいません。富士山にはそのほかライチョウをはじめとした高山性動物は見られないといわれてい

ます。それは今の富士山（新富士火山）ができたときにはすでに最後の氷期が終わっていたため、富士山に入ってくることができなかったためと考えられています。そのため、高山・亜高山帯にすむヒナバッタ類も富士山にはすんでいないと信じられてきました。しかし、最近になって富士山の高山帯から、南アルプスの高山にすんでいるアカイシコバネヒナバッタによく似たヒナバッタが発見されたのです。このことは、今の富士山より古い古富士火山のときにすでに分布していたものが、新富士火山の噴火をかろうじて避けて生き残ってきたと考えられるのです。高山蝶をはじめとした多くの高山性生物も、昔の古富士火山にはこの高山性ヒナバッタのように分布していたけれど、新富士火山の噴火に耐えることができず姿を消していったのかもしれません。そんなことを想像させてくれるバッタです。

　また、高山・亜高山性ヒナバッタは、1つの山塊にはただ1種が分布しているだけではないかと考えられてきました。実際に今まで確認されてきた記録をもとに分布図を作ってみると、そのことがよくわかります。ところが、これもくつがえされてしまうことになりました。それがわかるまで、何年もかかりました。高山にいるヒナバッタ類を見つけるのは難しいことではありません。しかし、天気が悪いときにはどこかに潜んで姿を見せてくれません。気温が低く曇っていたりすると、個体数が少ない生息地ではまず見つかりません。それでもいないと決めつけることができないのがつらいところです。それで、最高の条件の機会に恵まれるまで同じところに山登りをする羽目になります。それでも探しに行くのは、高山にすむヒナバッタ類はまだまだ色々な謎を解き明かしてくれると思うからなのです。

3．ヒナバッタの分類

　さて、ヒナバッタ類は日本に生息するバッタ科の中では小型で比較的地味な種が多く、同定が難しいグループです。昔の図鑑類では、普通の種についてもかなりの混乱がありました。最近発刊された『バッタ・コオロギ・キリギリス大図鑑』では詳しく解説されていますが、乾燥標本で同定するには少し難しいと思われます。また、高山・亜高山性の種については、調査が容易ではなく研究も十分に行われているわけではありません。そのような現状をふまえて、高山・亜高山性種の亜種区分を除き、できる限り乾燥標本により同定できるように検索図（図1，2，3）を作成しました。基本的にオスを対象として作成してありますが、メスでもある程度使えると思います。

　なお、マダラバッタの中にはヒナバッタによく似た色彩をする個体が見られ、ヒナバッタに間違われることが時々見うけられます。マダラバッタは前胸背板に側稜を欠

1章　鳴く虫の話：直翅目編

日本産ヒナバッタ類

前脚脛節下面に長い毛が

ある　／　ない

前脚腿節下面には長毛が　ない／ある　　腿節幅の1/2程度の毛がまばらに生える　　前脚腿節下面には短い毛がごくまばらに生える

ヒゲナガヒナバッタ　　　　　　　　　　ヒロバネヒナバッタ　　タカネヒナバッタ属(p.64)へ

前胸背板側稜は

ほぼ全長にわたってある　／　前半部にはない

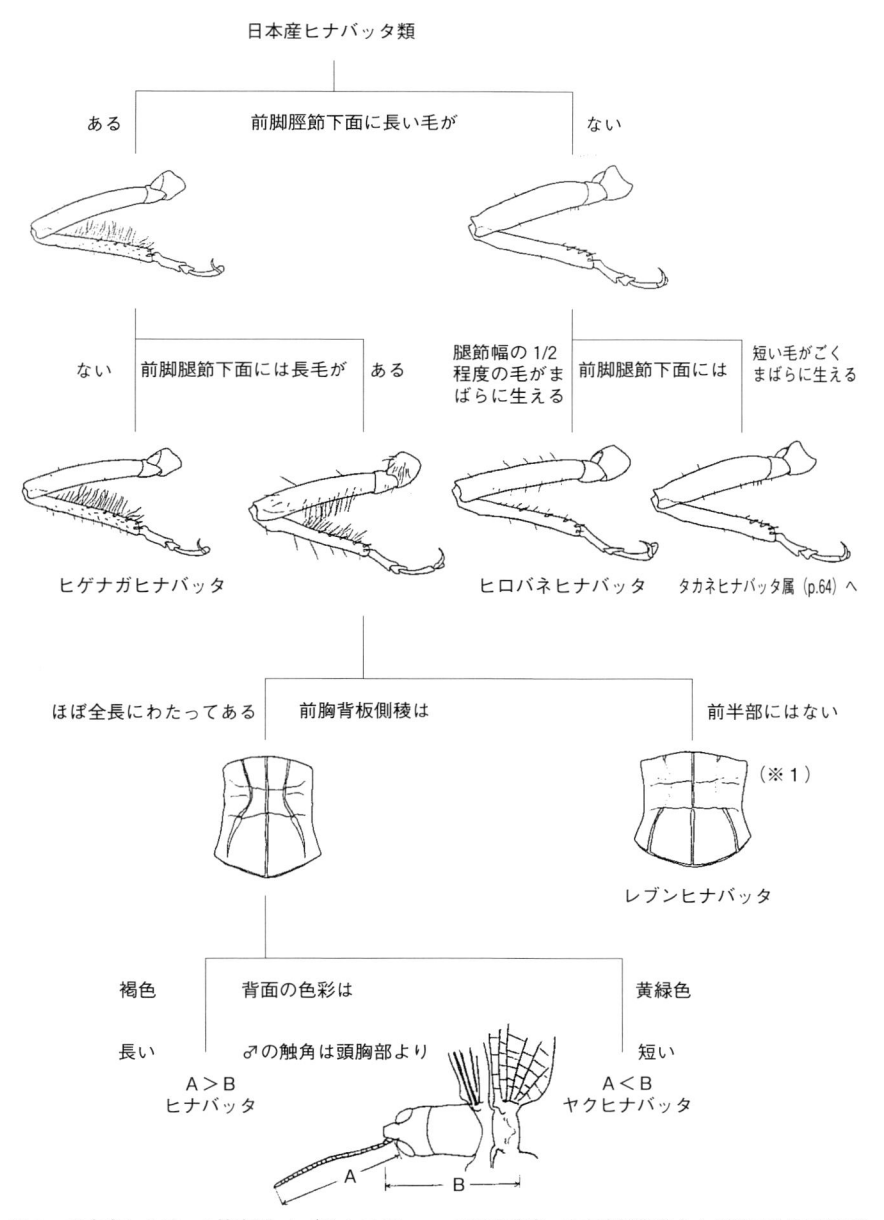

レブンヒナバッタ (※1)

背面の色彩は

褐色　／　黄緑色
長い　／　短い
♂の触角は頭胸部より
A＞B　　　　A＜B
ヒナバッタ　　ヤクヒナバッタ

図1　日本産ヒナバッタ検索図-1　（※1：Ishikawa, 2002を改変，日本直翅類学会より許可を得て転載）.

タカネヒナバッタ属

ほぼ全長にわたってある　　前胸背板側稜は　　前半部で欠く

クモマヒナバッタ

弱く突出する　　頭頂突起は　　強く突出する

直線的に、角張って　　前胸背板の側稜は　　弧を描くように
"く"の字に曲がる　　　　　　　　　　　　　　"く"の字に曲がる

タカネヒナバッタ

幅狭く、先端近くに翅脈　　♂の前翅は　　幅広く丸みを帯び、先端近
の集まるところはない　　　　　　　　　　　　くに翅脈が集まるところが
　　　　　　　　　　　（長翅型はエゾコバネヒナバッタだけに出現）　あり斑紋状になる

幅狭く笹の葉状　　♀の前翅は　　ひし形で短い

（※2）

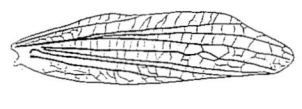

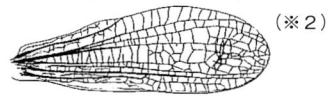

♂前翅　　　　　　　　　　　　　　　　♂前翅

ミヤマヒナバッタ　　　　　　　　　　　　　　　コバネヒナバッタ
・ミヤマヒナバッタ　　　　（東北〜中部地方）　・エゾコバネヒナバッタ　　（北海道、本州北部）
・シロウマミヤマヒナバッタ（北アルプス後立山連峰）・ヤマトコバネヒナバッタ　（関東山地）
・ハクサンミヤマヒナバッタ（加賀白山）　　　　・ヤツコバネヒナバッタ　　（八ヶ岳）
・ノリクラミヤマヒナバッタ（乗鞍岳）　　　　　・アカイシコバネヒナバッタ（南アルプス）
　　　　　　　　　　　　　　　　　　　　　　・フジコバネヒナバッタ　　（富士山）
　　　　　　　　　　　　　　　　　　　　　　・キソコマコバネヒナバッタ（中央アルプス）

図2　日本産ヒナバッタ検索図-2（※2：Ishikawa, 2003を改変，日本昆虫分類学会より許可を得て転載）．

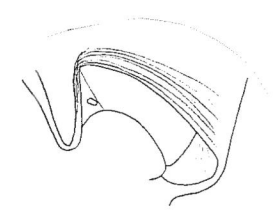

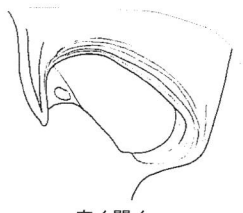

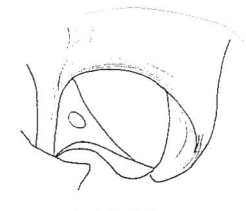

1章　鳴く虫の話：直翅目編

　　狭く開く　　　　　　広く開く　　　　　　大きく開く
　（ヒナバッタ属、　　（タカネヒナバッタ属）　（ヒゲナガヒナバッタ属）
　ヒロバネヒナバッタ属）

図3　鼓膜の形による分類.

くことで、ヒナバッタ類とは区別できるので注意して下さい。以下に、前脚脛節・腿節の毛の状態について説明をしたところがありますが、ヒゲナガヒナバッタ属以外は中脚でもほぼ同じ状態なので前脚のない標本の場合には中脚を見てください。分布は日本国内について説明してありますので、国外の分布を知りたい場合は前記の大図鑑を参考にしてください。

属・種の説明
【ヒロバネヒナバッタ属】
　前脚脛節の下面には長毛を欠き、前脚腿節下面には腿節幅の1/2程度の毛がまばらに生えています。オスの前翅前縁部は広がって張り出しています。後翅は濃いスス色をしています。腹部第1節にある鼓膜は狭く開いています。日本には1種が分布します。
・ヒロバネヒナバッタ
　触角は長くて、頭部と前胸背板を合わせたよりもはるかに長いです。前胸背板には1対の"く"の字状の模様があり、それに沿う側稜もほぼ完全にあります。体長（翅端まで）は、オスで23～28 mm、メスで25～30 mmと、ヒナバッタ類の中では大きいほうです。薄い褐色から黒みの強い褐色まで体の色彩には変化があります。生時には胸部・腹部下面は黄色です。オスの腹部先半部は普通朱色ですが、乾燥標本では不明瞭な場合もあります。
　低山から亜高山までの草原や林縁部に生息し、まれに高山でも見られますが平地には見られません。北海道南部以南の本土部、淡路島、対馬に分布しています。

【ヒナバッタ属】
　前脚脛節、前脚腿節ともに下面には長毛が密生しています。オスの前翅前縁部はあまり広がらず弱く張り出します。後翅は透明ですが、まれに薄くスス色を帯びる場合

もあります。鼓膜は狭く開いています。日本には2種1亜種が分布しています。

・ヒナバッタ

　触角は頭部と胸部を合わせたよりもわずかに長い程度です。前胸背板には1対の"く"の字状の模様があり、それに沿う側稜はほぼ完全にあります。体長（翅端まで）は、オスで19〜23 mm、メスで25〜30 mmと、ヒナバッタ類では中型です。からだは薄い褐色から黒褐色まで変化があり、まれにピンク色の個体も見られます。腹部下面は黄色く、オスの腹部先半部が赤い個体も見られますが、乾燥標本ではわからなくなる場合があります。まれに前脚脛節、前脚腿節の毛が脱落した個体があり、特に年を越して採集された個体にはよく見られるので注意してください。

　低地から山地の草地や畑地などで普通に見られますが、あまり高い山には生息していません。北海道以南の本土部、利尻島、佐渡島、淡路島、対馬、五島列島に分布しています。

・ヤクヒナバッタ

　触角は短く、頭部と胸部を合わせた長さより短いです。前胸背板には1対の"く"の字状の模様があり、それに沿う側稜はほぼ完全にあります。体長（翅端まで）は、オスで15.2〜17.0 mm、メスで23.7 mmと、ヒナバッタ類ではやや小型です。体は褐色で、背面は黄緑色をしています。ヒナバッタの屋久島亜種です。

　屋久島の高地の湿原に生息しています。

・レブンヒナバッタ

　前胸背板の側稜は前半部にはほとんど見られませんが、後半部は基部まで明瞭です。体長（翅端まで）はオスが20.4 mmで、やや頑健な体をしています。メスはまだ確認されていません。体は暗褐色で、後脚脛節は黄色です。

　礼文島に分布しています。

【ヒゲナガヒナバッタ属】

　オスの前脚脛節下面には長毛が密生していますが、前脚腿節下面にはほとんど毛がありません。また、中脚脛節下面にはごく短い毛がまばらに生えているだけで、中脚腿節下面にはほとんど毛がありません。メスは前脚、中脚ともに長毛はなく短い毛がまばらに生えているだけです。触角が非常に長いのが特徴です。からだは他のヒナバッタ類に比べると厚みがあります。鼓膜は大きく半円形に開いています。日本には1種が分布します。

・ヒゲナガヒナバッタ

　前胸背板の1対の"く"の字状の模様は曲がりが弱く、そこにある側稜はオスでは

ほぼ完全に見られますが、メスではやや不明瞭となり、特に後半部では消失する個体もあります。体長（翅端まで）は、オスで18.5〜19.7 mm、メスで20〜24.9 mmです。翅は腹端部に届くかわずかに超す程度ですが、大陸には長翅型が見られます。からだは褐色から暗褐色ですが、前胸側板の下半部が白いのがよく目立ちます。

中部地方から東北地方にかけて分布していますが、生息地は局所的です。比較的大きな河川の中〜上流部の砂礫地で、ツルヨシがまばらに生育しているような場所に見られます。

【タカネヒナバッタ属】

前脚脛節下面には短い毛がまばらに生え、前脚腿節下面には短い毛がさらにまばらに生えているだけです。鼓膜はソラマメのように広く開いています。イネ科、カヤツリグサ科を主とした草地や荒原にすんでいます。日本には4種が分布します。亜種区分についてはまだ十分に検討されていません。

・クモマヒナバッタ

前胸背板の1対の"く"の字状の模様は明瞭で、そこにある側稜は後半部には見られますが前半部ではほとんど見られません。頭頂突起はやや強く突出しています。前翅は短くて腹部の中央ほどまでしかありません。後翅も小さくて飛べません。体長はオスで11.4〜16.5 mm、メスでは20.1〜25.3 mmで、オスが小型のヒナバッタです。からだは黄褐色から黒褐色で、腹部下面は黄色みが強い色彩をしています。

日本特産種で、北アルプスの針ノ木岳・立山から穂高岳にかけての高山・亜高山帯に分布しています。

・タカネヒナバッタ

前胸背板の1対の"く"の字状の模様は直線的で角張って曲がり、そこにある側稜はほぼ完全に見られます。頭頂突起は弱く突出しています。オスの前翅は前縁部がやや広がり、腹端に達するか越えます。後翅は完全で飛翔します。メスの前翅は普通短くて腹部の2/3ほどまでしかありませんが、たまに腹端を越す長翅型が見られます。体長（翅端まで）はオスが16〜16.4 mm、メスは18〜21.2 mmで中型のヒナバッタです。からだは黄褐色から暗褐色で、脚と翅には黄色みの強い個体が多く見られます。

岐阜県・静岡県以北、山形県まで分布し、主にブナ帯の草地に見られます。北海道には分布していません。

・コバネヒナバッタ

前胸背板の1対の"く"の字状の模様は弧を描くように曲がり、そこにある側稜はほぼ完全に見られます。頭頂突起は強く突出していますが、長翅型では弱く突出しま

す。オスの前翅は丸みを帯びて、腹端に達するものから腹部中程までしか達しないものまであります。普通前翅には弱い光沢があります。翅端近くには翅脈が集まり、赤褐色の紋のように見えるところがあります。メスの前翅はひし形で先端がとがり、腹部中程にも達しません。後翅は非常に小さくて飛べません。長翅型は後翅も完全で飛翔します。

南アルプス、中央アルプス、富士山、関東山地、東北地方と北海道の高山・亜高山帯に分布しています。以下のようにいくつかの亜種に分けられますが、まだ十分な検討は行われておらず研究段階にあります。

1．エゾコバネヒナバッタ

体長はオスが16.9〜23.5 mm、メスが19.3〜28 mmの大型の亜種です。長翅型が普通に出現します。褐色型と緑色型があります。北海道と東北地方（八幡平、早池峰山、鳥海山）に分布しています。

北海道から記録のあるタカネヒナバッタは本種の長翅型のようです。

2．ヤマトコバネヒナバッタ

体長はオスが17.0〜19.3 mm、メスが22.0〜25.0 mmで、前亜種によく似ています。長翅型は見つかっていません。褐色型だけ知られています。草津白根山、浅間山、根子岳、横手山などの北関東山地（長野県、群馬県）に分布しています。

3．ヤツコバネヒナバッタ

体長はオスが17.0〜18.5 mm、メスが21.0〜24.5 mmの大型の亜種です。長翅型は見つかっていません。褐色型だけ知られています。八ヶ岳に分布しています（長野県）。

4．アカイシコバネヒナバッタ

体長はオスが14.6〜17.1 mm、メスが20.6〜25.5 mmの小型の亜種です。長翅型は見られません。褐色型と緑色型が見られます。他の亜種と比べると触角が短いのが特徴です。南アルプスの甲斐駒ヶ岳から上河内岳にかけて分布しています（山梨県、長野県、静岡県）。

5．フジコバネヒナバッタ（仮称）

体長はオスが14.0〜16.9 mm、メスが20.0〜25.3 mmの小型の亜種です。長翅型は見つかっていません。褐色型だけ知られています。前亜種によく似ていますが、触角は短くありません。富士山の高山帯で最近発見されました（静岡県）。生息範囲は非常に狭いようです。まだ分類学的検討は行われていません。

6．キソコマコバネヒナバッタ（仮称）

体長はオスが11.8〜14.5 mm、メスが16.9〜21.4 mmの、コバネヒナバッタではもっ

とも小型の亜種です。長翅型は見つかっていません。褐色型と緑色型が見られます。中央アルプスの木曽駒ヶ岳およびその付近の高山帯で最近発見されました（長野県）。まだ分類学的検討は行われていません。

　これらのほかに、国後島にクナシリコバネヒナバッタが、択捉島と色丹島にチシマコバネヒナバッタが知られています。

・ミヤマヒナバッタ

　前胸背板の1対の"く"の字状の模様は弧を描くように曲がり、そこにある側稜はほぼ全長にわたって見られます。頭頂突起は強く突出しています。オスの前翅はコバネヒナバッタのように丸みを帯びるものから笹の葉状に細いものまであり、腹部の2/3に達するものから腹端に達するものまで見られます。しかし、翅端部近くで翅脈が集まるところはありません。メスの前翅は笹の葉型で、普通は腹部の2/3ほどまで達します。前翅には普通光沢はありません。後翅は前翅よりも小さくて飛べません。褐色型と緑色型が見られます。長翅型は見られません。日本特産種で以下の亜種に分けられていますが、さらに十分な検討が必要です。

　1．ミヤマヒナバッタ

　体長はオスが12.2～15.7 mm、メスが18.3～23.8 mmの大型の亜種です。東北から中部地方に分布し、月山から吾妻山にかけての地域、尾瀬ヶ原周辺、妙高山、御嶽山そして中央アルプスの個体群が該当します。

　2．シロウマミヤマヒナバッタ

　体長はオスが12.5～14.7 mm、メスが16.2～18.9 mmの中型の亜種です。北アルプス北部の後立山連峰（乗鞍岳、白馬岳、白馬大池、八方尾根）に分布しています。これらのすぐ南に位置する爺ヶ岳には、明瞭に区別できる別の個体群が分布しています。

　3．ハクサンミヤマヒナバッタ

　体長はオスが14.2～17.5 mm、メスが18.0～23.3 mmの大型の亜種です。前翅には弱い光沢が見られます。加賀白山に分布しています（岐阜県、石川県、福井県）。

　4．ノリクラミヤマヒナバッタ

　体長はオスが10.4～12.3 mm、メスが15.0～19.5 mmで、高山・亜高山性のヒナバッタでもっとも小型の亜種です。北アルプス南部の乗鞍岳に分布しています（岐阜県、長野県）。

　以上のほかに、南アルプスの高所で所属不明の種が得られています。ヒナバッタ類には日本国内でも未知の種がまだ見つかる可能性があります。

● コラム

まだまだわからない幼虫の識別

　昆虫などの名前を調べる作業を同定といいます。『バッタ・コオロギ・キリギリス大図鑑』が出版され、日本産直翅目のほとんどの種が同定できるようになりましたが、それは成虫に限っての話。実際に野外で出会うのは幼虫の場合も多いと思われますが、幼虫の同定法はまだまだ確立されてないといえるでしょう。

　本当なら、幼虫の形態を調べるには、卵から成虫になるまで飼育して、各成長段階の写真や標本を記録するのが確実です。しかし、これはなかなか手間と根気のいる作業です。ここでは、私が野外で得られた素性の知れない標本を同定する際に、注意している点を紹介します。直翅目の幼虫の識別に興味を持った人の参考になれば幸いです。

　直翅目は蛹の時期を持たない不完全変態の昆虫で、基本的には幼虫も成虫も同じような形をしていますが、成虫の同定に使われる特徴には生殖に係わるものが多く、幼虫にもあてはまるとは限りません。

　一般に目を引く「色彩」の特徴には成長段階によって劇的に変化するものがあり、注意が必要です。しかし、幼虫の色や模様はその種が属するグループに普遍的なものだったりするので、候補種を大きく絞り込む初期の段階では有効です。

　それに比べて「形態」の特徴は成長による極端な変化が少なく、種を絞り込むのに有効です。例えば触角を見て、糸状で長ければコオロギ・キリギリス類、太く短いのはバッタ類です。もしバッタ類で頭が細長く伸びていたら、候補はショウリョウバッタ、ショウリョウバッタモドキ、オンブバッタ類のどれかで、それぞれ顔つきや脚の長さ、体型などが違うので、注意すれば見分けられると思います。

　こうやって様々な角度から検証し、パズルを解くようにして、候補種の可能性を絞り込んでいきますが、このときに重要なのが成長段階の推定です。成虫のサイズも見当がつかないまま、翅がない種の成虫を何かの幼虫と思い込んだり、逆に翅を持つ種の幼虫を短翅種の成虫と勘違いしては、同定に大きな混乱を招きます。同定する個体が成虫か幼虫か、幼虫であればまだ小さな若齢幼虫か、羽化が近い終齢幼虫なのか、そういった事が判断できれば、有力な情報になります。

　これには、翅や産卵器が大きな手掛かりになります。幼虫にある成長途中の小さな翅は翅芽といい、成虫の翅に比べると薄皮に包まれたように丸みがあって厚く、付け根の関節ができていないため動きません。また、背中の上での畳まれ方も成虫の翅とは異なります。成虫の翅は翅脈がはっきりしていたり、たとえ小さくても関節があって可動したりします。

　コオロギ・キリギリス類に見られる特徴的な産卵器は産卵管ともよばれ、これの形状や長さは種の同定にも、成長段階の判定にも有効です。成虫の産卵器であれば、しばしば赤褐色や黒色で、光沢があり、付け根が太くしっかりしていて、先端には小さな鋸歯があります。幼虫のそれは淡い色で光沢が弱く、付け根は細く、先端に硬く鋭い部分がありません。ただ、ササキリ類やクサキリ類、一部のツユムシ類にはこれらの特徴がはっきりしないものがあるので、注意してください。

　これらの翅芽や産卵器といった器官は、幼虫の成長に伴って徐々に発達してくると思

われがちですが、実際には成長の後半になってから急速に発達してきます。これにより、どのくらいの成長段階か、ある程度は判定できます。すなわち、サイズが小さくても翅芽や産卵器が発達していれば、それは成長後期の小型種と判断できるし、未発達の小さなものであれば、これからまだまだ大きくなる種か、翅や産卵器が短い種だと見当がつきます。

　こうやって、既知種のどれかに当てはめていくのですが、無理な当てはめは誤同定の元、結論を急がず、わからないものはわからないと認める勇気も大事です。とにかく既存の情報が少ないので、慎重に判断しましょう。特に小さな幼虫などは、相当の知識や経験を積まないと難しいと思います。

　こつこつと情報を積み重ね、いつの日にか、みんなの研究成果を合わせて『日本産直翅目幼虫図鑑』が出版される事を願っています。〈杉本雅志〉

本州で見られるササキリ類幼虫の見分け方

市川顕彦・河合正人

1．バッタに似たキリギリス・ササキリ

　広大な草地へ行くとバッタがたくさん跳ねています。

　河原や大きな草地のある公園ではいろんな種類のバッタを集めて、種類ごとに飛ばしっこ競争をする「バッタのオリンピック」という行事が、自然に親しむ行事の1つとして大阪市立自然史博物館で行われています。このときの選手選びの最初の仕事が、バッタと一緒に採集されたキリギリスの仲間を見分けて除外することです。

　そう、草原にすむキリギリスの仲間（キリギリス類）には、バッタの仲間とまぎらわしいキリギリスがたくさん一緒にすんでいます。初夏から真夏に草むらに行くとバッタの幼虫がたくさん見られますが、バッタに似たキリギリスの仲間であるササキリ類もたくさん見られます。2化性といって年に2回成虫が出るものは、最初の出現が早いので、バッタ類よりも出会う機会が多いものもあるかもしれません。

　ササキリ類は個体数も多く、たいへんなじみがありそうな仲間であるわりには、バッタではないということで片付けられています。しかし、生息範囲が広く、またいろんな鳴き方をし、よく鳴く種類も多いので、草原の環境を見るのにも使いやすい仲間です。

　ササキリとは笹にいるキリギリスという意味ですが、実際に笹との結び付きが強いのはササキリという種類のササキリ（ナミササキリ）だけです。ササキリ類は芝生、メヒシバ群落、ススキやオギの群落、またヨシ原、そして林縁部の笹藪や竹林のような森林的環境まで含めたいろんな環境に生えるイネ科の群落で見られます。また、イネ科の植物の葉鞘部に卵を産み付け、その産卵器の長さや形が産み付ける傾向の強い種類の葉鞘の長さや形と関係が深いということから、むしろ「イネキリ」と呼んだほうがふさわしいぐらいに、イネ科の植物全体のいろんな段階の群落と密接に関わって生活している仲間です。

2．ササキリの幼虫の見分け方

　草原やササ原、竹藪によく見られるササキリ類幼虫の見分け方は、今までに作られたことがないか、ごく少なかったでしょう。ここでは大体、近畿地方の低地で見られるササキリ類の幼虫の見分け方を解説します。地味ですが身近にたくさんいる、こんなササキリ類に幼虫時代からなじんでみましょう。

なお、そのため北海道や南西諸島だけで見られるものはここからは除外します。具体的にいうと、キタササキリ、エゾコバネササキリ、コバネササキリの沖縄型ですが、これらについては筆者らの知識が少ないので詳しくはふれません。また、カスミササキリとイズササキリについても、見られることがまれで、しかも生息場所が河口付近のヨシ原などに限られていることもあるので、やはり除外します。またハナハクササキリも一時的に生息していただけなので、除外します。

　残ったササキリ、フタツトゲササキリ、コバネササキリ、オナガササキリ、ウスイロササキリ、ホシササキリの6種の幼虫について述べていきましょう（図1）。

　生活空間という観点からは、ササキリ（ナミササキリ）とフタツトゲササキリは主なすみかがササ類の混じる雑木林の林縁部や竹林です。その点は特異ですが、フタツトゲササキリについてはササ原や竹林から離れた所でも見つかることがあります。これら2種のうちササキリの若齢幼虫は、独特な赤と黒の色調が目立った印象があるためか、よく問い合わせがあります。日本のササキリ類でこれだけあざやかな色使いのものはササキリしかいないので、この配色だけでササキリ（ナミササキリ）を他種から区別できます（図1-1a, 2）。後腿節の中央付近にある白い斑紋もチャームポイントです。若齢のものほど赤みが強くなりますが、これには地域変異があるようです。終齢幼虫に近づくにつれ赤みの強い部分がオレンジ色〜黄緑と変化し、次第に体の緑色の部分が増えますが、全体を覆う黒い色調は残ります。

　次に目立つ配色なのがフタツトゲササキリですが、本種の幼虫の場合、他種に比べて青味が強くなる印象があります。また、顔面は通常黄褐色ですがその中央に緑色の大きな山型の紋が出ます（図1-2a）。これは成虫にも残るようです。

　以上2種は主に竹林など林的環境に生息するので、草原性の他種とはすむ環境が異なります。しかし、動物ですから必ずしも竹林に限って生息するわけではないことに注意してください。なお、以上2種の産卵器は割合短く、少し上に反っています。

　残る4種のうち、まずはオナガササキリについて説明します（図3）。オナガササキリはとにかく触角が長く、若齢幼虫の時から長いようです（図1-3a）。また、成長した幼虫では産卵器がかなり長くなります。コバネササキリの幼虫も産卵器が長くなりますが、オナガほどではありません。しかしよく似るので丁寧に見る必要があります。一般にオナガササキリはいくぶん乾燥した高茎の草原（ススキ原に多い）にいて、成虫の出現期が早いようです。またからだのサイズが際立って大きくなります。コバネササキリの成虫（但し沖縄型は除く）の体側前部、主に前胸背側板に淡い褐色の縦帯が出ますが、これは程度の差はあれども、ウスイロササキリの成虫や幼虫、ホ

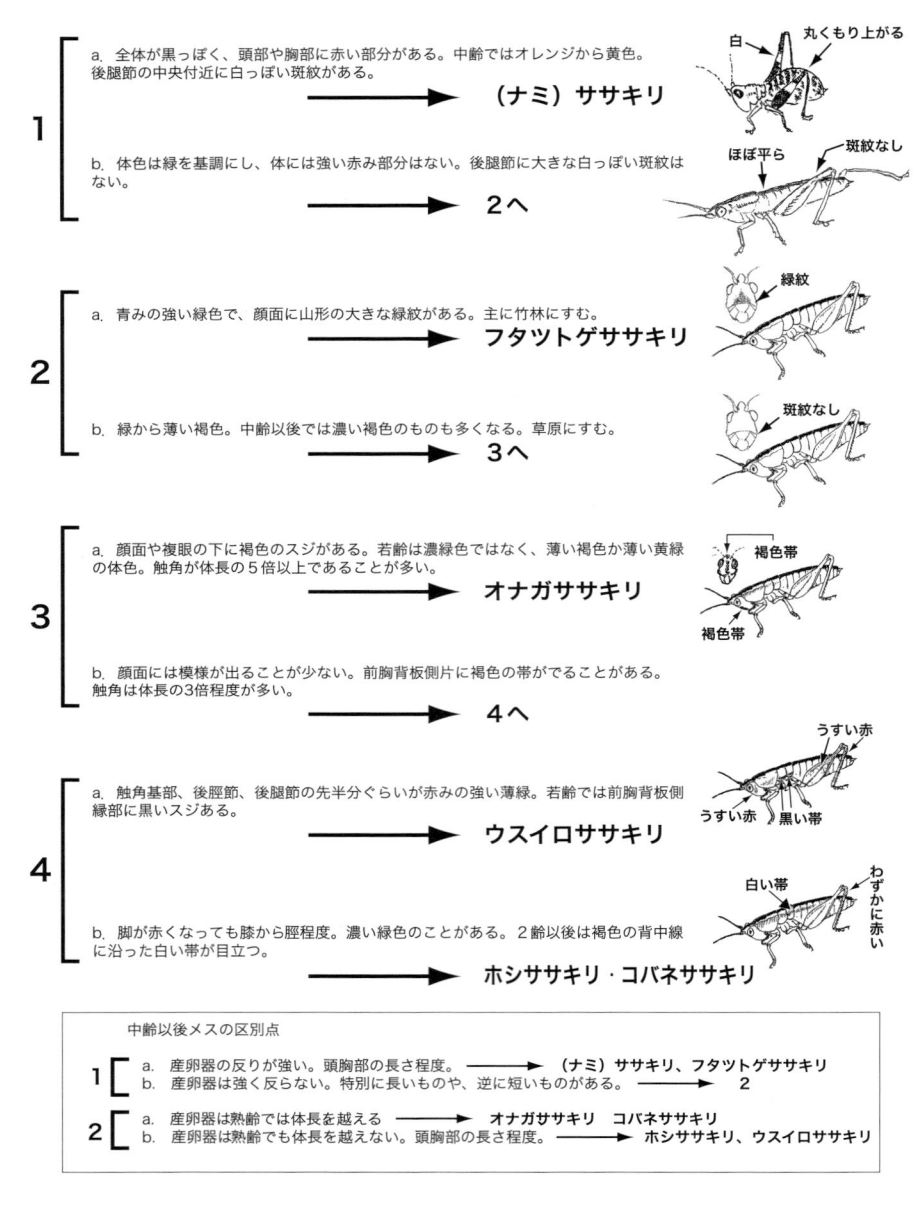

1
- a. 全体が黒っぽく、頭部や胸部に赤い部分がある。中齢ではオレンジから黄色。後腿節の中央付近に白っぽい斑紋がある。　→　（ナミ）ササキリ
- b. 体色は緑を基調にし、体には強い赤み部分はない。後腿節に大きな白っぽい斑紋はない。　→　2へ

2
- a. 青みの強い緑色で、顔面に山形の大きな緑紋がある。主に竹林にすむ。　→　フタツトゲササキリ
- b. 緑から薄い褐色。中齢以後では濃い褐色のものも多くなる。草原にすむ。　→　3へ

3
- a. 顔面や複眼の下に褐色のスジがある。若齢は濃緑色ではなく、薄い褐色か薄い黄緑の体色。触角が体長の5倍以上であることが多い。　→　オナガササキリ
- b. 顔面には模様が出ることが少ない。前胸背板側片に褐色の帯がでることがある。触角は体長の3倍程度が多い。　→　4へ

4
- a. 触角基部、後脛節、後腿節の先半分ぐらいが赤みの強い薄緑。若齢では前胸背板側縁部に黒いスジある。　→　ウスイロササキリ
- b. 脚が赤くなっても膝から脛程度。濃い緑色のことがある。2齢以後は褐色の背中線に沿った白い帯が目立つ。　→　ホシササキリ・コバネササキリ

中齢以後メスの区別点

1
- a. 産卵器の反りが強い。頭胸部の長さ程度。　→　（ナミ）ササキリ、フタツトゲササキリ
- b. 産卵器は強く反らない。特別に長いものや、逆に短いものがある。　→　2

2
- a. 産卵器は熟齢では体長を越える　→　オナガササキリ　コバネササキリ
- b. 産卵器は熟齢でも体長を越えない。頭胸部の長さ程度。　→　ホシササキリ、ウスイロササキリ

図1　ササキリ類幼虫の検索図．若齢では1つの形質で決めてとなるものは少なく、いくつかの複合的な形質の比較が必要．ホシササキリとコバネササキリの区別については本文参照．

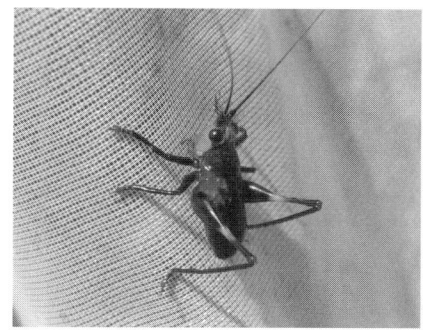

図2　ササキリの幼虫.
西口栄輔氏撮影.

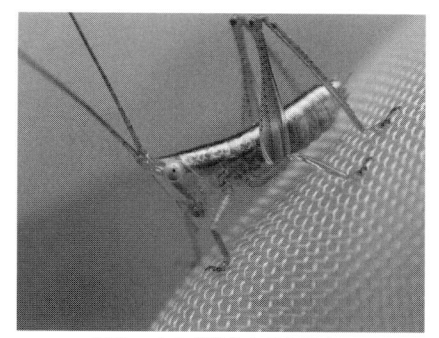

図3　オナガササキリの幼虫.

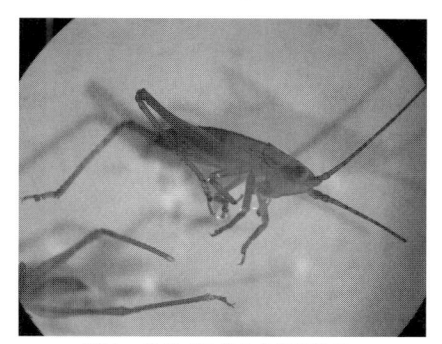

図4　ウスイロササキリの幼虫.

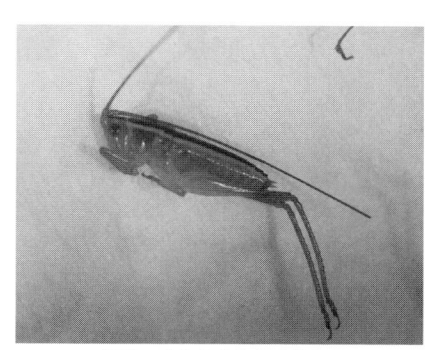

図5　ホシササキリの幼虫.

シササキリの幼虫などにも出るので、あまりあてになりません。オナガササキリの場合、少なくとも大きい幼虫には顔面に黒紋が出るので、これも判断材料となります。成虫にも出ます。コバネササキリには幼虫にも成虫にもこの黒紋は出ません。

　ウスイロササキリ（図4）は、見分けるポイントが主に2つあります。それは1つには触角や脚の、特に基部に近いところが、かなり赤くなることです（図1-4a）。これは幼いものほど顕著です。また頭頂のとがりが強いため、日本産のササキリ類ではもっともとんがり頭になります。さらに産卵器は日本産のササキリ類ではもっとも短く、ほぼまっ直です。

　残った2種のホシササキリ（図5）とコバネササキリは幼虫での区別は難しいのですが、ホシササキリの方が幾分乾燥した所にもいる傾向があります。またホシササキリでは産卵器がやや短いようです。さらに背面の褐色の帯がホシササキリのほうがより太くなる傾向があります。前述したように体側の条は参考程度です。

琉球の鳴く虫に会いに行こう！

杉本雅志

１．琉球列島に行こう！

　琉球列島は奄美・沖縄諸島や西表島などを含み、そこに見られる自然環境や生物相は日本本土と大きく異なっていて、自然を楽しむ者にとって非常に魅力的な地域です。そこは日本でありながら、気候帯は亜熱帯に含まれ、生物相は東南アジアの北の端とすらいえるものです。

　すでに訪れた事のある方も多いと思いますが、不慣れな亜熱帯の地でこれまでの勘や経験が通用せず、戸惑う場面もあったのではないでしょうか。これから琉球の自然を体感しようという方々の旅が、楽しく充実したものになる事を願って、注意点を思いつくままに書き出してみました。そして、琉球の旅を楽しみながら、南国の島々に暮らすエキゾチックな鳴く虫を観察してみましょう。

２．どの島に行くか（図２）

　琉球列島には多くの島を含み、奄美諸島、沖縄諸島、八重山諸島の３つに大きく分けられます。

○奄美諸島

　奄美諸島を代表する大島（奄美大島）はその名の通り大きな島で、景色も文化も、様々な意味で日本本土に近い印象があります。しかし生物相はずいぶん異なり、インドシナと関係の深い種が目立ち、沖縄との共通種には亜種関係にあるものが多く見られます。山深く森林が発達していますが、過去の伐採のために巨木は少ないようです。また、山がちな地形のため低地林や草地などの里山環境は意外に少なく、島が大きい事もあってポイント選びに苦労します。

　徳之島も山地森林が発達していて、生物相の特徴からも大島の縮小版といった感じの島です。一部の種が固有の種・亜種になっています。

　沖永良部島は石灰岩でできた島で、昆虫相は大島より沖縄島に近い印象です。島が小さくて環境も豊かとはいえませんが、固有種・固有亜種が多く興味深い島です。

○沖縄諸島

　沖縄諸島で中心となるのは多くの固有種で有名な「やんばる」ですが、これは南北に細長い沖縄島の北部に位置する森林地帯の俗称です（図１）。面積が小さいうえに林道が網目のように走り、交通の便は良いですが、状態の良い森はわずかしか残って

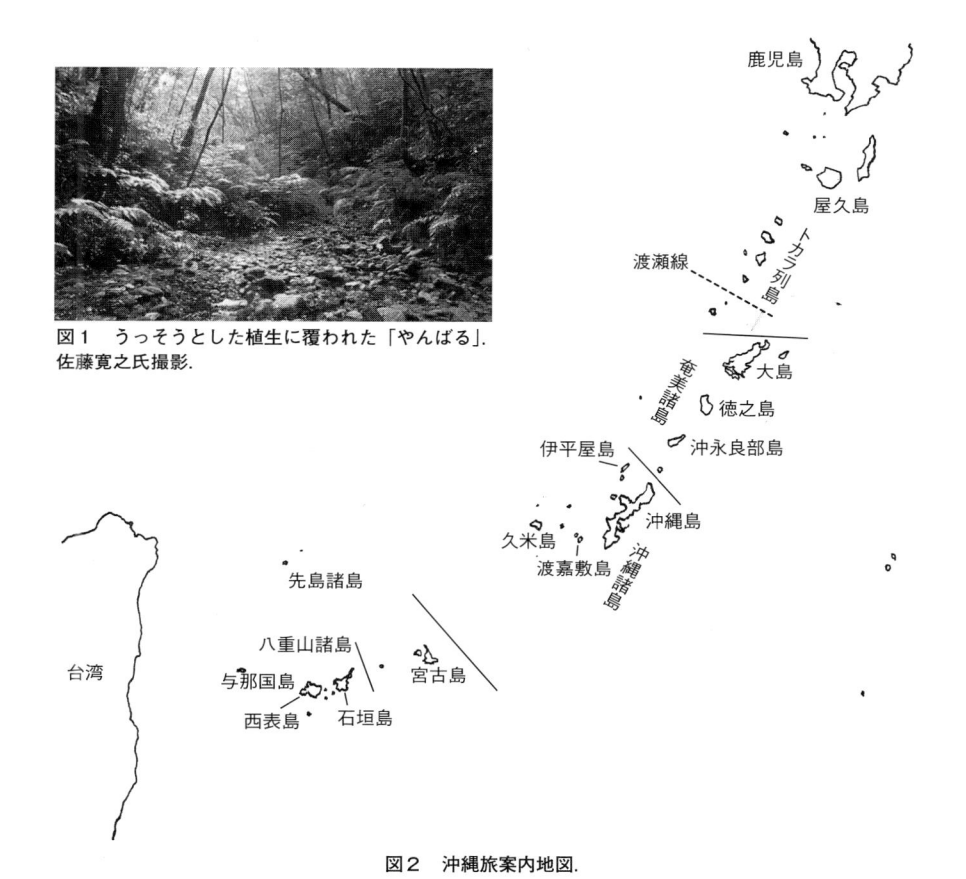

図1 うっそうとした植生に覆われた「やんばる」．佐藤寛之氏撮影．

図2 沖縄旅案内地図．

いません。夏の日照りや旱魃に台風と、過酷な自然条件にさらされるので、安定した湿り気を探すのがポイントです。島の中南部は石灰岩の低地で開発が盛んですが、湿地に耕作地、造成地など、環境が多様なので、まめに回れば様々な種類と出会えるでしょう。周辺の離島では久米島、伊平屋島、渡嘉敷島などもおもしろいです。

○八重山諸島

　八重山諸島の生物相は奄美・沖縄と比較して大陸の要素が弱く、より東南アジアに近い感じがあります。何といっても有名なのは西表島で、島の大部分が森に覆われ、周回道も横断道もなく、良好な自然が保たれています。自然環境を観光資源としている事もあって採集禁止エリアなどが多いので、注意しましょう。西表島にはシイ・カ

シ林とマングローブ林は豊富ですが、それ以外の石灰岩地や湿地、草地、耕作地などを狙うなら、石垣島がおすすめです。石垣島は大きな市街地のある島ですが、中央には山地を持ち、北側には石灰岩低地林があり、環境の変化に富んでいます。

日本最西端の与那国島は八重山に含まれていますが、台湾との共通種がいたり、多くの種が固有の種・亜種になっていたりと、個性的な島です。

宮古島と周辺の島々は、八重山と合わせて先島諸島とよぶ場合もあります。宮古島はサンゴ礁でできた石灰岩の平らな島で、生物相は八重山とも違って沖縄・大陸の要素があり、興味深い島なのですが、残念ながら島の大部分が市街地と耕作地で、本来生息している生物を探すのが困難な状態です。湿気の残っている鍾乳洞の周囲などが狙い目になります。

3．いつ行くか

日本本土で直翅目の観察・採集に適した季節といえば真夏から秋になると思います。琉球列島の場合、南国らしく1年を通して成虫が見られるものもありますが、5〜7月に季節限定で出現する種類が多くいて、その一部は11月ころにも見られます。そして本土同様、秋に出現するタイプもいて、こちらは9〜10月に多くなります。その他、一部の種では秋遅くに羽化して翌春に活動するものもあります。要はいつ行っても何かいるのですが、種やグループによって偏りがあるので、見たいものがあるなら事前に調べておいたほうが楽しめるでしょう。

気候面も一癖あって、大まかにいうと7〜9月は台風がこない限り連日晴天で陽射しが強く、冬は基本的に曇り時々雨で強い北風が吹き、それ以外の時期は、晴れが続く事は少なく雨が一日中降る事もない不安定な天気、といった感じです。気候や温度が急変するので、対応しやすいように服装は重ね着がおすすめです。

よく心配される台風ですが、直撃しなければたいした影響を受けません。天気予報をまめにチェックして、進路に当たりそうなら旅程の変更や航空券の手配など、先手先手で対応しましょう。悪天候といえば5月上旬の梅雨入りと6月中・下旬の梅雨明けころに車が立ち往生するほどの豪雨が何日も続く事があり、台風同様何もできない恐れがあります。

4．ハブに注意！

琉球で野外活動を行うとなればハブの話題は避けて通れません。ただ、昆虫を探していればたいていは蛇にも気がつくのか、採集者がかまれる事はきわめてまれです。

図3　ホンハブ．佐藤寛之氏撮影．

しかし油断は禁物、用心に越した事はありません。現地では不用意に手を着いたり座ったりしないよう気をつけ、倒木の下や樹洞、岩穴などを覗くとき、中に手を入れるときには充分に注意しましょう。足元については厚手の長靴を履いていればまず大丈夫です。

もっとも恐ろしいのはホンハブ（ハブ）（図3）という種類で、奄美・沖縄地方に分布しています。通常でも1.7 m、最大記録は2.4 mに達する大型種です。ただし人間に見つかれば、即殺される存在なので、そうめったに出会う事はありません。むしろ充分に警戒しつつ、もし遭遇できたらラッキーと思いましょう。よく見ると美しく威厳に満ちた、すばらしい生物です。

奄美・沖縄にはツチノコそっくりの蛇、ヒメハブもいて、こちらは毒が弱く射程距離が短いので、あまり問題にされませんが、カエルを狙って水辺に集まっている事があり、枯葉色で見つけにくいので、注意は必要です。

八重山地方に分布するサキシマハブはホンハブより小型で、多くは1 mくらいです。個体数が多くて毎晩のように遭遇し、そのうえ枯葉色の色彩を数パターン持っていて、普通にいて見つけにくいという意味で、もっとも警戒が必要な種と思います。

いずれの種も、積極的に人間を襲う事はなく、出会えばたいていは逃げていきます。ただし待ち伏せ迎撃体勢でいる個体の至近距離に立ち入ったときに事故が起こります。

琉球にはウミヘビ類や小型のコブラ類などの毒蛇もいますが、つかんだりしない限りかむ事はないので、常識的に接すれば心配ありません。

この他、ハチの巣や毛虫に注意するのはいうまでもありません。

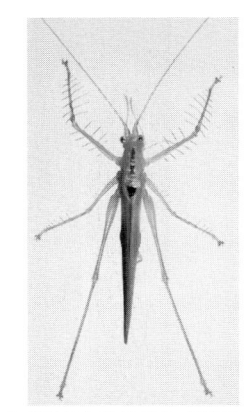

図4 タイワンツチイナゴ．伊藤ふくお氏撮影．　　図5 ヒルギササキリモドキ．伊藤ふくお氏撮影．

5．南国のユニークな鳴く虫たち
5-1 タイワンツチイナゴ

　乗り継いできた飛行機が日本最西端の与那国島に降り立つとき、滑走路脇の草地の上を低く飛ぶ、赤っぽい小鳥の群れのようなものが見える事があります。その正体は日本最大級の直翅目の1つ、タイワンツチイナゴです（図4）。日本本土のツチイナゴに似ていますが群れを作る習性があり、後翅が鮮やかな赤紫色をしているので飛んだときに赤く見えます。奄美以南の琉球列島で普通に見られる種で、開けて明るい草地を好み、牧場や芝地の多い与那国島には特に多くて、時期や年によっては何百頭という群れが見られます。このイナゴは1年に1世代を交代する年1化性のライフサイクルを持ちますが、成虫が非常に長生きで、夏頃に羽化した成虫が翌年の春に繁殖活動を始め、その後自分の産んだ卵が育って羽化するころまで生きている個体もいるので、ほぼ1年中成虫が見られます。

5-2 ヒルギササキリモドキ

　熱帯や亜熱帯の河口に形成されるマングローブ林、そこに生息する珍虫として名高いのがヒルギササキリモドキです（図5）。あまりに特異な姿から発見当時は何の仲間かわからず、マングローブウマオイとよばれましたが、後にササキリモドキの仲間という事が判明して現在の名がつけられました。

　私がこの虫を最初に探したときはまだマングローブウマオイとよばれており、その名に頑丈で獰猛なイメージをいだいていたので、実物を見たときには繊細な外見に驚きました。本種は満潮時に浸水するマングローブ林内のオヒルギ樹上に暮らし、誤っ

1章　鳴く虫の話：直翅目編

図6　ヒラタツユムシ．伊藤ふくお氏撮影．

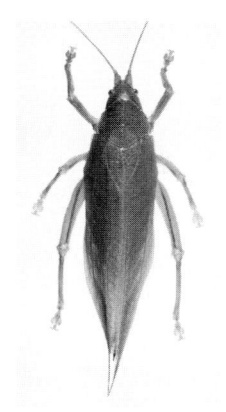

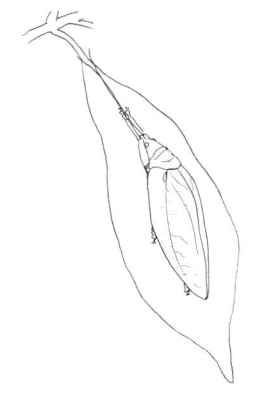

図7　葉に擬態するヒラタツユムシ．

て落ちた時には水面を器用に泳ぎます。ササキリモドキの仲間は超音波で鳴く事が知られ、本種も40〜50 KHzでの発音が確認されています。八重山諸島の石垣島と西表島に分布します。

5-3　ヒラタツユムシ

　樹上にすむ直翅類の多くは木の葉などに巧みにカムフラージュしていますが、長い触角や折れ曲がった膝に注意して探すと効率よく見つける事ができます。この弱点を克服したのがヒラタツユムシです（図6）。この仲間は熱帯域に多くの種がありますが、日本には奄美大島以南に1種が分布するのみです。

　この仲間は休息時に翅を屋根型に開いて伏せ、その下に中・後脚を隠す習性があり、同時に前脚を前に伸ばし、1枚の葉っぱのようになります（図7）。さらに、葉に擬態する他の直翅目は夜にライトを当てると白く浮き上がって見えるものが多いのですが、ヒラタツユムシの体表は蝋を引いたような質感で、ライトで照らしても光りません。

　このように見つけにくいので採集例も少なく、生息数も少ないと思われがちですが、声がわかるとそんな事はありません。ただし多くの個体が5m以上の樹上にいて、やはり発見は困難です。さらに物にしがみつく力が強く、やっと見つけて長い竿の網で掬ってもなかなか入ってくれません。

5-4　クロギリスの仲間

　クロギリス科（図8）の昆虫は日本本土では見られない仲間で、屋久島、沖縄、八重山から3種が知られます。カマドウマやコロギスに近い原始的なグループで、近い

図8 ヤンバルクロギリス. 伊藤ふくお氏撮影.

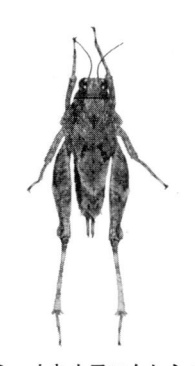

図9 オキナワコケヒシバッタ. 伊藤ふくお氏撮影.

図10 アマミヒラタヒシバッタ. 伊藤ふくお氏撮影.

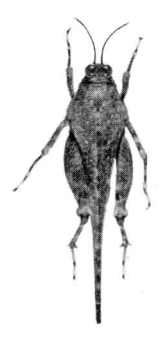

図11 ヨリメヒシバッタ. 伊藤ふくお氏撮影.

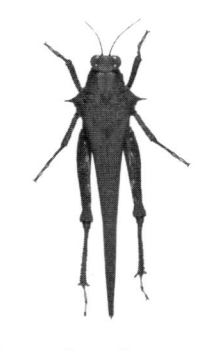

図12 ナガレトゲヒシバッタ. 伊藤ふくお氏撮影.

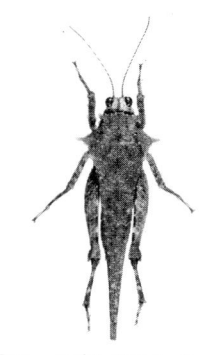

図13 イボトゲヒシバッタ. 伊藤ふくお氏撮影.

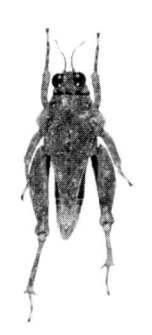

図14 チビヒシバッタ. 伊藤ふくお氏撮影.

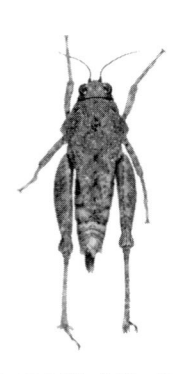

図15 コカゲヒシバッタ. 伊藤ふくお氏撮影.

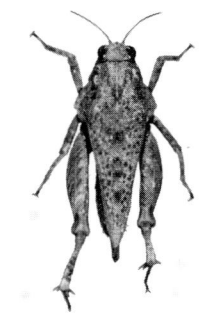

図16 ヨナグニヒシバッタ. 伊藤ふくお氏撮影.

仲間はアフリカ、オーストラリア、中南米、東南アジアなどから知られ、かつて世界がゴンドワナ大陸として1つだった時代の生き証人といわれています。外見は黒光りした翅のないキリギリスを思わせ、それが和名の由来となっています。森林の大木の洞などにすみ、夜行性であまり出歩かないため、大型の種でありながら発見が遅れ、この科の虫が日本から報告されたのは1986年の事です。翅が退化していて小さいので翅で発音はしませんが、自分の足場を後脚で蹴る「タッピング行動」が観察されています。

5-5　ヒシバッタの仲間

　琉球ではヒシバッタの多様性も見逃せません。奄美・沖縄の森林では渓流の苔むした岩などに緑色のコケヒシバッタの仲間（図9）が見られ、朽木をよく見ればゴツゴツの表皮を持ったヒラタヒシバッタ類（図10）が樹皮にまぎれてとまっています。奄美大島の河原にすむヨリメヒシバッタ（図11）は、生息地の玉石に似てのっぺりした灰色のため、足元から飛び立つまで存在に気付きません。

　一方、八重山の明るい河原にはナガレトゲヒシバッタ（図12）が群れていて、近づくと薄青い後翅を見せて一斉に飛んでいきます。そこから沢沿いに暗い所へ入って、いつも水しぶきで濡れているような場所を探せば、日本最大のイボトゲヒシバッタ（図13）が見つかるかも知れません。日本最小のチビヒシバッタ（図14）も付近の苔むした環境に生息していますが、イボトゲヒシバッタの小さな幼虫に似ているので注意が必要です。森林内のやや明るい所には落ち葉を食べるコカゲヒシバッタ（図15）もいます。太短いヨナグニヒシバッタ（図16）はその名の通り与那国島に生息し、春先に水田の畦で見られます。

移入か？　在来か？　移り変わる分布を追って

杉本雅志

1．はじめに

　近頃、移入種や外来種という言葉をよく耳にします。人間が、ある生物を本来分布していなかった地域に持ち込み、その結果そこで長い時間をかけて育まれてきた生態系のバランスが乱れたり、交雑によって雑種化が起こるなどの問題です。直翅目の多くは植物上で暮らし、休眠性を持った卵を植物体や周辺の土中に産み付ける種が多く、園芸植物などに混入して移入されやすい昆虫といえるでしょう。

　しかし、ある昆虫がある地域で新たに見つかったからといって、本当に移入種なのか、前からいたのに発見されなかっただけなのか、あるいは自力で分布拡大したのか、その判定は容易ではありません。

　私は沖縄を主なフィールドにしていますが、「島」という海によって隔離された環境の中で観察していて、明らかに移入と思われるものがいくつかあるので、ここではその例をいくつか紹介します。

2．フタイロヒバリの場合（図1・2）

　フタイロヒバリはヒバリモドキ科ヤマトヒバリ属に含まれる小型のコオロギ類で、私が琉球列島の直翅類を調べ始めた1993年当時、まだ日本のどこからも知られていない種でした。そのころの私にとってヤマトヒバリの仲間は身近ではなかったので、発見時のことはよく覚えています。最初の発見は、今思えば1994年ころに沖縄島の金武町で1頭見ているのですが、残念ながら記録に残していません。その後、1996年頃に宜野座村に生息地を発見、1998年には渡嘉敷島でも採集、さらに1999年には沖縄市に多産地を発見。それらの標本を調べて東南アジアに広い分布域を持つ日本未記録の種だと判り、フタイロヒバリの和名をつけました。

　この当時はまだ、気にして探していても時々見つかる程度だったのですが、2001年に西原町で確認、「やんばる」とよばれる北部地域でも2003、4年ころから見られるようになりました。当初は、生息環境がわかり、鳴き声を覚えた事で、見つけるのがうまくなったのかと思いましたが、その後も新たな生息地が次々見つかり、2005年ころには「湿って明るい草地環境さえあれば、いつでもどこでも、沖縄でもっとも普通に見つかる直翅類の1つ」になってしまいました。

　こうなると、どう考えても今まで見落としていたとは考え難く、この種が移入種で、

図1　フタイロヒバリ（左：オス，右：メス）．
伊藤ふくお氏撮影．

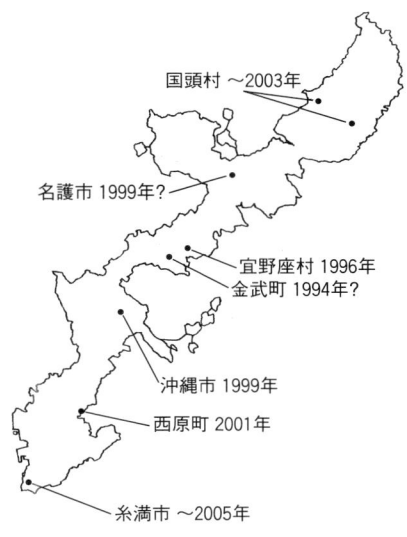

図2　フタイロヒバリの分布拡大過程．

侵入初期から分布拡大の過程を目の当たりにしているのではないか、と思うようになりました。

　もしそうなら、本種がどこからどのような経路で沖縄島と渡嘉敷島に侵入したのかが気になるところですが、それに関してはまったくの謎です。

3．タイワンカヤヒバリの場合（図3・4）

　タイワンカヤヒバリもヒバリモドキ科で、クサヒバリ属に含まれます。古くから台湾と八重山諸島から報告されていましたが、沖縄島からは見つかっていませんでした。

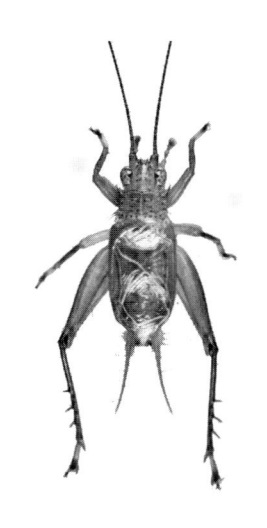

図3　タイワンカヤヒバリ．伊藤ふくお氏撮影．　図4　タイワンカヤヒバリの分布拡大過程．

　この種は声に特徴があるので、鳴き声で簡単に生息が確認できます。八重山で聞きなれたその声を沖縄島で初めて聞いたのは1999年、東村での事でした。私の知人で1980年代から沖縄の直翅類を見ている村山望さんも、同じころにそのあたりで本種の声に気付いたといいますから、その頃に同地付近に移入したのは確かでしょう。その後数年は名護市でまれに声を聞く程度でしたが、2003年に恩納村にたくさんいるのを見つけました。また、このころから名護市や北部地域で発見する頻度が上がったように感じました。先のフタイロヒバリでは翅が長くて移動力の強い長翅型個体がしばしば明かりに飛来しますが、タイワンカヤヒバリの長翅型は非常にまれで、そのせいか分布の拡大も遅いようです。2007年冬の時点で、北部はほぼ全域にいるようですが、中南部に広がるのはこれからといった感じです。

　本種はススキの他、沖縄で盛んに栽培されるサトウキビにも好んで生息するので、その移動に人間が関わる可能性も高いと思われます。

4．クロツヤコオロギの場合（図5・6）

　クロツヤコオロギはコオロギ科の、いかにもコオロギらしい種で、本州の太平洋岸から琉球列島の奄美諸島まで分布が知られ、沖縄や八重山からは見つかっていませんでした。

　ところが1994年に八重山の西表島で、街灯の下に落ちている本種のメス1頭を採集

1章　鳴く虫の話：直翅目編

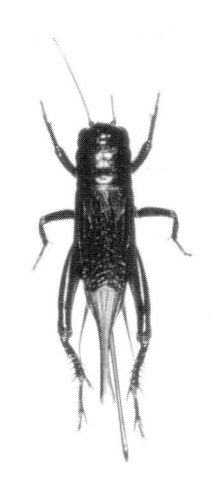

図5　クロツヤコオロギ．
伊藤ふくお氏撮影．

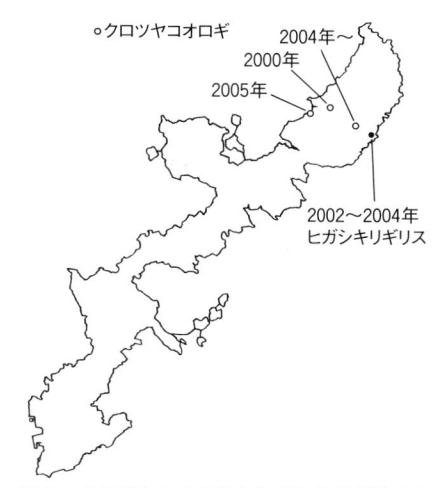

図6　クロツヤコオロギとヒガシキリギリスの分布拡大過程．

したのです。私は新分布地を発見したと思い、翌日から追加個体を探したのですが、声を聞くことすらできませんでした。クロツヤコオロギは特徴ある大きな声で昼間から鳴き、生息地での個体密度も高い事が多いので、探しても見つからないのは変です。もう時期が遅いのかもと思い、翌年もその次の年も探しましたが、現在まで八重山地方で本種の確認はありません。おそらく私が採集したのは移入個体で、繁殖、定着にはいたらなかったのでしょう。

　そんなクロツヤコオロギを、今度は沖縄島で見つけました。2000年の事です。「やんばる」とよばれる北部地域で、多少人の手が加わった環境で数頭が鳴いていましたが、少し離れた周囲ではまったく声が聞かれませんでした。

　同所にはその後何回か行ってみましたが確認はできず、そのかわり2004年に今度は北部の東側を通る道路沿いでたくさんの個体が鳴いている場所を発見しました。この場所ではその後も毎年確認されています。また、2005年には北部西海岸の道路脇でも声を聞いていますが、これは翌年には確認できませんでした。

　このように、生息確認の容易な種でありながら古い記録がなく、近年発見された産地も局所的で不安定な事から、沖縄島のクロツヤコオロギも移入由来の疑いが強いと私は考えています。

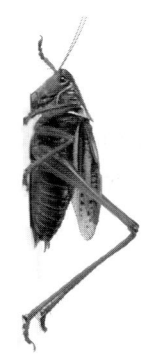

図7 ヒガシキリギリス．伊藤ふくお氏撮影． 　　図8 オキナワキリギリス．伊藤ふくお氏撮影．

5．キリギリスの場合

　暑い真夏に「ギィーーッ・チョ」と鳴くキリギリスですが、その鳴き声や体格の違いなどから、現在はヒガシキリギリス（図7）、ニシキリギリス、オキナワキリギリス（図8）などに分けられています。

　2003年の初夏、私は沖縄島北部で、キリギリスの幼虫がたくさんいる場所を見つけました。オキナワキリギリスは沖縄島、宮古島と、その周辺の小さな島に固有の大型種で、生息地が局所的で不安定な傾向があり、こんなに規模の大きい産地は貴重です。その後、成虫の出現期も終盤のころ、友人とともに同地を訪れる機会があり、声を録音し、標本も採集しました。そのとき、あまりオキナワキリギリスらしくないな、と頭の片隅で引っ掛かったのですが、沖縄にいるのはオキナワキリギリスだ、という思い込みが強くあって、深く考えないですませてしまいました。

　ところが翌春だったかに、直翅類研究者の集まりがあったとき、参加者から「沖縄島でヒガシキリギリスが採れているそうですね」と話題を向けられ、たいへん驚きました。そして、あの新しく見つけた生息地が人の手によって公園化された場所であり、そこのキリギリスが沖縄のものにしては小型で、声もそれらしくないなど、頭の中で何となく気になっていた事が1つにつながりました。そこにはどこかから運んできたと思われる芝生や植木などが多く使われており、おそらくは本州産のそれらにヒガシキリギリスの卵が混入していたものと考えられます。

　この場所では、少なくとも2002年から2004年の間はヒガシキリギリスの発生が継続していたようです（図6）が、近年はキリギリスを確認する良い時期に確認に行っていないので、現在の状況は判りません。

この他にも、沖縄島で本土タイプのキリギリスが単発的に発見された例は私が知るだけでもいくつかあり、子どもの虫かごに入って運ばれる可能性も含めて、人によって移動されやすい種だと感じられます。

6．むすび

　このように、私が見ているわずか15年ほどの間にも移入種と考えられる事例がいくつもあり、今は普通に見られる種類も元からいた在来種なのか、この数十年、数百年のうちに人間の手で移入された種なのか、疑わしくなってしまいます。

　それらを検証するためには古い標本やデータの蓄積があれば良いのですが、激しい戦禍やアメリカによる統治など激動の歴史をくぐり抜けてきた沖縄には、残念ながらそのような情報の蓄積はごくわずかです。このような問題に突き当たると、つねに変化し続ける自然の「現状」を把握し、記録するという、地道な行為の蓄積がいかに大切かわかります。

江戸東京の虫売り：鳴く虫文化誌

加納康嗣

1. 江戸の虫聴名所

　300年近くに渡る江戸時代の文化は、今まで前後2期に分けられていました。元禄を中心とした上方文化期と、その後の文化文政期を中心とした江戸文化期です。しかし、学校で教えられた教科書的な2期に分ける考え方に変わって、最近になって3期に区分する考え方が有力になってきました。第1期は、享保の改革（1716）までの、元禄を中心とした上方文化期です。第2期は、寛政の改革（1801）までで、最盛期は宝暦・天明期です。宝天文化と呼ばれるこの時期になってようやく江戸文化が上方文化をしのぐようになり、江戸文化の独自性がうまれてきました。第3期は、寛政の改革から幕末まで、最盛期は、文化文政期で化政文化とも呼ばれ、江戸文化の爛熟期を迎えます。江戸の「鳴く虫文化」は、この区分によるとまさに第3期に合わせるように産声を上げ、昭和初期まで世界的に見ても特異な文化として発展してきました。「鳴く虫の商品化」という文化現象は、他の多くの文化的存在の商品化とともに、多くの庶民を動員した江戸後期の特異現象と言えるでしょう。

　江戸時代は米社会から貨幣社会への経済構造の転換期にあたっていました。社会の経済力にも余裕ができ、零細な市民でもそれなりの経済的生活ができ、人生を楽しませてくれものへの関心が高まってきました。消費文化の成熟ぶりは、行楽の流行を生み出しました。その中心である人々の集まるところでは活気ある都市の「行動文化」が生まれました。人々を集めたのは、祭礼や法会、出開帳を繰り広げた神社仏閣、六地蔵、六阿弥陀、七福神などや観音霊場、遊里、芝居町、橋詰め、広小路（火除地）などの盛り場です。遊興娯楽の範囲には、宗教、芝居、見せ物見学、相撲などや、遊里での遊びだけでなく、花見（桜、梅、躑躅、花菖蒲）、花火見学、虫聴、月見、紅葉狩り、雪見、枯野（冬枯れの野原、隅田川の岸辺や雑司ヶ谷西の郊外）など季節感のある雪月花を楽しむ行楽を含み、まさに物見遊山の言葉にあうものです。虫聴は、花見などと比べると比較的文人墨客好みの娯楽だったと思われます。

　行楽の流行は江戸庶民の住環境と無関係ではありません。享保時代は人口100万の半数が町人で、その居住地は狭い地域に限られていました。狭い裏長屋に閉じこめられ、奉公人は自由を拘束されていました。何かにつけ日常と異なった環境に身を置くことがはやったのは、このような生活空間の問題も関係していました。日本橋や神田あたりの長屋に住んでいると、2時間ぐらいで行ける範囲が行楽地として最適だった

1章　鳴く虫の話：直翅目編

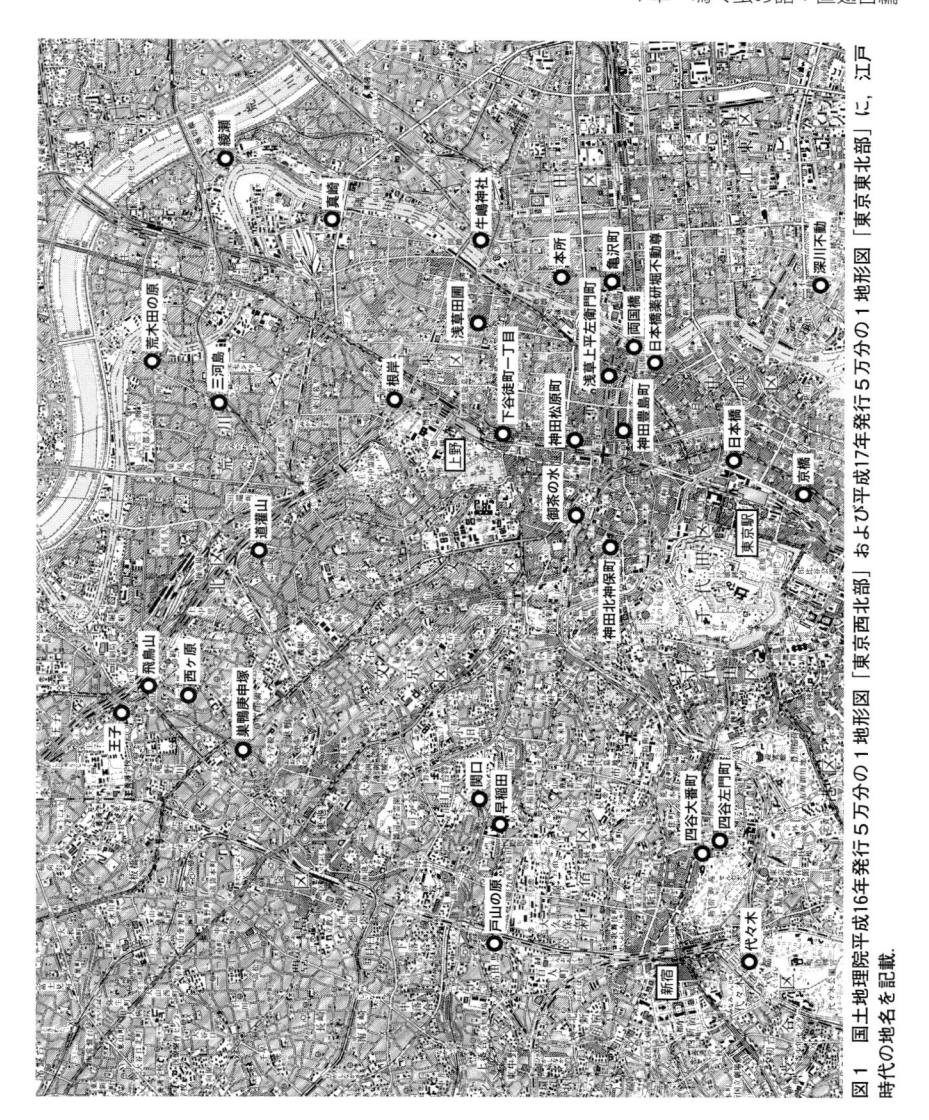

図1　国土地理院平成16年発行5万分の1地形図「東京西北部」「東京東北部」および平成17年発行5万分の1地形図「東京西南部」「東京東南部」に、江戸時代の地名を記載。

ようです。

　天保9年（1838）の『東都歳事記』では、江戸の虫聴名所があげられています（図1）。括弧内に現在の地名、場所や説明を付記しました。
「真崎（南千住の白髭橋たもと附近）、隅田川東岸（牛嶋神社・三囲神社付近）、王

子辺、道灌山、飛鳥山辺、三河島辺（荒木田の原辺り）、御茶の水、広尾の原（渋谷川の南岸の原、南麻布3-4丁目の辺り、寺地と百姓地があった）関口（文京区関口辺、神田川沿い、広い田圃や原、寺院、武家屋敷などがあった）、根岸、浅草反圃」

安政5年（1858）の『江戸花鳥暦』では、虫聴名所として、

「お茶の水、巣鴨庚申塚（西ヶ原の西南、豊島区西巣鴨4丁目）、西ヶ原（飛鳥山の西南隣）、道灌山、根岸、広尾」をあげています。

明治44年（1911）の『東京年中行事』には「虫売についても思いださるるのは、太平な悠長な江戸時代の遊楽のひとつであつた虫聴と言ふことである。この時代においては、麻布の広尾が原と田端の道灌山とは虫聴の名所であつて、夏草の茫々と生い茂った中を踏み分けて、こものに紅の毛氈を敷かせて、割籠（ヒノキの白木で作った折り箱風の弁当箱）を開いて瓢箪の美酒に舌鼓を打ちながら、唧々と月に吟ずる松虫鈴虫の音に風流の思ひをやることが盛んに行はれたのであるが、……」と、述べています。

虫聴を楽しむ風習は、関東大震災直前まで見られたようです。三田村鳶魚は昭和14年（1939）に著した『秋の江戸』で、「月夜でさえあれば、遅くなっても、戸山の原（新宿区戸山公園辺りで、兵営や広大な射撃場の原が鉄道を跨いで広がっていた）へ虫聞きがたくさんでました」と書いています。

いうまでもないことですが、どの場所も今は都会の喧噪の真ん中です。

2．江戸の虫屋

主に2つの文献と小西正泰さんの研究などをもとに江戸の「虫売り文化」の歴史を紹介しましょう。

文献の1つ目、『日本社会事彙〔下〕』〈明治24年（1891）〉には、江戸の虫売りの興り、虫売りが組織だった商行為として成立していく過程、そして飼育による増産の歴史が詳しく紹介されています。この事典は日本社会の種々の事物の起源を記した最初の百科辞典です。田口卯吉（1855～1905）が興した経済雑誌社から発行されました。

この事典は田口卯吉著または編となっていますが、「ムシウリ」の記述は彼が書いたのか本当のところは不明で、その出典も明らかではありません。明治中期になお生存していた江戸の虫屋関係者から聴取し、記録したものであろうと考えられています。

2つ目の資料は、小泉八雲（ラフカディオ・ハーン）の著書『虫の音楽家』（大谷正信訳は『虫の伶人』）です。『虫の音楽家』の記述は、すべて教え子である大谷正信が提供した材料に基づいています。また、"虫売りの歴史"の大方は、『日本社会事

彙』の記事と、当時上野広小路松阪屋前の虫屋に聴いたことによっていると、大谷自身が訳本『虫の伶人』の脚注で述べています。

　江戸市中で虫売りが初めて流行したのは寛政年間（1762～1801）でした。神田に住む越後生まれのおでん屋忠蔵が、行商の折に根岸の里で聞いたスズムシの音に惹かれたのが始まりとされています。初めは1人で楽しんでいたのですが、そのうちに2、3匹を捕まえて帰りました。すると譲ってくれという人が多く、商売になりそうだと気がつきました。彼の客の1人で、青山辺に住む青山下野守（丹波篠山藩主）の家来で桐山という男がいました。スズムシを壺に飼っていたのですが、その1年後の7月ころ、ふと中を覗いて驚きました。若虫が孵化していたのです。それがきっかけで忠蔵は、マツムシ、クツワムシ、カンタンなどを、人工飼育に成功した桐山のもとに持ち込み、おでん屋をやめて、人工飼育した虫を売り広めることに専念しました。

　スズムシの場合、秋に瓶の中の土に産卵させたものを室内におき、翌年2月に押入などで火鉢で加温し、促成飼育して野生に先駆けて出荷して利益を上げました。加温による飼育法は、「あぶり」とよばれます。中国のコオロギ飼育で早くから行われていた方法ですが、カイコの飼育法を参考にしたのかも知れません。比較的住環境の良い、武士が人工飼育を手がけたところがおもしろいところです。

　そのころ、神田豊島町の足袋屋安兵衛も仲間と飼育の工夫を凝らし、忠蔵をまねて虫売りを始めていました。その仲間内で、本所の大名亀井家の家来近藤という男が、鳥籠に模した小さな虫籠を試作しました。これを売り出すと、虫に適しているので好評になり、注文が殺到しました。それがきっかけで近藤は虫籠製造工房を最初に開設しました。

　忠蔵は、虫の捕獲や飼育に多忙を極め、各方面の広い需要に応じられなくなって、虫売りをして歩くのを止め、卸売り専門となり、家に人工物や天然物を集めて売り買いを始めました。利発な足袋屋安兵衛が虫売の元締になってその場に立ち会い、忠蔵へは様々な権利や特権のために、虫を求める者は一定の庭口銭（にわくちせん）を支払いました。その後、毎年季節になると高荷と称した風流な虫荷を造り、安兵衛を先達（せんだつ）として、江戸市内を練り歩くようになりました。

　当時は、市松格子の屋形に虫籠を満載し、「虫や虫！」とおもしろく大声で呼び売りしながら、時に2～3人の下男に荷を担がせ、当人は数寄屋の帷子（かたびら）（透綾（すきや）という絹の単衣（ひとえ））に献上博多（博多帯地に独鈷型の模様を織り出したもの）の帯を締め、甲掛（こうがけ）足袋脚絆（たびきゃはん）といった粋な旅姿をして人目につきました。別の資料では、新型の染浴衣（そめゆかた）に茶献上の帯を締め、売り出しの人気役者の手拭（てぬぐ）いを四折りにして頭にいただき、役者

の紋が付いた団扇を持って、ゆったりと市中を歩いたと書かれています。虫売りは次第に繁盛し、流行の先端を走る商売になっていきました。

　安兵衛が洒落た高荷を担いで市中を売り歩き、鳴く虫人気が高まったころ、虫売りが儲かるとよんで安兵衛と競争を始めた２人の男がいました。これは小泉八雲の著書『虫の音楽家』に書かれています。２人とも前職は差配人で、本所の安倉安蔵「虫安」と、上野の源兵衛「虫源」です。差配人とは、地主や家持ちに替わり店賃や地代を取り立て、店子を監督し、町役人の一翼を担っていた人のことです。職業柄目先が利いて、商才にたけた人物だったのでしょう。虫源の子孫は、普段は製飴業を営んでいましたが、毎年夏から秋にかけて家伝の虫屋をやっていました。この話は虫源の店の人が、大谷正信に語ったということです。小泉八雲が随筆を書いた明治30年当時は「虫安」の消息は不明ですが、「虫源」は健在だったということです。しかし、訳本が出た大正10年ころは「虫源」が健在かどうか確認していないと大谷は述べています。

　話を戻しましょう。忠蔵は独身で相続人がありませんでした。下谷徒町の通称虫屋こと山崎清次郎は広く玩具問屋をやっていました。父長蔵は越後出身で、同国のよしみから、忠蔵の跡目を継ぐことになりました。本業の玩具屋の傍ら虫屋を営み、安政頃も盛んに活躍していました。

　江崎悌三さんによると、清次郎は、『鈴虫之作様』という書物を作っています。いつころ書いたのかわかりませんが、文政以後明治までの間であろうと推測されています。写本は相当流布しているようです。半紙版26ページほどの小冊子で、スズムシの飼い方、壺、土、蓋、オスメスの区別、食餌、幼虫の飼い方が詳しく述べられ、次に、ホタルと鳴く虫各種（大きさで３分類）の飼育容器、餌、羽色、鳴き声の一覧や、採集用具、食餌についての一般的な注意が図入りで記されています。これを読むと当時の相当高度な飼育技術を知ることができます。

　虫売りたちは株仲間を作り、人数を36人と制限し、相模の大山石尊を信仰する大山講という講社を組織しました。仲間内の規約を堅く守り、諸家旗本にも出入りして商売を広めていきました。しかし、その後水野越前守忠邦の天保の改革（1841～43）によって、虫売りの扮装が余りに華美だったため風俗規制にあい、株仲間は解散させられました。

　天保の改革の直後、商売の自由化が行われたちょうどそのころ、本所の虫屋孝次郎という人物が、郷里の上総地方からキリギリスを取り寄せて市中を売り歩くようになりました。これが、キリギリス流し売りの始まりといいます。すでに忠蔵や安兵衛が流し売りを始めていましたが、キリギリスを主体とした流し売りは初めてだったので

しょう。

　三田村鳶魚は『秋の江戸』の中でこう書いています。「江戸の町屋では虫売りもまいりましたし、縁日の虫商人から、買ってまいりました。その虫を作るのを、場末に住む御家人衆が、内職にしておりました。千駄ヶ谷辺の御家人に多かったと聞いています。虫籠も御家人衆の手内職に出来たそうです」

　明治時代も虫の商いは盛んでした。人工飼育の祖、桐山の一子亀次郎は、早稲田の湯本家の養子になり、実家の秘伝を受け継ぎました。明治30年ころは、人工物を多く扱っていましたが、明治42〜43年ころに廃業しています。

　四谷左門町の川澄兼三郎は、遅れて人工飼育を始めましたが、明治30年代には東京一の虫屋とよばれ、小売人は大抵川澄家から秋の仕入れをしていました。息子2人はそれぞれ独立し、明治42〜43年には、代々木の川澄、四谷の大番町の川澄武吉（実弟）の2軒が並び立っていました。明治43年から神田北神保町の小宮順風が小宮式嵐山孵化養成所を開設して、養生問屋は3軒になりました。小宮は、武蔵野のスズムシが少なくなり、そのうえ仙台宮城野の生息地は練兵場となって軍馬に蹴散らかされるしまつとなったため、何とかしてスズムシを守りたいと考えました。10年ばかりの研究の結果、宮城野産と嵐山産を掛け合わせて、鳴き声がよい虫が生まれることがわかり、一般に売り出しました。仙台宮城野産は振りが細かくて良いが、音が低く、高音の嵐山産と掛け合わせると成績がすこぶる良いので主に雑種に力を入れました。1年に25万匹もの虫をさばいていたということです。

　そのほか野生物を扱う商人として、明治36年には下谷徒町1丁目の山崎（虫清）と浅草上平左衛門町の須山（虫徳）が営業していました。田舎で捕ってきた虫を農家の人から買い取り、縁日に商売するための虫と籠を供給しました。自然物のスズムシ・マツムシは、東京近郊なら主に八王子付近から採集していました。山崎（虫清）は、忠蔵の跡目を継いだ、山崎家であろうと思われます。

　昭和前期まで、代々木の川澄武吉、四谷左門町の川澄兼三郎の兄弟は商売を続けていましたが、戦局の悪化で昭和18（1943）年に養生を中止し、翌年小売業者も中止しました。戦災で問屋は全滅しました。

　戦後昭和21（1946）年、千葉（房総）や多摩川流域から捕獲して市中に持ち込む小売り業が始まりました。22年には養生問屋も1、2軒復活し、しだいに往時の種類数を野生と養生を合わせて揃えるようになりましたが、屋台や呼び売りは廃り、デパートのペットショップなどで売られるようになりました。そして現在では、スズムシやキリギリスをわずかに売っているだけで、虫売りはまったく衰退してしまいました。

虫屋の盛運は、時代の動きに大きく左右されました。明治以降では、大正3～5年が盛運期でしたが、7～9年には松井須磨子などの大衆芸能人気で下火になりました。しかしその後、関東大震災後の復興と安定とともに昭和5～10年には未曾有の大盛況を迎えました。しかし、それも最後のあだ花で、戦後は衰退の一途を辿り、現在に至っています。

3．江戸の虫屋屋台

　虫売りの初めは市中を振り売り歩きました。これは決して虫売りだけの特殊な方法ではなく、一文商といわれる元手の無い当時の多くの貧しい小売商は、何でも天秤棒1本で商売を始めました。やがて、それぞれの業種によって、特徴的な屋台が作られるようになります。1人で新しい屋台を開発することは難しく、業者仲間や、問屋など資力のある商人の要請で、用途に見合って使いやすい屋台を作る職人も現れ、賃料を払って借りるシステムもできあがったようです。文化末（1817）までの資料では、前後の担架の屋根や屋台を格子にするだけで、前後の荷を架け渡す屋根がないものが多かったようです。文政期（1818～29）に入って、守貞謾稿（1837～67）の図2のように市松模様が使われ、前後の荷が屋根で繋がれました。市松模様は蕎麦屋など他の多くの業種でも使われています。歌川国貞の文政期の錦絵の虫売屋台には、「ほたる・松むし、鈴虫・草ひばり・虫品ゝ大叶」などと虫の名を書いた行灯看板が描かれています。守貞謾稿でも述べているように、やがて虫屋で売り歩くものが少なく、高荷とよばれ固定式の屋台が主流となりました。

　東京市中の縁日の夜店の虫売り露店は、例年5月28日の深川不動（永代寺）と、日本橋薬研堀不動尊（中央区東日本橋2丁目）の縁日が初めの例となっています。薬研不動は植木市でにぎわいましたが、植木屋と虫屋や金魚屋など生き物売りは相性が良かったようです。

　明治24年の『風俗画報』に書かれた虫売り露店の記事を簡単に紹介しましょう（図3）。

　「……土一升に金一升の高き地面に九尺二間の割住まいをする人は、蒸し熱き夏の暑さに夜は出歩き涼み歩きて、橋のたもとなどに佇むより虫売も人の出盛る場所を図り、屋台を下ろして虫召せ虫召せ秋を召せと触れ売りせずして籠の中の虫にいはするも風流深き業にあり、屋台は蚊帳地絽の切れなどにて張り、腰と屋根を市松の紙もて囲い、竹籠いくつもその中に積み重ねて、頬被りせる親爺のくわえ煙草して売るも興あり、寒冷紗などもて張れる灯籠の看板には虫の種々を書き分け値段など記す松虫、

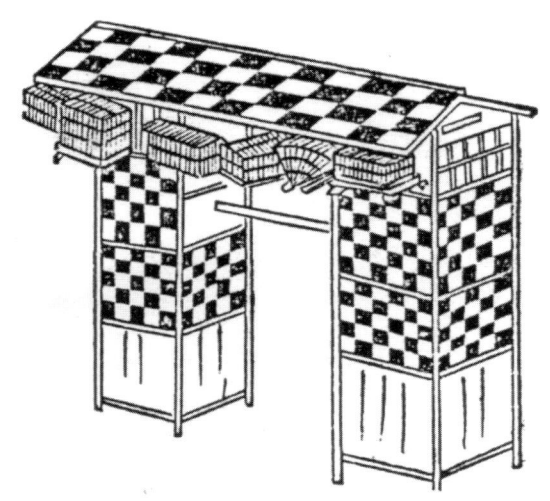

図2　守貞謾稿の虫屋.『近世風俗志　第五編生業下』より転載.

図3　虫売りの露店.『風俗画報　31号』(明治24年)より転載.

鈴虫、轡虫、蛍などはいづれの虫売もなべて売り歩く虫の名なり松虫、鈴虫、轡虫は虫屋が手作りするものにてただ蛍のみは秩父千葉などの片田舎より仕入れてきて東都にて売るものとや……昔より夏季に売る物にて触れ声立てぬは定斎、虫売、風鈴売この三つのものは……」

　定斎売りとは、夏に来る薬屋で、薬の中心は和中散です。青貝をちりばめた薬箱を担う行商人は、歩き方にコツがあって、箱を揺らして必ず音を出しました。小箱の環

図4 千葉県八積から来たキリギリス売り（大正・昭和初期頃）．著者想像図．

を打ち鳴らして、カチャカチャ音を出し、ふれ声を出す必要がなかったわけですが、実際にはそうもいかず売り声をあげていたようです。

　明治36年、虫の小売商は行商するものが大部分を占め、店売するのはわずかで、田舎から来るものと市中の流し売りを併せると5、600人にもいました。縁日や夜店で商いするものだけで、たいてい6、70人をくだらない数でした。その荷揃えには2種類ありました。「高荷」は、付属品を併せて3、40円が必要で、一方「五呂荷」は14、5円以下、2、3円でもできました。高荷は仕入れ金も虫と籠あわせて50〜100円以上も要し、五呂荷は4、5円で仕入れられました。棒手振りの屋台は「五呂荷」で、白昼市中を行商する主に旅商人の屋台でした。「高荷」は、縁日の常見世屋台で、資本が無くても信用次第で損料を払って問屋から借りることもできたそうです（図4）。

　利益は籠・虫とも3割で、毎年行商するものはお得意を持っていて、紳士などの宅へ売れば、流しより高く売れ、利益は5割あまりだったといいます。ただし、仕入れには現金が必要で、売れ行きがよいマツムシ、スズムシ、ホタル、コオロギ、クツワムシをよく商っていました。雨天や風の時は商売にならず、1カ月に半月働ければ御の字で、1日に多くて5、6円、平均して3円売れば上等だったようです。

4．江戸で売られた虫と虫籠
4-1　虫売りの季節

　『日本社会事彙』には、蛍をはじめにして、5月20日ころより飼育ものを一番、二番、三番と追々に売り始め、入梅中に金雲雀（きんひばり）がでてくる、桐山某が人工飼育を開発して以来、天然のものに先んじて出回るようになり、非常に高価に売れたと書いています。

　明治36年の読売新聞の記事では、「問屋の取引は概ね現金で、繁忙なのは6月下旬から盆前後である。利益は虫によって違うが、餌に金がかかるので、大体5、6分ぐらいにとどまる。虫が死ぬと損失で、鳴き声によって上中下に区分して小売りに卸す。籠も上等物より下等物まで備えている。鈴虫松虫の籠は、上等8、9円から2、3銭の物まである。蛍籠も1銭以上4～50銭まであり、問屋の利益は平均約1割余りである。営業期間は僅か3カ月ぐらいである」と、書かれています。

4-2　虫の種類

　売られていた虫は時代によって少しずつ変わってきました。時系列にそって紹介しましょう。

　『日本社会事彙〔下〕』によると、「蛍、蟋蟀（こおろぎ）、鈴虫、松虫、金雲雀、草雲雀（一名、朝鈴）、邯鄲（かんたん）、閻魔蟋（えんまこおろぎ）、大和鈴〈一名吉野鈴〉、轡虫（くつわむし）。以上は、蛍を除いて人工で養生したもので、特に鈴虫が良く儲かる。馬追虫、鉦叩（かねたたき）、黒雲雀、日暮（ひぐらし）〈一名蜩切（かやぎり）〉、河鹿は天然物である。以上鳴く虫は13種。天然物の産地では、キリギリスは板橋近辺より地続きの戸田川・仁井曽辺（現在の埼玉県戸田市荒川付近、新曽辺りだろう）が「本場」で値が高く、上総九十九里浜や多摩川辺は「場違い」と言って安い。金雲雀は不忍池近辺で発生したこともあったが、今は戸田川や志村附近（現板橋区志村）で多く獲れる。その他の虫も大抵この辺りで産出する」と書かれています。

　大和鈴は、はっきりしませんがヤマトヒバリという説が有力です。加藤正世さんの『原色日本昆虫図鑑1』では、ヤチスズになっていますが、鳴き声が優れない地味な虫なのでおそらく間違いと思われます。

　黒雲雀は、いつも品切れのままで、西村真次さんが『鳴く虫の観察』で「クサヒバリにキンヒバリだのクロヒバリだのもったいぶって虫屋が名付けている」と述べています。これは黒雲雀がクサヒバリの色変わりだったという説ですが、カワラスズであったという説もあります。前述した清次郎の『鈴虫之作様』では、「6月下旬頃現れ、羽色黒く、大きさがクサヒバリより小さく、ジイージイーと鳴く」と書いています。これに当てはまるのはヒメスズです。大和鈴と黒雲雀はいつも品切れで、昭和初期に

は虫屋自身も知らない虫になっていました。私は虫屋が書き留めている内容から、ヒメスズと考えています。

　日暮〈一名葭切〉は、オオクサキリ説とカヤキリ説があります。加藤正世さんは『セミ博士の博物誌』で、子どものころに「山ひぐらし」を買ったが、調べてみるとカヤキリだったと述べています。松浦一郎さんは、子どもの記憶であり、鳴き声を聞いていないことから、オオクサキリ説を採っています。カヤキリでは声が悪いことと、オオクサキリなら周波数の高い澄んだ声なので好事家に好かれそうだからです。しかしオオクサキリは非常に珍しい種で、現在の分布地は局所的で少なく、狭い河口の葦原などにコロニーを作っています。

　『鈴虫之作様』では山蜩（やまひぐらし）が載っています。「7月初めに出て、青色と蒲色がある。大きさ1寸3分ぐらいで、ジイーーーーと鳴く」とあり、クサキリと思われます。

　守貞謾稿の虫屋の商品の中に蜩があります。セミの専門家に聞いてみましたが、売っていたという記録は見たことがないということです。鳴かなければ商品にならないのが当然なので、籠に飼って鳴くかどうか試したことはないが、ニイニイゼミなら籠の中で鳴くかも知れないが、少なくともクマゼミは鳴かないと断言しました。蜩はセミ類でなく、直翅類の可能性も高いと思われます。それならば山蜩と名付けられて売られていたクサキリ類がもっとも有力な候補となります。

- 小泉八雲の『虫の音楽家』では、(1897年、明治30年)：スズムシ、マツムシ、カンタン、キンヒバリ、クサヒバリ、クロヒバリ、クツワムシ、ヤマトスズ、キリギリス、エンマコオロギ、カネタタキ、ウマオイの12種の値段表が上げられています。この本のハタオリムシ、キリギリス、カンタンの記述には誤りがあります。他の種のことも混同して説明しています。

　以降の時代では、次のように虫の種類は変遷していきます。

- 1897年（明治30年）：12種
- 1917年（大正6年）：9種
- 1927年（昭和2年）：12種
- 1935年（昭和10年）：蟋蟀、草雲雀、鈴虫、金雲雀、松虫、黒雲雀（いつも品切れ）、閻魔蟋、鉦叩き、轡虫、馬追虫、邯鄲、青松虫、蛍、河鹿　以上鳴く虫は12種。
- 1947年（昭和22年）：4種
- 1980年（昭和55年）前後：スズムシ、マツムシ、カンタン、クサヒバリ、カネタタキ、クツワムシ、キリギリス。以上7種。
- 1985年（昭和60年）前後：スズムシ、マツムシ、カネタタキ、キリギリス

1章　鳴く虫の話：直翅目編

表1　明治から昭和の鳴く虫価格一覧．

種名	① 1896 明治29	② 1898 明治31	③ 1911 明治44	④ 1918 大正7	⑤ 1919 大正8	⑥ 1927 昭和2	⑦ 1929 昭和4	⑧ 1930 昭和5	⑨ 1946 昭和21	⑩ 1947 昭和22	⑪ 1948 昭和23
	銭							円			
エンマコオロギ		5	6〜7	5	7〜8	20	5	5			
スズムシ	4以下	3.5〜4	6〜7	5	7〜8	10〜15	5	5	2〜4 (野)	10〜20 (野)	30 (養)
マツムシ	4以下	4〜5	10	7	7〜8	20	5	5		10〜20 (野)	
アオマツムシ						70	40		6 (野)		
カンタン	10内外	10〜12	20〜25	25	20〜25	65〜70	25	30			
キンヒバリ		10〜12		15		40〜50					
ヤマトスズ		8〜12	25	16		40〜50	15				
クサヒバリ	10内外	10〜12	15〜20	18	20前後	40〜50	15	15			
クロヒバリ		8〜12									
カネタタキ		12	鉦叩き10			70	15	10			
キリギリス	10以上	12〜15	25	25		50		10	4〜6 (野)	10〜15 (野)	10〜20 (野・養)
ウマオイ		10				40前後					
クツワムシ	10以上	10〜15	20	18	15	40前後	10	10			
虫籠			並3〜5, 草雲雀夫婦籠30銭〜1円						5〜50	10〜100	20〜100

*　戦後の昭和21年以降，養：養生，野：野生を表す．
①森銑三，1969. 明治東京逸聞史1．平凡社東洋文庫135．②Lafcadio Hean, 1898. Insect Musicians.（小泉八雲著，平井呈一訳「虫の音楽家」）．③若月紫蘭，1911. 東京年中行事（1）．平凡社東洋文庫106．(2003)．④荒川重理，1918. 鳴く虫「趣味の昆虫界」，警醒社書店．⑤6月27日付け中央新聞，1919. 昆虫世界，23 (263): 36．⑥白木正光，1927. 鳴く虫の飼い方．文化生活研究会．⑦⑧中林馮次，1930. 虫のまにまに（13）．昆虫世界，34(393): 173-174．⑨⑩⑪小西正泰，1948. 東京の虫売り，昔と今．新昆虫，1(10): 8-12．を基に作成．

・現在：スズムシ、キリギリス

　アオマツムシが虫屋に姿を現したのは大正10年ころで、昭和2年で70銭前後、昭和15年頃には1〜1.4円とカンタンやキンヒバリと肩を並べるほどの高級品でした。カンタンやキンヒバリは好事家に人気がありました。このころにはほとんどの鳴く虫は養生可能でしたが、キリギリスは安い天然物がたくさん郊外から持ち込まれるので採算が合わず養成していなかったようです。キンヒバリも養生しなかったといいますが、次第に需要が落ちたのがその真相のようです。

　大正期には朝鮮コオロギという不明種や、戦後にはヒメギスも売られていました。鈴虫之作様には、朝鮮ギスという名でヒメギスが載っています。

4-3　虫の値段

　小西正泰さんの研究を参考にしながら、鳴く虫の値段を整理してみました（表1）。どれも概ね最盛期の値段ですが、小泉八雲の『虫の音楽家』には、「人工養殖の虫だけが市場に出回る5月から6月の末までが高値で、7月になると近在の虫が入ってくるので、キリギリスは、12〜15銭が1銭に、カンタン・クサヒバリ・ヤマトスズは8〜12銭が2銭ぐらい、8月になるとエンマコオロギは5銭が1銭、9月になればクロヒバリ・カネタタキ・ウマオイは8〜12銭が1〜1銭5厘になってしまう。しかし、スズムシ・マツムシの値段はたいした変動がなく、高値になることがない反面3銭以下に下がることもなく、需要が絶えない。特にスズムシ人気が高く、1年の儲けの大半はこの虫で得られる」と述べられています。

　『東京年中行事』（明治44年）でも、八王子から野生の虫が出るとキリギリス25銭が、5〜3銭、ヤマトスズでも25銭が8銭になると述べています。各時代によってどのような鳴く虫に人気があったのか、おおよその傾向が現れています。

4-4　虫籠

　江戸時代の風俗に関する考証的随筆の白眉『守貞謾稿』（1837〜67）の著者喜多川守貞は大坂に生まれ、30歳で江戸に下った人です。「両地の可否を弁ずることを得ず」と述べ、公正な目で両地を比較しています。虫籠については、「虫籠の製、京坂麁（そ）なり。江戸精製なり。扇形、船型等種々の籠を用ふ」と述べています。鳴く虫と虫籠は一体として販売されましたが、江戸が精巧で、京大坂は粗い作りだと述べています。鳴く虫文化の興隆していた江戸の先進性を現しています。

（1）竹ヒゴの虫籠

　大名の家来近藤某が鳥かごに似せて作った虫籠は急激に広まっていきました。虫籠といえばすぐに竹ヒゴ製の鳥かご型をイメージしてしまうほど私たちにはおなじみの形です。それ以前の虫入れ容器がどんな物だったか、明らかではありません。普通は壺などの陶器製だったか、あるいは、キリギリス籠を粗末にしたような物があったのかもしれません。

　竹ヒゴの虫籠は、凝った型の物が多く、屋形船形、扇形、丸い月形、釣り鐘形、大和籠形、六角円柱形、田舎家形、水車小屋形、夢殿形、灯籠（とうろう）形など変化があり（図5，6，7）、猫足や朱塗りで蒔絵をした豪華な物、大きさはまちまちで切手大のもの、象牙やマホガニーなどを使った高級品などが作られるようになりました。キリギリスやクツワムシ用は、太めのヒゴや竹材で組み合わせ、スギ材を薄く削った経木（きょうぎ）を底にした安価なもので、虫屋の屋台に山積みされていました。細く割った竹と細手のヒゴ

1章 鳴く虫の話:直翅目編

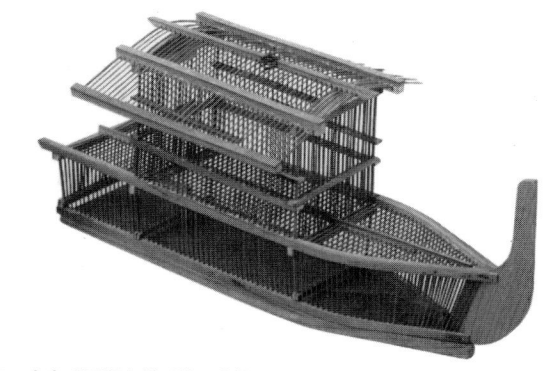

図5　小泉八雲記念館所蔵の虫籠.

図6　マツムシ虫籠. 著者所蔵.

図7　キリギリス虫籠. 著者所蔵.

でできた格子目3mmぐらいの物はスズムシやマツムシ用で、幅7、奥行き10、高さ8センチからそれぞれ9、13、10cmまで大中小とあり、安いものはただの方形ですが、屋根に反りを持たせ、側面に飾り桟をつけたものは幾分高価でした。エサはナスやキュウリなどを薄く切って、格子にはさみ込んで与えました。

　現在このような虫籠を製造しているところはほとんどなく、知る限り静岡の伝統工芸駿河千筋細工だけです。

（2）小泉八雲の虫籠

　私のコレクションの中に自作の虫籠があります（図8）。この虫籠は生物音響学の草分けである松浦一郎さんが持っておられたものを模したものです。初めてこのかわ

図8　桐捩．著者自作．

　いい虫籠を松浦さんから見せてもらったときは驚きました。あまりに印象的であったので、松浦さんが亡くなってから後、息子さんに貸していただいて、ホームセンターから洋材を買ってきて模造品をいくつか作りました。実物通りの金網だけでなく、蚊帳地のようなものを使って作ったものも1つあります。昔、紗が使われていたと松浦さんに聞いた事があったからです。難儀したのは吊り金具でした。菓子箱のアルミ製梅形の金具を使ったりしましたが、あまりに貧相です。大阪中を探し回りましたが見あたらず、神棚づくりの職人に聞いても解らず、たまたま訪ねた地元の旧町の古い荒物屋のお婆さんが奥から探し出してくれたものが、少し大きいが求めていたものに一番似通っていました。灯台もとくらしとはこのことです。
　小泉八雲の随筆『草ひばり』を読んだのはその前後だったと思います。小さな鳴く虫に対する哀惜と虫に自分を比して考える著者の繊細な感性が伺える小品です。その冒頭に、草ひばりを飼育する「籠の高さは2寸きっかり、幅は1寸5分、軸が付いていて、それで回転する小さな木の戸は、指の先がやっと入るぐらいだ」「茶色の紗のきれが張ってある籠」と、明らかにこの虫籠のことを述べています。
　最近になって東京の鳴く虫愛好家岩崎美穂さんにこの籠の名前を教えてもらいました。「きりもじ」というのだそうです。岩崎さんからの手紙には「"きりもじ"は桐捩と書くのだと思います。名称が"きりもじ"なのは、鳴く虫保存会の先輩が上野の虫屋に聞いたことなので、間違いないと思っています。漢字は虫屋も知りませんでした」と書いてありました。
　松浦さんの話や小泉八雲の随筆から、金網以前は紗が使われていた事は確かです。絽や紗、羅は"捩り織"とよばれます。捩り織の紗を張った桐箱の虫籠、"桐と捩り

1章　鳴く虫の話：直翅目編

図9　エンマコオロギの虫籠.

(桐捩り)"が言いやすい「きりもじ」に短縮されたというわけです。

(3) エンマコオロギの虫籠

　大阪市立自然史博物館の柴田保彦元館長からいただいた特殊な形の虫籠です。前面だけに金網を張った横長の桐製の箱で、中には丸い穴が開いた形の良い衝立を配して隠れ場所を作っています（図9）。コオロギ類は物陰に隠れないと落ち着かない、この習性を考えた心憎い工夫です。まるで、沖縄民家の入り口の目隠しであるヒンプンのようです。丸い穴から首を出して鳴いてくれるそうですが、実際にこれで飼ったことがないのでその真相はわかりません。

4-5　鳴く虫の流通

　江戸で興隆した鳴く虫文化は、全国に広がっていきました。名和昆虫館発行の雑誌『昆虫世界』には、地元岐阜市の虫売りの記事が載っています。戦後、東京から東北、北海道まで虫や籠を卸したという虫屋の話があります。関西にも多くの虫や籠が送られてきたことは確かです。私の手元には大阪の知人からもらった千葉県で作られたらしい六兵衛籠らしきものがあります。東京に集められた虫たちは、各地方に送られ、お盆が来れば野外にはなされました。現在、生物の地域個体群の攪乱が環境問題として取り上げられていますが、当時はそんなことなど微塵も考慮されることなく、ホタル、カジカ、鳴く虫が人為的に列島を東に西に移動していました。しかしその規模や流通の流れは今ではたどるすべもありません。キリギリスで変な地域個体群が観察されている例がありますが、これらの個体群も意外な経歴を秘めているかも知れません。

— 105 —

5．虫売りは、なぜ江戸で繁盛したのか

　江戸の虫売りの起源を探っていて、なぜ突然鳴く虫ブームが起き、急激に飼育法や虫籠が開発され、問屋や小売りなど販売組織が整備されていったか、特にその流行を支えるエネルギーの大きさにとまどいました。前述したように、当時は流行の最先端の風俗であったらしく、着飾ってきらびやかなファッションで売り歩く虫屋も出現し、幕府も禁制をかけています。

　しかしその疑問は1冊の本で氷解しました。鈴木克美著の『金魚と日本人―江戸の金魚ブームを探る―』です。学術的書物ですが、江戸の雑踏が聞こえるような気がしました。

　江戸は消費都市でした。周辺や諸国から多くの貧民が入り込み、スラム的ではあったが秩序立ち、騒然とした都市生活が営まれていました。その日暮らしの、店を持たずに売り歩く行商人と、物を作ったり修理したりする半職人的な行商人とが多く、極端に言うと彼ら物売りの声で満ちあふれていました。背に荷を背負って売り歩くのを「振り売り」、天秤棒に商品を振り分けて売り歩く商人を「棒手振り」とよびました。上方が文化の中心であった元禄期にはまだ裏長屋住まいの行商や物作りに行く出職、狭い借家でものを作る居職層が社会階層として成立していませんでしたが、江戸期も半ばを過ぎた明和の大火（1772）以後、にわかに零細な行商や職人の数が増え、江戸下層社会に「棒手振り」層が形成されました。棒手振り層は後期には江戸人口の41％にも達したのに対し、同時期の大阪では、「お店」に住み込む奉公人が人口の47％をしめ、両都市の庶民層の違いが浮き彫りになります。

　江戸庶民はたとえその日暮らしの貧しい行商人であっても、誰にも束縛されない独立自由な商人であることに誇りを持っていました。また、都市としての江戸はこのような無産農民や無職浪人などを迎え入れるだけの経済力を持っていました。忠蔵が棒手振りの帰りに捕まえたスズムシが売れると直感し商売を始めたことは偶然とはいえません。

　『守貞謾稿』には83種の行商が紹介されています。これを見るとなんでも商売になった、何でも商売にした時代だったともいえます。需要者・消費者としの経済力のある武士や商人層も多く、それだけでなく、多くの零細民までも人生を豊かにし、潤してくれるものに関心を持ち、創造性に満ち、好奇心旺盛に生きていたのです。また、この時代、金魚や小鳥・猫・狆・二十日鼠のペットの飼育、魚釣り、朝顔やホウズキを始めとする園芸など、生き物趣味が広く流行しています。金魚売りの行商は17世紀半ばには始まっていました。野鳥（小鳥）の飼育も18世紀の初めには流行しています。

園芸では、寛永のツバキ、元禄のツツジ、享保のキク、寛政のタチバナ、文化のアサガオ、文政のオモト・マツバランなどのブームが巻き起こっています。鳴く虫趣味も、これらの生き物趣味の流れの一環としてとらえる必要があります。一方、飼う、手元に置くだけでなく、自然の中でその生き物を見つめようとしました。ウグイスを飼うと同時に、ウグイスの名所である根岸の里に遊び、虫を飼っては、道灌山を訪ねました。自然を取り込むとともに、自然に中にあることを求めた、江戸市民の趣向、自然観が鳴く虫文化を支えるもう1つの要素だったのです。

　近世市民社会的な自由民の成長と武士階層を含めた大きな消費力に裏打ちされた、人生を楽しみたい、日常性から脱却したいという願望とエネルギーは江戸で勝り、虫売という新手の商売が生まれ、組織だった商取引行われる最初の素地は他の大都市である京・大坂にはなかったのです。以後江戸東京は鳴く虫文化の中心地として、戦前の昭和初期まで栄えることになります。

　山田洋次監督の日本アカデミー賞受賞作『たそがれ清兵衛』で、清兵衛が内職に虫籠を作っていました。たぶんキリギリス籠でしょう。請負人に値上げ交渉する場面がありました。清兵衛が暮らしていたのは東北の小藩海坂藩です。西日本に比べ東日本、まして東北は農民層が零細で貧しく、幕末とはいえこんな鄙びた小藩に鳴く虫を愛好する市民層がいるだろうか。江戸表への輸出品かも知れないが、まさか遠い東北から虫籠が送られるとは思えない。おかしい！と、本気で考えている自分に気付いて思わず苦笑してしまいました。

2章

鳴く虫の話：セミ編

セミの鳴き方と進化

初宿成彦

1. あなたの身近なセミは？

　セミは鳴きます。なぜ鳴くのかというと、「山に七つの子がいる」からでも、「セミの勝手で……」もありません。オスがメスをよぶためです。しかし、その鳴き声そのものにいろいろあるのみならず、しくみや生態も、実に様々です。

　まず身近なセミからあげていきたいのですが、みなさんにとって身近なセミはどのセミですか？　たぶん読者によって、種類が異なるのではないかと思います。私なら「アブラゼミ」と答えます。少年時代にセミ採りをしたとき、もっともたくさんいたのがこのセミでした。アブラゼミは朝も午後もよく鳴いていましたし、近づいてもあまり逃げないので、実に採りやすいセミでした。今、住んでいる大津でも、もっとも多いセミです。

　昆虫にあまり関心がなく、セミを漠然としかご存じない方であれば、「ミンミンゼミ」と答えられるかもしれません。セミの鳴き声を表現するとき、アブラゼミにもっとも親しんだはずの私でも、なぜか「ミ〜ンミ〜ン」といってしまいます。アブラゼミの鳴き真似が、人間の口には難しいからだと思います。東京都内などでは増えている傾向にあるそうなので、関東に住んでいる方なら、「ミンミンゼミが身近なセミ」と答える方が、とりわけ多いかもしれません。

　大阪市内の子どもたちなら、間違いなくほぼ全員が「クマゼミ」と答えるでしょう。自然史博物館のある長居公園では、アブラゼミなど他のセミは、ほとんど見かけなくなりました。クマゼミは発生のピーク時にあたる7月下旬ごろであれば、朝の5時ちょうどごろから午前10時すぎまで、ものすごい勢いで鳴いています。長居公園で朝、ラジオ体操をする人たちの輪は、なぜかこの時期だけ小さくなっています。ラジオから離れると、セミがうるさくて体操の音楽が聞こえないからです。

　北海道の知床付近に住む方なら、これらのセミをあげられることはまずないでしょう。なぜなら、コエゾゼミ（図1）、エゾハルゼミ、エゾチッチゼミの3種しか、セミはすんでいないからです。エゾハルゼミは北海道東部では6月ごろに現れ、「ミョーキン・ミョーキン・ケケケケケ」というユーモラスな鳴き声で鳴きます。

2. セミが合唱をするわけ

　セミの中には他のオスと合唱をするものがいます。ヒグラシ、ヒメハルゼミ、クマ

図1　コエゾゼミ．北海道・知床五湖付近にて．

ゼミなどです。1匹が鳴き始めると、周りのオスがつられるように鳴きます。セミが鳴く目的はメスを呼ぶことですから、まずは「俺は隣の木のあいつなんかには負けないぞ！」という意味があると考えられます。しかし、それだったら、もっと離れたところで、それぞれ鳴けばいい（実際、アブラゼミやニイニイゼミはそのようにしているように見える）のに、と思います。お互いの近くで一緒に鳴くのは、何か理由があるのでしょうか。

　オス同士が協力しあってメスを呼ぶ例は、鳴き声を発するセミの他にもあります。よく知られている例はホタルです。ゲンジボタルはオス同士がたくさん集まって、同じリズムで光ったり消えたりしますが、これは協力し合えるオスを呼ぶと同時に、違う光り方をするメスを呼び、見つけやすくするためといわれています。また、池や川のそばで、たくさんの蚊のような虫が集まって、蚊柱を作っているのを見ることがありますが、これも蚊柱の中にいるのは、実はほとんどがオスです。オス同士が集まり、目立って「狼煙をあげる」ことで、たくさんのメスを呼んでいるのです。1匹ずつがそれぞれ、メスを呼ぶより、結果として、こちらのほうがずっと効率が良いかもしれません。

　セミの合唱も、これらと同じような理由があるものと考えられます。だだっ広い森の中で、1匹だけでメスを求めて鳴いていても仕方がありません。やはり、同じ目的を持った者たちが集まって大きな音を立てるほうが効率が良いわけです。大阪ミナミの戎橋に、見知らぬ若者同士が集まるのと、似たような理由かもしれません。

3．鳴き声による被害

　これほどの大合唱をするのは、単にオスとメスが巡り会うためだけではないようです。私たちはクマゼミが日曜であろうが平日であろうが、関係なく早朝から鳴き始めてしまうことに疎ましく思ってしまいますが、これもセミ側の生きる作戦のようです。

　北アメリカには周期ゼミとよばれるセミが分布しています。17年もしくは13年という周期で地上に現れます。16年もの間、沈黙をしていた後、まるで土の中で申し合わせたかのように、一斉に現れます。その鳴き声のやかましさというのは、ただものではないそうです。アメリカのシモンズさんは、この音量で最大の天敵である鳥をたじろがせているのではないかと述べています。

　まず、その発生の密度がすごいです。毎年、私たちは大阪市西区の靱公園でセミのぬけがら調べをしていて、その年の公園内の発生量を把握しています。もっとも多かった1995年でも約4万5000匹で、公園の面積で割ると、1ha当たり約8000匹です。しかし、この周期ゼミでは、数万ないし数百万匹という数字も出されています。また、鳴き声もクマゼミとも違った、何とも甲高い不快な音です。セミがうるさくて、屋内にいても電話で話ができないほどのやかましさだと表現している記事もありました。

　大阪のクマゼミについては、筆者は2004年から騒音計を使った計測をしています。最近では10分間の平均値で93.8 db（2005年7月28日）というのが最高でした。この音量は、目安として電車が通るガードの下に匹敵するといわれています。実際、兵庫県の教員採用試験が行われた際、セミのやかましさが原因で、英語の聞き取りテストが中止になったことがあるそうです。これほどのやかましさでセミが鳴いている場所は少ないでしょう。おそらく大都市の中では大阪が世界最大のやかましさではないかと思っています。

　クマゼミは大阪のような大都市部で増加していったことが知られています。また、都市化や温暖化が進むことで、これからクマゼミが分布し増えていく場所も出てくることでしょう。そのことによって、このような「声の被害」というのも、今後増えていくものと思われます。ただ、筆者が不思議に思っているのは、こんなにうるさいセミなのに、市民のみなさんがセミに対して、意外に寛容であることです。工事や何かで人間が出している音であれば、公害として間違いなく大問題になる音のレベルです。やはり野生生物が相手なのだから、夏が暑く苦しいのと同じで、まあ仕方がないと思っておられるようです。セミが長い一生のうち、地上での短い生活をすごしているというのもあるかもしれません。

2章　鳴く虫の話：セミ編

図2　クロイワツクツク．鹿児島県屋久島にて．
腹部は空洞で，透けて見える．

4．声の大きさと進化

　私たちの身近にすむセミの鳴き声を聞き比べてみると、声の大きさが違っていることに気付きます。ニイニイゼミよりはクマゼミやヒグラシのほうが大声で鳴いていますし、ヒメハルゼミも小さい身体ながら、大声で鳴いている感じがします。ツクツクボウシのような抑揚のある美しい鳴き方をしているものは、声の大きさがあまり大きくないように感じます。

　アメリカ・フロリダ大学のM. Petitさんは、『Book of Insect Records』の中で、世界一大声のセミについて記しています。アフリカ産やオーストラリア産など、いくつかのセミが候補としてあげられていますが、残念ながら日本のセミについては扱われていません。日本のセミについて調査されたかどうかは不明ですが、日本一うるさいセミを特定して、世界選手権（？）に出場させ、これらのセミと比較してみたいものです。

　鳴くことが重要な要素であるセミにとって、より大きな声で鳴けるものが子孫を残すようになれば、声の大きさを重要視した方向へ進化していくと考えられます。セミはオスに発音筋と発音膜があって、これらを使って音を出しますが、腹部はほぼ空洞になっていて、ここでこれらの音を増幅させています（図2）。オーストラリアのハ

図3 ハラブトゼミ．オーストラリア産．

ラブトゼミというセミは、この究極的な姿をしていて、オスだけが大きな腹部を進化させています（図3）。逆に同じくオーストラリアのムカシゼミは、原始的な姿を現在までとどめているといわれており、発音器官を備えていません。

5．鳴くのは危険

　この鳴くということは、きわめて危険な行為です。天敵たちに自分（エサ）の場所を、自ら教えているようなものだからです。

　セミの成虫の天敵には鳥、カマキリ、クモなどがあります。長居公園では特にヒヨドリがクマゼミを追いかけている姿をよく見ますし、捕まえたセミの翅が欠けていることもしばしばあります。セミにとって、鳥の捕食圧は非常に大きいものと思われます。それでもセミのオスは、メスと巡り会うために、やはり鳴くしかないのです。

　他方、セミは幼虫の期間が長いことで知られています。この間はセミタケに寄生されたり、モグラなどに食べられたりすることがあると思われますが、成虫の地上に出ている期間よりも安全であると考えられています。

　一般にはセミの一生を「地中に長く閉じ込められ、短い夏を謳歌している」と表現されることがありますが、セミたち自身の感覚では、きっと「次の世代へ命をつなぐため、安全な地中から、仕方なく危険な地上へ出て、しかも鳴かなくてはならない……」という感じなのかもしれません。このように、セミにとっては鳴くことは必ずしもいいことばかりではないようです。

　ブラジルのタフラというセミは、発音器官があるにもかかわらず、鳴かないそうです。さらにアメリカのプラティペディアゼミというセミでは、発音器官を退化させた

図4 プラティペディアゼミ．アメリカ産．
中谷憲一氏撮影．

といわれています（図4）。オスメスとも、翅を体に打ち付けて音を鳴らし、交信します。これらはもしかしたら、オスがこのような大声で鳴くという危険な行動をやめ、新しい方法で雌雄が巡り会う方法を取れるようにしたのかもしれません。通常のセミはオスのほうが盛んに発音活動を行いますが、これらのセミの場合はメスのほうからも意思表示ができるため、より進化的といえる部分があるかもしれません。

アカエゾゼミを絶滅から救え：鳴き声による種の同定

大谷英児

１．アカエゾゼミって？

　みなさんはアカエゾゼミを知っていますか？　昆虫研究者である私もセミの研究を始めるまで知りませんでしたから、ご存知ない方が大半だと思います。

　2002年に当時の科学技術振興事業団がセミの分布を鳴き声によって調査しました。「いつどこでどんなセミが鳴いていたか」という一般市民からの報告をもとにセミの分布を調査したのです。ところが、寄せられたのはツクツクボウシ・ヒグラシなど鳴き声が特徴的でなじみがあるセミばかり。ここでお話しするエゾゼミの仲間についてはほとんど報告がありませんでした。たとえば東北地方では、エゾゼミの仲間はエゾゼミ・アカエゾゼミ・コエゾゼミの３種類が生息し、ちょっと奥山に入ればたいていコエゾゼミが合唱しているのですが、この地方から報告のあったのは仙台市内のコエゾゼミ一件のみでした（しかも、生息環境から判断して、たぶんコエゾゼミではなくてエゾゼミであったと思われます）。これでは「セミの分布」というよりセミに詳しい「人の分布」です。これら３種はみな単調な鳴き声のためか昔から人気がありません。でもだからといって区別しなくていいわけではありません。いやむしろ早急に区別する必要があるのです。

２．絶滅危惧種

　まずこれら３種の生態を見てみましょう。以下は埼玉大学の林さんからの引用です。

エゾゼミ：北海道、東北地方では主に平地にすむが、本州中部以西では標高500～1000mの山地帯下部に見られる。ブナやミズナラなどにも生息するが、アカマツなどの針葉樹にむしろ多く、スギ・ヒノキ植林にも普通である。（中略）７月中旬から９月中旬にかけて出現する。

アカエゾゼミ：北海道、東北地方では平地に見られるが、本州中部以西では標高600～1200mの山地にすむ。（中略）エゾゼミとほぼ同じ所に生息するが、産地は局所的で、落葉広葉樹相の豊富な所に限る。本州では渓谷沿いに生息することが多い。７月中旬から９月中旬にかけて出現する。

コエゾゼミ：北海道や東北地方では平地～低山地に、本州中部以西では標高900-1500mの山地（ブナ帯）にみられる。ブナ・ミズナラ・ツツジ類、シラカンバ・ナナカマド・アカマツ・エゾマツ・トドマツ・カラマツなど多くの樹木に生息する。（中

略）7月上旬から8月末にかけて出現する。

　このことからわかるように、3種とも発生時期が重複しているうえ、アカエゾゼミが生息する標高や樹種は他の2種と重複しています。ここで重要なのは、エゾゼミとコエゾゼミの中間的ニッチ（生態的地位）にいるアカエゾゼミが多くの都道府県で絶滅危惧種（絶滅危惧Ⅰ類：神奈川・和歌山・長崎、絶滅危惧Ⅱ類：茨城・三重、準絶滅危惧種：埼玉他11県）に指定されていることです。

　すなわちアカエゾゼミの分布を緊急に調査してこれを保護しないと、アカエゾゼミが絶滅するおそれがあるのです。

　しかしエゾゼミはもっぱら高い木の上のほうで、アカエゾゼミは急峻な谷間で鳴くことが多く、後者はさらに1回鳴いては飛んで別の木で鳴くいわゆる「鳴き移り」をするため、これらを採集するのは至難の業です。そこでこれらを鳴き声で同定できれば大変便利なのですが、3種とも鳴き声は単調な「ジィー」という連続音のため、人間が耳で3種を区別するのは困難です。

3．鳴き声の聞き分け

　そこで私は、これら3種の鳴き声を機械で区別できないかと考えました。

　まず3種の既知の鳴き声を環境音響研究所の松浦さんのCD音源からパソコンに取り込み、それを音声解析ソフトで分析し、これらの音の特徴を抽出してみました（図1）。その結果、平均周波数はエゾゼミ、アカエゾゼミ、コエゾゼミがそれぞれ約5411 Hz（ヘルツ）、4932 Hz、6173 Hzでした。また「ジィー」という音は、時間を延ばしてみると「ジ・ジ・ジ・ジ……」というパルス音からできているのですが、そのパルス数を比べると、エゾゼミ、アカエゾゼミ、コエゾゼミが、1秒間にそれぞれ約45回、70回、100回でした。そこでこれらの特徴を比較して同定ができないか検討しました。

　2003年7月から8月にかけて岩手県盛岡市郊外と北上山系で録音を行ないました。セミがよく鳴く高温晴天の日に、車の窓を開放したまま林道を徐行し、エゾゼミ類の鳴き声が聞こえれば随時停車して録音しました。録音にはミニディスクレコーダーとマイクロフォンを用いました。

　録音された84サンプルのうち音質の良い49サンプルについて松浦さんの基準音源と比較しました（表1）。

　1秒当たりのパルス数で並べてみたところ、サンプル1～6は45パルス、7・8は75・80パルスで、残りの9～49は90～105パルスでした。これらは、それぞれエゾゼ

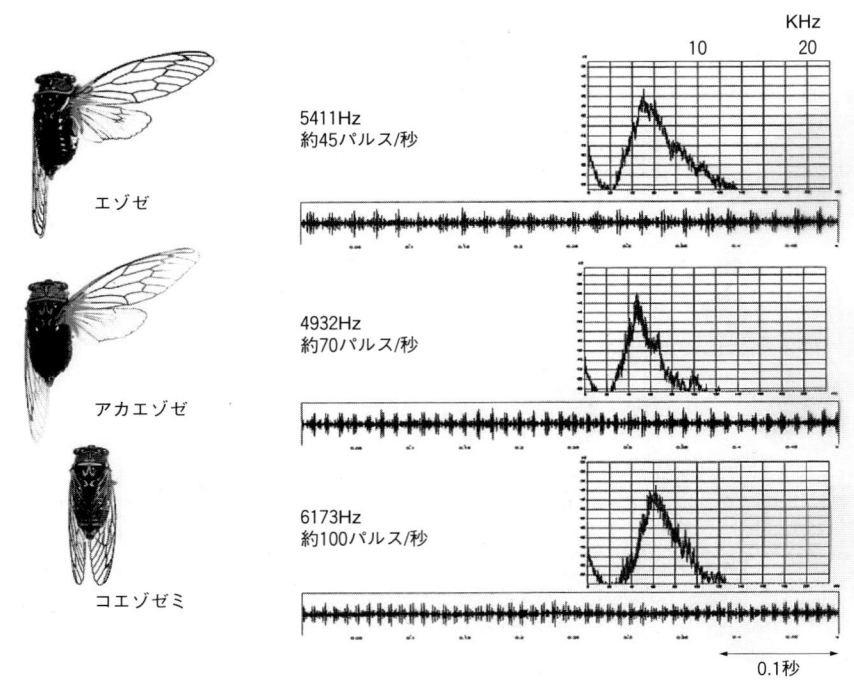

図1 エゾゼミ類鳴音の平均周波数とパルス頻度．音源は松浦（1986）「日本のセミ」（CD）より．

ミ、アカエゾゼミ、コエゾゼミのパルス数に相当しました。

　さらに平均周波数を比較してみても、サンプル1～6は4992～5665 Hz、7・8は4694・4985 Hz、9～49は5910～6545 Hzであり、ここでもそれぞれエゾゼミ、アカエゾゼミ、コエゾゼミのそれと一致しました。

　またそれぞれが録音された環境を見てみても、サンプル1～6は標高200～400 mのまばらなアカマツ林やスギ林、7・8は500 m前後の広葉樹林帯、9～49は800～1000 mの主にブナやシラカンバからなる広葉樹林帯で、それぞれエゾゼミ、アカエゾゼミ、コエゾゼミの好む生息環境でした。

　これらのことからサンプル1～6はエゾゼミ、7・8はアカエゾゼミ、9～49はコエゾゼミと推定されました。さらに、ピーク周波数、平均周波数、パルス頻度を変数として主成分分析を行った結果（図2）、この3グループは予想どおり松浦さんのそれぞれ3種の基準音源近傍にまとまりました。

　これらのことから、鳴き声を聞いただけでは識別が難しかったエゾゼミ類でも、録

表1 エゾゼミ類鳴音の録音サンプルと松浦（1986）の基準音源（エゾゼミ・アカエゾゼミ・コエゾゼミ）のパルス頻度・ピーク周波数・平均周波数の比較と録音環境.

サンプル	パルス数/秒	ピーク周波数（Hz）	平均周波数（Hz）	標高（m）	林相
1	45	4960	5420	190	アカマツ
2	45	4515	5027	250	アカマツ
3	45	5021	5665	250	アカマツ
4	45	4503	4992	280	アカマツ
5	45	4823	5337	280	アカマツ
6	45	4595	5044	392	スギ
7	75	4825	4985	487	広葉樹
8	80	4503	4694	487	広葉樹
9	90	6241	6354	1000	ブナ
10	90	6210	6440	1000	ブナ
11	95	6261	6183	1000	ブナ
12	95	5716	5910	850	シラカンバ
13	95	5994	6177	850	シラカンバ
45	100	5935	6279	850	シラカンバ
46	100	6095	6315	850	シラカンバ
47	105	5940	6348	1000	ブナ
48	105	6424	6228	1000	ブナ
49	105	5724	6017	850	シラカンバ
基準音源					
エゾゼミ	45	5034	5411		
アカエゾゼミ	75	4930	4932		
コエゾゼミ	100	5901	6173		

音して分析することによって、容易に区別できる可能性が得られました。

4．自動音声同定装置をめざして

　現在イギリスの研究者と共同で、どこへでも携帯できるハンディーな自動音声同定装置の開発を進めていますが、その試作機でこれらエゾゼミ類も高精度で同定できました。この装置が完成すれば、特定の熟練者の耳に頼ることなく誰にでも、また急峻な谷間や危険な場所でも遠くから、エゾゼミ類の同定ができ、3種の（あるいは西日本のキュウシュウエゾゼミも含めた4種）の分布調査が容易かつ短期間で正確に行うことができます。さらにこの装置はエゾゼミ類だけでなく他の鳴く昆虫類の同定にも

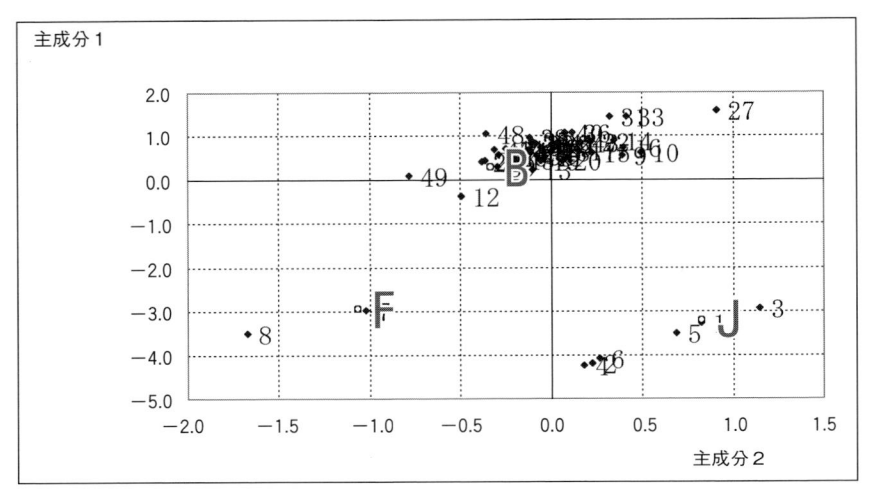

図2 エゾゼミ類鳴音のピーク周波数・平均周波数・パルス頻度を変数とした主成分分析．J：エゾゼミ，F：アカエゾゼミ，B：コエゾゼミの基準音（松浦，1986）．数字は野外録音サンプル番号．

利用できるため、生物多様性調査への活用も期待できます。

原始日本のセミ：ヒメハルゼミの魅力

初宿成彦

1．ヒメハルゼミの新産地ぞくぞく……

　ヒメハルゼミ（図1）は、日本海側では新潟県糸魚川市能生を、太平洋側では茨城県笠間市片庭を、それぞれ北限地とする日本固有のセミです。すんでいるのはシイやカシ類を中心とした照葉樹林です。近い種類はすべて、中国からヒマラヤにかけて分布していますから、全体としても、いわゆる照葉樹林帯に沿って分布しているといえます。

　照葉樹林はかつて、関西の平地にはたくさんあったはずなのですが、人々が住み始めて開墾していったために、どんどん生息地が縮小されていきました。関西では奈良市・春日山が昔からヒメハルゼミの産地として知られていましたが、これは古くから神社の所有地として、広く開墾が制限されてきたためです。

　ところが昨今、近畿一円で、ヒメハルゼミの産地が新たに見つかっています。大阪府ではヒメハルゼミは永らく未記録だったのですが、2004年に本多俊之さんが泉佐野市の犬鳴山で発見しています（図2A）。また京都府・滋賀県・奈良県とも、たった1カ所しか知られていなかったのですが、1999年から2006年にかけて、京丹後市（京都府）、大津市（滋賀県）、桜井市・十津川村（奈良県）で、それぞれ新しく見つかりました。これらの発見は、そのような原始の森が今も健全に残っていることを意味しますから、開発などによる環境の破壊が著しい昨今、非常にうれしいニュースであるといえます。

　2007年2月に、関東へ行くことがあったので、天然記念物に指定されている茨城県の北限地を見に行くことにしました。冬なので、もちろんセミはいませんが、森のようすを見るだけでも意義があろうと考えました。実際に行ってみて驚いたのは、笠間市片庭の主に2つある生息地のうちの1つ、八幡神社にはシイの木が3本程度しかなく、周囲はスギの植林に覆われており、さらには近くで大きな土木工事があったりして、砂ぼこりがひどい様子でした（図2B）。ヒメハルゼミはシイを主体とした鬱蒼とした森にすむものと思っていましたから、このような劣悪な状況の中で北限地を辛うじて維持しているのは、かなりの驚きでした。しかし逆に、関西あたりでも、もし昔と比べて生息環境が悪くなっていても、それなりにしぶとく生き残っている可能性も感じました。大阪府あたりでも、まだまだ未知の産地はあるような気がします。

図1　ヒメハルゼミ．奈良・春日山産．

図2　(A) 大阪府泉佐野市・犬鳴山．(B) 茨城県笠間市片庭・八幡神社．

2．ヒメハルゼミの全山大合唱

　このヒメハルゼミの魅力は、このような保全レベルの高い自然林の象徴であることのみならず、生態の神秘さもあります。奈良公園で2004年7月に夜明け前から日暮れまで、交代でこのセミの観察をしたことがありました。午前中にはまったく鳴かなかったのですが、午後から約20分ごとに間欠的に合唱を始めるようになり、夕方にかけて、その間隔は狭まり、合唱の規模がとても大きくなっていきました。

　そしてちょうど日没の時間帯、その間隔がなくなり、発声練習に徐々に加わってきたオスたちすべてが参加する全山大合唱が始まりました。社殿や鳥居の神社境内が薄

明かりに溶け込む中、ヒメハルゼミの鳴き声が、およそ44分間、響き続けました。遠き山に日が落ちて、まるで1日の終わりを締めくくるように……。これは本当に神秘的な光景です。ヒメハルゼミはだいたい7月半ばをピークに、1カ月あまりだけ出現するセミですから、ぜひこの時期に観察に行かれることをおすすめします。

余談ですが、このヒメハルゼミの観察のとき、夜明け前から日暮れのヒメハルゼミ合唱終了後まで、最も長くずっと鳴き続けていたのはニイニイゼミであることを知りました。ニイニイゼミはそれぞれのオスが単独で鳴いているように見えるだけでなく、時間帯に関係なく鳴くことができるセミのようでした。

3．お告げから「ヒメハルシアター」へ

大阪市立自然史博物館では2007年夏、特別展「世界一のセミ展」が開かれました。筆者はこの準備段階で、このヒメハルゼミの魅力を、何とか市民のみなさんにうまく伝えられないかと考えていました。コーナーを囲い、照明を落とした「シアター」のようなものを漠然と考えていました。

そのような折り、奈良県橿原市にある橿原市昆虫館が、巨大な「セミの行灯」を作ったというニュースが流れました（奈良新聞2007年1月12日ほか）。同館友の会評議員で芸術家の前田一郎さん・みささんを中心に、同館友の会の方々で力を合わせて作られたという話……。「巨大なセミ行灯かぁ、うらやましいなあ。厚かましい話だが、これを展示できたら、きっとセミ展もにぎやかになるだろうなあ」と思っていたところ、同館学芸員の日比伸子さんから、「実は橿原での展示終了後に保管することは考えていないので、どうぞ大阪で展示してください」ということでした。喜び勇んで、中条武司学芸員と一緒に出かけることにしました。2月5日のことでした。

ちょうどそのころ、「ヒメハル」シアターのイメージが、私の中でだいぶ固まってきていました。葉っぱのついたままの照葉樹をたくさん立て、枝にスピーカーを潜ませ、ヒメハルゼミが森じゅうに鳴く様子を、何とか展示室で再現させたい……。しかし、木をたくさん切らせてもらうところなんて、そうそうあるわけではない……。

ところが、神のお告げか仏のお告げか、橿原でそのような話題をしたとき、日比さんから「周辺でちょうど伐採が行われているところなので、それらの木を持って帰ってもらうことは可能ですよ、頼んであげましょうか？」というお言葉……。日を改めて、喜び勇んで、また中条学芸員と、木をもらいに行くことにしました。

3月2日、再び橿原へ……。木を切らせてもらうべく、住宅地を抜けて丘陵地へ。ところがそのとき、またも神のお告げか仏のお告げか、近くの空き地で、不思議な光

図3 巨大セミ行灯．

図4 ヒメハルシアター．特別展「世界一のセミ展」から．

景が目に飛び込んできました。神社かお寺か何かわからないが、小さな山門のようなものが立っている。これを照葉樹林のジオラマの中にたてれば、ヒメハルシアターとしては最高の演出ではないか……。廃棄になったものらしく、現在は近所の工務店さんが所有されているとのこと。後で聞いてもらったところ、「運ぶ段取りさえできれば、タダでもらってくれていい」とのことでした。

　5月25日、再び橿原へ……。喜び勇んで、また中条学芸員と取りに行こうかと思いましたが、さすがに展示会の直前で「（初宿は）行ってはいけない、展示の準備をしなさい」といわれたので、私は博物館に残り、中条学芸員と大道具担当の樽野博幸学芸員が橿原へ向かいました。

　その後、樽野学芸員には山門の転倒防止の施工、シアターの土台、夕暮れを演出する照明などの工事、石田惣学芸員には超リアルな音響機器設置などをしていただき、当初、筆者が持っていたイメージ以上の、本当にすばらしいヒメハルシアターができあがりました（図3・4）。期間中、他の博物館の方がたくさん視察に来られましたが、「すべてが学芸員の手作りだ」といっても、誰も信じてくれませんでした。

　神さま仏さま、ありがとう！

4．姫春姫

　この「世界一のセミ展」では、各コーナーの入口にオリジナルのマンガが使われました。4人が登場するヒーローもの。名付けて「セミセミ戦隊、やかま4（シー）」。

　クマゼミ演ずる「やかま4（シー）1号」、アブラゼミ演ずる「やかま4（シー）2号」、弟分的な存在の「ニイニイ」（ニイニイゼミ）、そして妹分的な「姫春姫」（ヒメハルゼミ）です。

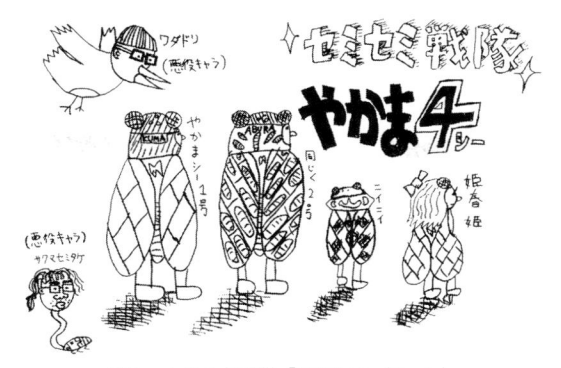

図5　セミセミ戦隊「やかま4（シー）」．

　実はこれ、筆者が描いたものです。といっても、始めから創作しようと意図したのではなく、会議中に退屈して描いたのですが……。上役から怒られそうですが、本当の話です。
　で、ここまで来たら、やはり悪役が欲しくなってきました。セミの天敵といえば、ヒヨドリなどの鳥やセミタケ……。鳥の学芸員は和田岳さん、菌類の学芸員は佐久間大輔さん……。ということで、2人の似顔絵を悪役キャラで加えてみました。内輪には大受けでした（図5）。
　たぶんコマ割りのマンガを描く能力があれば、横道にそれやすい性分なので、ここで週刊連載が始まったことでしょう。もしそうなっていたら、きっとセミ展は準備不足のまま開会していたに違いありません。
　というわけで、残念ながら「やかま4（シー）」の連載マンガ化構想は、いまだに達成できていません。しかし、頭の中では、登場人物のキャラは決まっています。姫春姫は小さいのに声がデカい、勝ち気な女の子、「ニイニイ」は朝から晩まで、ずっと泣いてばかりのちょっと内気な男の子です。

5．元祖・姫春姫
　この姫春姫ですが、実は元祖ともよべる人物が実在していました。このヒメハルゼミというセミがわが国に分布していることを学界に最初に報告したのは、当時20歳だった谷貞子さんという女性でした。1905年のことです。当時の冊子（『昆虫世界第9巻』）を見ると、「ヒメハルゼミ」という和名が決まっているものの、まだ学名がついていません。そのあと、松村松年という昆虫学者が、最初の発見地の千葉に因み、

*Euterpnosia chibensis*という学名で1911年に新種発表しています。

　谷さんは岐阜市の名和昆虫館で特別研究生として勤め、セミのほか、この本で紹介しているキリギリス・コオロギなど、鳴く虫全般にも強い関心を持っていたようです。女性が学問、ましてや虫なんかの研究をやるのが困難であったこの時代に、このような人物が実在していたというのは本当に驚きです。しかし、残念なことに、1911年に26歳の若さで亡くなってしまわれたそうです。その訃報を掲載した『昆虫世界第15巻』には、この「鳴く虫女史」の短い一生と高い能力を惜しむ記事が記されています。

世界最大のセミ：テイオウゼミ

宮武頼夫

1．テイオウゼミの仲間

　セミは昆虫の中でも比較的体の大きなグループですが、なかでも群をぬいて大きいのがマレー半島などにすんでいるテイオウゼミです。テイオウ（帝王）といわれるだけあって、体は9cmくらい、翅の先までで13cm近くもあります。クマゼミのちょうど倍くらいといえば、わかっていただけるでしょうか（図1）。文句なしに世界で最大のセミです。体は粉をふいたような茶褐色で、前翅の後縁に点々と小さな紋が並び、中央には4個の小さな斑紋があります。タイピン近くのキャメロンハイランドなど、高地のジャングルにすんでいて、夕方から夜にかけて活動します。

　ボルネオ島には体が黒っぽいクロテイオウゼミがいます。体は、テイオウゼミよりやや小さく、体長は6.5cmくらい、翅の先までで10cm近くです。前翅の斑紋はテイオウゼミより大きく、また、後縁の細いすじが目だって、翅全体も黒っぽく見えます。そのほか、タイ・ミャンマー・ラオスにはヒメテイオウゼミがいて、体長が6cm、翅の先までで8cm前後なので、もっと小型です。

　沖縄の石垣島や西表島には、テイオウゼミと同じ属で、タイワンヒグラシというセミがいますが、体長はクマゼミくらいで、テイオウゼミの約半分の大きさです。名前の通り、台湾ではもっとも普通のセミですが、中国から東南アジアまで、広く分布しています。石垣島では、オモト岳の林にすんでいますが、夕方5時半くらいに鳴き出すので、鳴き声を聞きに行こうと思うと、毒蛇のサキシマハブが活動を始める時間になりますので、こわいです。

2．重さも世界一？

　自然史博物館では、インターネットで色々な情報を交換できるメーリングリスト（omnh@mus-nh.osaka.jp）がありますが、そこで自然史博物館の岡本さんと初宿さんの間で、テイオウゼミとクマゼミとどちらが重いだろうという論争になったことがありました。もう4年くらい前のことだったと思います。岡本さんはクマゼミ、初宿さんはテイオウゼミだといってゆずりません。もちろん、標本を測定すればすぐ決着がつくのですが、それではおもしろくないので、メーリングリストを見ている人がどちらかに投票して、ある程度票が出そろったところで重さを測定して、どちらが正しいか判定するということになりました。

図1　テイオウゼミ（左）とクマゼミ．

　さて、私はどちらに賭けようかと迷いましたが、思い切ってクマゼミに1票を投じることにしました。テイオウゼミはやたらと体はでかいけれど、何かヒグラシのおばけみたいな体で、オスのお腹はほとんど風船のようだという印象があったので、意外性に賭けたのです。初宿さんに反対すると、昆虫なかまとして、せっかくの友情がこわれることも心配しましたが、そんなことでこわれるなら本当の友情ではないなどと思いながら……。

　メーリングリストに参加しているセミ好きな人たちは、義理人情は別にして、それぞれどちらかに投票し、何票ずつだったかは忘れましたが、ほぼ同じくらいの票を獲得したように記憶しています。

　かなり経ってから、初宿さんから重さの測定結果が発表になりました。さあ、どちらが勝ったでしょう？　テイオウゼミは2.5〜3.8ｇ（平均3.3ｇ）、クマゼミは1.2〜1.5ｇ（平均1.4ｇ）ということで、テイオウゼミの勝ち、初宿さんの勝ちが決定しました。本当の体重は、生の体を計らないといけないわけですが、テイオウゼミの生きた個体の体重を計るということはちょっと無理なので、やむをえず乾燥した標本の重さで計って比べています。

　初宿さんが負けたらどんな「ばつ」だったかは忘れたのですが、岡本さんが負けた

3．生きたテイオウゼミを手にのせた！

テイオウゼミの写真や標本は見たことがあっても、一度熱帯のジャングルで自分で採集してみたい、生きたのを手にのせてみたい、という願望はずーっと持っていました。しかし、なかなか実現できるものではありません。ところがそれが実現したのです。ちょうど30年前のことです。

自然史博物館では、1978年の9月から、第5回特別展「鳴く虫」を企画していて、主にセミと直翅類（キリギリス類やコオロギ類）を取り上げることになっていたので、その前年から沖縄や北海道へも遠征して、せっせと標本の確保に精をだしていました。外国へも一度行きたいということで、1978年1月27日に大阪を出発して、シンガポール・インドネシア・マレーシア・香港と、20日間の旅に出ました。博物館からは昆虫採集の上手な用務員の馬野正雄さんが同行されました。ちょうど東ジャワのケデリーに、台湾の友人の朱　耀沂（ようき）さんが研修の指導で1年間滞在中で、車で東ジャワを案内してくれるということだったので、思い切って出かける気になったのです。

まずシンガポールからジャカルタへ渡り、さらに東ジャワのスラバヤへ飛び、朱さんに車であちこち採集につれてまわってもらいました。昼間はバリ島が見える丘で採集し、夜はライトトラップもして、灯火に集まるジャワ島特産のミドリゼミや小さなセミ、キリギリスやコオロギ類も集めました。冷蔵庫がないので、温かいビールを飲んだり、たっぷり砂糖の入ったお茶をのんだり、カエルの唐揚げで晩ご飯を食べたりしました。

一度シンガポールへ帰り、クワラルンプールへ移ってバスでタイピンへ、タクシーで昆虫採集のメッカ―キャメロンハイランドへ向かったのは、1978年2月8日のことでした（図2）。タナラタのホテルに4晩泊まり、ある日は下のほうの標高が低い谷へ入ってアカエリトリバネアゲハを採集したり、上手の標高の高いブリンチャンの林へ上がって、珍しい昆虫を採ったりしました。ところが、ジャングルではセミの採集がとても難しいのです。木の上で鳴いているのですが、低くても10m、高いときは20mもの木の上で鳴いているので、6mのつなぎ竿も、とてもとどきません。時にマエアカクマゼミやヒグラシの類、抜け殻などを採って大喜びするのがおちでした。

熱帯のジャングルでは、夕方陽が落ちる頃に、一番セミが一斉に激しく鳴き交わし

図2　マレー半島キャメロンハイランドの熱帯原生林．木生シダが多い．1978年2月12日．

図3　キャメロンハイランドの街，タナラタの外灯群．1978年2月12日．

図4　ライトに飛んできたクロスジマレーオオツクツク．

ます。「カーン・カーン・カーン……」と、オオシマゼミのような（私は自分では聞いたことがないのですが）鳴き声を始め、「ジリジリ……」、「ヒッヒッヒッ……」など、非常に多種多様な鳴き声が耳をおおうばかりに聞こえてきます。でももちろん姿は見えず、どの鳴き声がどのセミなのかも、全然わかりません。ただ、あぜんと聞くだけです。

　でも、楽しみはその後にやってくるのです。キャメロンハイランドでの昆虫採集に詳しい人から聞いてきたところでは、セミはよく灯火に飛んでくるので、夜ホテルのまわりの街灯をまわったら、色々な種類のセミが地面に止まっているので、それをひろうだけで採集できるということです（図3）。夕食もそこそこに、採集用具をもって、さっそく街灯まわりです。始めは暗くて目がなれなかったのですが、だんだん見えるようになり、ヒグラシの類、台湾のカレイゼミのようなセミ、ツクツクボウシを倍の大きさにしたようなクロスジマレーオオツクツク（図4）など、色々なセミが地

面にとまっています。そのうち、ひときわ大きなセミが目に入りました。思わず「やったあー」と叫びました。テイオウゼミのオスです。けっきょく、2晩ほどかけて、20頭近くのテイオウゼミを集めることができました。夢にまで見たテイオウゼミが、私の手の上でふるえている震動が、私の心臓にも伝わってきて、涙が出るほどうれしかったです。標本にせずに、ずっと手ににぎりしめていたい気持ちでした。

　どのセミも、灯火に飛んでくるのは全部オスで、メスはめったに来ないようです。自然史博物館にもテイオウゼミのオスの標本はかなりありますが、メスは標本商から購入した2頭ほどがあるだけです。他の種類のセミでも、同様のようです。どうしてオスだけが灯火に飛んでくるのか、よくわかりません。

4．鳴き声も世界一？

　体が世界一なら、鳴き声もさぞでかいだろうと想像しますが、鳴き声も世界一なんでしょうか？　本には鳴き声は大きいし、つかまえたときも大きな悲鳴音を出すと書いてありますが、私がマレー半島のキャメロンハイランドで、オスを手の上にのせた時は、なんだか泣く子がだだをこねるように「ボウッボウッ」というだけで、とてもそんなに大きな声で鳴くとは思われませんでした。

　マレー半島のマクスウェルヒル（標高1100 mくらい）で、1990年の8月に、本当に鳴き声を聞いた安永智秀さんによると、その声はトランペットを吹いているような大きな音で、「パッパラッパ」と2秒ほど鳴いて、数秒おいてまた「パッパラッパ」と続け、しばらくすると音は移動して、別の位置から聞こえてきたそうです。最初、その音がテイオウゼミの鳴き声だとわからないうちは、だれかがラッパをふいているという感じだったそうです。ここはかつて日本軍の捕虜が強制的に働かされていた所で、死んだ兵士の霊が日本人を懐かしがって、従軍ラッパを鳴らしているという話まで出て、うす気味悪い気持ちだったようです。私も郷里の香川県善通寺市が兵隊さんの街だったので、夜などもの悲しい消灯ラッパ「トテチテター・タカ・タッタカタッタタッタ……」を子ども時代によく聞いていたので、雰囲気はわかります。

　それがテイオウゼミの鳴き声だとわかってからは、鳴き声が聞こえてくるのを心待ちにするようになったそうです。午後11時とか12時とかの時間に鳴き出し、だんだん鳴き声がこちらに近づいてきたと思ったら、宿の壁に当たってゴツンと音がして落ちたということです。鳴いては移動し、少しずつ灯火に向かって飛んできたわけですね。この鳴き声は、午前3時や5時にも聞くときがあったそうなので、むしろテイオウゼミは夜中に活動するセミといっていいのかもしれません。「そら、あんな大きな体やも

ん。昼間に大声で鳴いてたら、こげてまうで！」と大阪弁で考えてみると、妙に納得してしまいます。

セミの系統進化と生物地理

初宿成彦

1. セミの歴史

　広い意味のセミの仲間（セミ上科）のもっとも古い化石は、中央アジアから見つかったペルム紀後期（約2億5000万年前）のものです。オーストラリアに現存するムカシゼミ科（*Tettigarcta*）（図1）のように、この当時は発音をしなかったものと想像されています。セミ科に属するもっとも古い化石記録は、中国のジュラ紀のものです。当時は恐竜が繁栄していた時代ですが、もしかしたら、恐竜たちも森でなくセミたちをうるさく思っていたのかもしれません。

　その後、現在までセミが存続していますが、世界のセミの分布を眺めてみると、ごく一部を除き、地域ごとのセミ類の独自性は非常に高いものがあります。このことは、それぞれの土地で土着して独自に進化していったことを物語っているように感じます。

　種レベルでも、大きな固有性を示している例があります。たとえばオーストラリアでは202種のセミがいますが、4種を除いてすべてが固有種です。日本のように中国大陸や東南アジアの強い影響を受けてきた動物相でも、人為的分布を除く32種のセミのうち、半数以上の17種が日本固有種になっています。

2. 多様な中国のセミ

　中国には62属203種ものセミが分布しています。緯度・気候や面積が類似している北アメリカ大陸（メキシコ以南を除く）が15属約160種であることと比較してみても、その高い多様性がわかります。

　この理由として、中国は他の地域の要素が様々な方角から、たくさん入り込んでいることがあります。ヨーロッパ・シベリアを経由した北の要素（エゾゼミ属など）、世界一セミの多様な東南アジアの南の要素（マレーミドリゼミなど）、イラン・アフガニスタンなどの西アジアの要素（アカハネゼミ属など）が入り込んでいて、全体の種数と多様性を非常に高いものにしています。

　しかし、中国のセミでもっとも魅力的なのは、中国西部からヒマラヤ山地にかけて分布する要素です。なかにはマダラゼミ属やアミバネゼミ属（図2）のように、翅に色がついて蛾に擬態していると思われる仲間もたくさんいます。

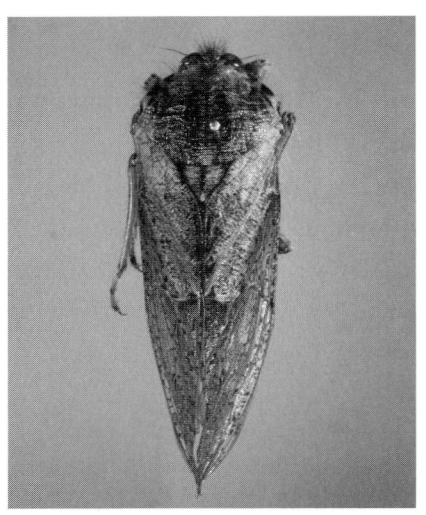

図1 原始セミのオーストラリアムカシゼミ. 中谷憲一氏撮影.

図2 チェンアミバネゼミ. 中国・四川省産. 中谷憲一氏撮影.

3．朝鮮半島・対馬のセミ

　他方、朝鮮半島のセミ相を見てみると、日本や中国にいるにもかかわらず、朝鮮半島には欠いている要素があることに気付きます。

　1つはハルゼミ属です。中国大陸には中南部からヒマラヤにかけて、多くの種類が分布し、そのうちのハルゼミ、エゾハルゼミの2種が日本にまで分布を広げていますが、朝鮮半島には分布していません。後者のエゾハルゼミは北海道北部にまで広く分布し、西南日本では標高800 m以上の高い山にしか分布しないので、何となく寒冷期に北からやってきた印象を持ってしまいますが、広い視点で眺めてみると、このセミが実はもともと、南西の方角からやって来たセミだということがわかります。

　朝鮮半島に欠いているもう1つが、ヒグラシ属の仲間です。ある夏のこと、韓国から昆虫研究仲間がやってきて、一緒に野外で調査をしていましたが、夕方に合唱を始めるヒグラシの鳴き声にとても聞き入っていました。このとき初めて、ヒグラシが韓国にいないことを知りましたが、中国大陸では近縁な種類がたくさん知られています。

　朝鮮半島に照葉樹林帯のセミがいないことは、この地域が広い生物地理区・自然史の観点から見て、ヨーロッパ・シベリア・モンゴル・中国東北部から続く旧北区の要素をベースに構成されていることを意味しています。もちろん南寄りの要素も入り込んでいて、ニイニイゼミ類のニイニイゼミ・チョウセンケナガニイニイ、クマゼミ属

のスジアカクマゼミがすんでいます。しかし、これらはどちらも広く分布する種でもあるので、このような自然史との関連は論じにくいように思われます。

この意味でも興味深いのは対馬です。朝鮮半島や中国大陸と共通のチョウセンケナガニイニイがわが国で唯一、分布しているこの島は、やはりハルゼミもヒグラシもおらず、照葉樹林帯要素のセミを完全に欠いており、セミの生物地理区系では、対馬は朝鮮半島と同じ地域に入ると考えられます。クマゼミのほか、他の昆虫や植物でも、亜熱帯要素の生き物も多く分布していますが、これらがこの島にしっかり根付いたものではなく、現在のような温暖期にのみ渡来しているだけであることを印象づけられます。

4．南西諸島のセミと生物地理

日本でもっとも特異で多様な生物が分布する地域といえば、やはり南西諸島です。この地域の固有種の進化については、古くから多くの分類群で分布・形態の両方の観点から研究されてきており、昨今ではDNAのような分子系統を使った研究も盛んに行われています。セミは九州より南、台湾より東の地域に20種が分布し、もちろん固有の種も知られています。これらの分布を主な4本の海峡ごとに、大まかに眺めてみると、図3のようになります。

南西諸島の固有種は10種知られていますが、この4海峡をすべてまたいで分布する固有種は1つもありません。また広域分布種のパターンを見てみても、南西諸島全体に広く分布しているのがクマゼミの1種だけであることも興味深い点です。特に沖縄本島と宮古島の間にあるケラマ海峡の南北両側に分布しているのは本種だけで、ここを南限・北限としているものがそれぞれ4種ずついます。このことは、特にケラマ海峡がセミにとって、大きな分布の障壁になっていること、逆にいえば、この海峡のすぐ北側の奄美・沖縄地域と、すぐ南側の八重山の地域に、それぞれ固有種が多くなるという結果をもたらしていると思われます。他の動植物では、流木などによって他の島へ移動し分布拡大することがあるようですが、セミの場合は、地中に長くすみ、成虫期間が短く、また飛翔にさほど長けていないため、それが難しいことは想像できます。セミにとって、海峡の存在は分布や固有化に強く反映していると考えられます。

5．チッチゼミ

このようにセミが地史に基づいた生物地理研究に有利な昆虫であることを述べてきましたが、きわめて例外的に、広い分布を示すセミがいます。それはチッチゼミ（図

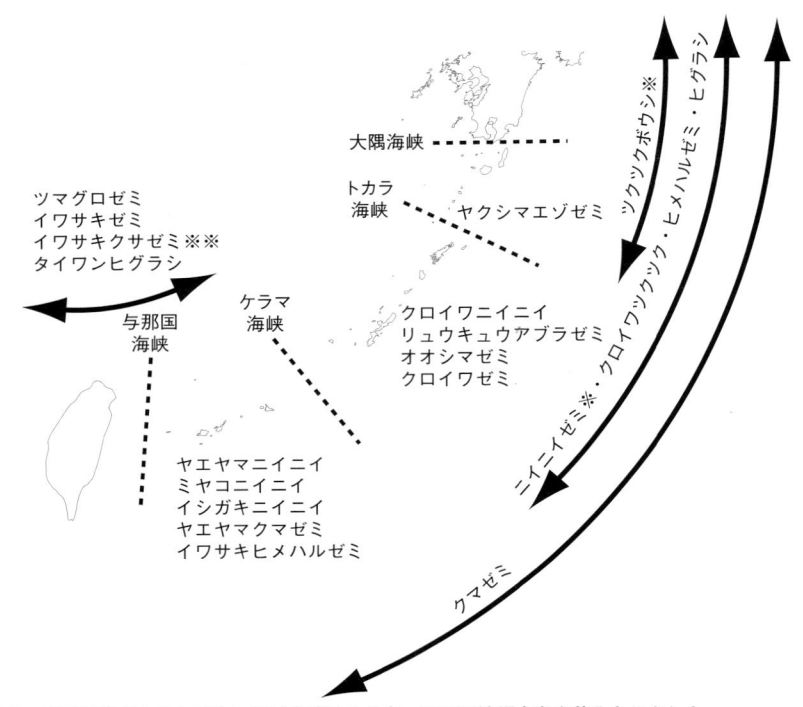

図3 南西諸島のセミの分布. ※は台湾にも分布. ※※は沖縄本島を移入とみなした.

表1 南西諸島のセミの分布表.

海峡	海峡の南北ともに分布		海峡が南限		海峡が北限		海峡間エリアの固有	
大隅	6	クロイワツクツク、ヒグラシ、クマゼミ、ヒメハルゼミ、ツクツクボウシ、ニイニイゼミ	8	アブラゼミ、ミンミンゼミ、エゾゼミ、キュウシュウエゾゼミ、アカエゾゼミ、チッチゼミ、エゾハルゼミ、ハルゼミ	0		0	(九州)
							1	ヤクシマエゾゼミ
トカラ	5	ヒメハルゼミ、ヒグラシ、クロイワツクツク、ニイニイゼミ、クマゼミ	1	ツクツクボウシ	0		4	リュウキュウアブラゼミ、クロイワゼミ、オオシマゼミ、クロイワニイニイ
ケラマ	1	クマゼミ	4	ニイニイゼミ、クロイワツクツク、ヒメハルゼミ、ヒグラシ	4	イワサキゼミ、タイワンヒグラシ、ツマグロゼミ、イワサキクサゼミ	5	ミヤコニイニイ、ヤエヤマニイニイ、イシガキニイニイ、ヤエヤマクマゼミ、イワサキヒメハルゼミ
与那国	4	イワサキゼミ、タイワンヒグラシ、ツマグロゼミ、イワサキクサゼミ	1	クマゼミ	多	(台湾を北限とする種)		
							多	(台湾)

図4 チッチゼミ．

4）の仲間です。

　属のレベルでのチッチゼミ属は、南北アメリカやアフリカ中南部を除く地域に広く分布しています。これはおそらく、セミの属全体ではもっとも広い分布を持っているものと思われます。また、種レベルで、もっとも分布が広いセミは、この仲間のヤマチッチゼミでしょう。イギリスからヨーロッパ・シベリアを経て、北海道の北隣のサハリンまでの非常に広い分布範囲を持っています。

　このヤマチッチゼミがもともと、広く分布していたのかというと、それはおそらく否でしょう。なぜなら、バルト海周辺などヨーロッパ北部は約2万年前の最終氷期には広く氷床に覆われ、ほとんどの動植物が死滅したはずだからです。今いる生き物は温暖な完新世に入って、南から入り込んでいったに違いありません。つまり、ユーラシア大陸に広く分布するようになったのは、その後の1万数千年余りの短い時間でのことでしょう。これはチッチゼミが他のセミと比べて、飛翔能力が高いことを示しているのかもしれません。

　私自身、実は身近に「もしかしてチッチゼミ類は飛翔能力がとても高いのではないか？」と感じている例があります。それは大阪市内のチッチゼミです。このセミは長居公園や靱公園で、毎年のように高いマツ類で鳴いているのが観察されますが、残念ながら、発生の証拠である抜け殻が、大阪市内で一度も見つかったことがありません。もし大阪市内で発生していないのであれば、これらのチッチゼミは毎年、大阪の東にある生駒山などから飛来することになります。土の中で何年も拘束され、一般的に移動能力の極めて低いセミですが、このような高い飛翔能力をもってすれば、上述のようなユーラシア大陸での急速な分布拡大も、何となく納得できるような気がします。

セミの外来種：金沢のスジアカクマゼミ

宮武頼夫

1．日本新記録のセミ

　日本は小さな島国なのに、南北に長いため、すんでいるセミの種類が多く、北海道から沖縄までで、32種類ものセミが知られています。セミは暖かい気候が好きなので、南の地域ほど種類が多く、亜熱帯域の南西諸島を持っている日本にセミが多いわけです。

　しかし、日本で新たなセミの種類が見つかるなんて、およそ想像もできませんでした。1～2mmの小さな昆虫ならともかく、セミは大型の昆虫ですし、誰も足を踏み入れることができない秘境なんて、どこにもありませんから。でも、7年前（2001年）に石川県金沢市で、日本では33番目の種類が初めて見つかったのです。朝鮮半島から中国、台湾、ベトナム北部、ラオス北部まで広く分布するクマゼミのなかま、スジアカクマゼミです（図1）。

2．鳴き声と発見のいきさつ

　2001年の6月末に、石川県ふれあい昆虫館の元職員だった池川市郎さんから、石川県湖南運動公園付近にエゾゼミらしいセミがいるという情報が、同館に寄せられました。そこで、同館の職員の方が、8月の初め現地へ確認に行って採集したところ、エゾゼミのような鳴き声のセミは、クマゼミのなかまでした。その後、採集されたセミの標本がセミの専門家である埼玉大学の林　正美さんに送られ、今まで日本からは見つかっていなかったスジアカクマゼミであることが正式に確認されました。このセミはクマゼミより体がやや小さく、オスの腹弁が、クマゼミでは大きくて全体オレンジ色なのに対して、腹弁が小さく黒っぽいので、簡単に区別できます（図2）。

　その後、石川むしの会のメンバーの徳本　洋さん、大串龍一さん、松井正人さん、富沢　章さんらの調査によって、スジアカクマゼミが発生しているのは、金沢市の市街地の北側にある河北潟の南岸にあたる地域で（図3）、石川県金沢市八田町から大場町にかけての湖南運動公園とそれに続く川向こうの柳瀬川つつみ公園（大場町）を含む総面積約40 haに限られていることがわかりました。この周囲は水田にかこまれているので、セミの発生地帯はちょっとした島状になって孤立していて、市街地や近くの集落の緑地帯とは、つながっていないようです。

　スジアカクマゼミの鳴き声は、初めエゾゼミが鳴いている―とされたように、クマ

2章 鳴く虫の話：セミ編

図1 サクラの枝上のスジアカクマゼミのオス．松井正人氏撮影．

図2 スジアカクマゼミ（左）とクマゼミ（右）．

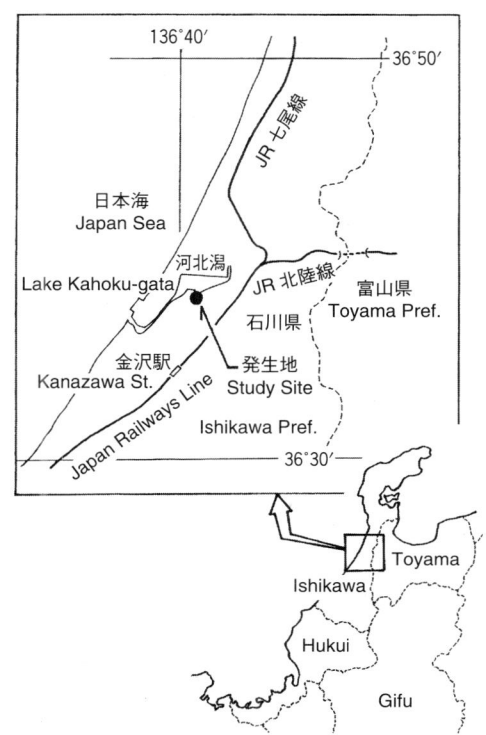

図3 スジアカクマゼミの発生地の位置．徳本 洋氏原図．

— 139 —

ゼミとはまったく違っています。私も、2008年8月にソウルの都市公園で鳴き声を聞いたとき、そのことを知っていたので、聞き耳をたてましたが、やはりエゾゼミ的な鳴き声だと思いました。ただ、エゾゼミに比べると、ぐんと腹にしみわたる感じで、クマゼミ的な強さも持った鳴き声でもあるなと感じました。

しかし、エゾゼミは大阪付近ではかなり標高の高いところに行かないと、鳴き声を聞くことができません。この場所のようにどちらかというと海岸に近い低いところで、エゾゼミが鳴いていて、不思議に思わなかったのだろうかということが、気になります。松井さんによると、金沢市付近では200 mくらいの山地へ行かないとエゾゼミは鳴いていないが、能登半島だと海岸近くでも鳴いていることがあるそうなので、疑わなかったのもうなずける気がします。湖南運動公園にエゾゼミらしいセミがいると情報を寄せられた池川さんは、実は1993年から湖南運動公園にある競馬場付近で鳴き声を聞いていたそうです。池川さんは子どものころからエゾゼミの鳴き声は聞きなれていたので、珍しいセミだとは思わなかったようです。しかし、1993年にかなり鳴いていたとすると、この地にスジアカクマゼミが入ったのは、相当古いことになります。

3．その後の経過と現在のようす

徳本さんや松井さん、武藤　明さんによると、その後のスジアカクマゼミはむしろ増加傾向にあって、分布域も少しずつ広がっているようです。2007年までに、上記の限られた発生域の外1 km以内にある、大浦町、湊1丁目、東蚊爪、忠縄、こなん水辺公園、みずき団地、木越、県北部公園などで、オスの鳴き声が聞かれたり、1頭から5頭のオス個体が目撃されていて、しかも年をおうにつれ、見られる個体が増えているそうです。しかし、確認されたのはオスのみで、メスや羽化殻は確認できていないので、生息域が拡大したとはまだいえない状態かもしれませんが、活動域は広がったといえると思います。

しかも、もともとの発生地の湖南運動公園やつつみ公園では、あいかわらず大合唱が続き、シダレヤナギでは多数の羽化殻が発見されているのに（図4）、上記のそれ以外の地域では、オスが単独で鳴いていたり、せいぜい複数個体が鳴いている程度なので、発生地域からの移動個体だと思われます。また、興味深いのは、これらの移動個体の大半はヤナギやシダレヤナギ上で目撃されていることです。このことからも、このセミはヤナギの木が大好きだということがわかります。サクラやケヤキなどでも目撃されていますが（図5）、これらは基本的に、どのセミも好きな木です。

しかし、本来の発生域から移動してくるのは、オスばかりとは断言できず、もしか

図4　羽化殻が集中する金沢市八田町競馬場のシダレヤナギ．大串龍一氏撮影．

図5　サクラ上のスジアカクマゼミの群れ．松井正人氏撮影．

したらメスも移動してきている可能性もあると思われます。また、オスが鳴いているところへメスが飛んでいくセミの習性から考えても、発生域が拡大する可能性はあるでしょう。

4．どのようにして入ってきたのか

　金沢市のごく限られた一画にだけ発生するスジアカクマゼミは、湖南運動公園やつつみ公園など、まったく人工的に作られた環境にのみ、すみ着いていることから考えると、本来そこにすんでいたセミではなく、何らかの形でよそから入ってきたとしか、考えられません。では、どのようにして入ったのか、それはまだなぞのままです。

　金沢市はこのセミがたくさんすんでいる朝鮮半島と同緯度にありますので、本来すめる環境ではありますが、直接に移動飛来するにはあまりに距離が離れすぎていて、とてもそんなことは考えられません。

　もっとも考えられることは、公園に植えられた木の枝や幹の皮にスジアカクマゼミの卵が産み付けられていて、それが孵化して幼虫になり、だんだん増えていったということです。それで、この公園の工事の歴史を調べてみると、まず湖南運動公園内にある金沢競馬場が完成したのが1972年、木（シダレヤナギなど）が植えられたのは、1976年以降だということがわかりました。また、つつみ公園の造成工事は1992〜93年に行われ、木（シダレヤナギ）が植えられたのは1993年だそうです。この地域にはどうしてこうシダレヤナギがよく植えられたのかと思いますが、もともと湿地のようなところだったため、他の木より湿ったところでよく生育するヤナギが選ばれたのでしょう。それが、たまたまスジアカクマゼミの大好きな木であったということです。

　池川さんは1993年以来、金沢競馬場周辺でこのセミの鳴き声を聞いていますので、

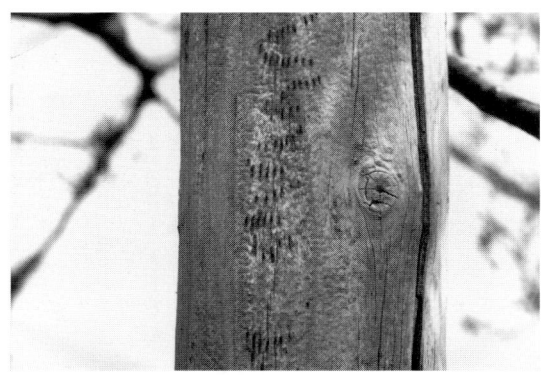

図6　スジアカクマゼミの添え木への産卵痕. 徳本　洋氏撮影.

　この地のスジアカクマゼミはまず競馬場に入り、後につつみ公園にも進出していったと考えられます。競馬場にシダレヤナギが植えられたときに、卵がついていた可能性があれば問題はないのですが、このセミの分布する朝鮮半島や中国から、わざわざシダレヤナギを運んできて植えるなんてことは、考えられません。国内の他の場所に、まだ知られていないスジアカクマゼミの生息する場所があって、そこから卵がついたシダレヤナギが運ばれて植えられた—という可能性もありますが、その可能性もかなり少ないでしょう。しかし、このセミの鳴き声がエゾゼミに似ているので、見逃されている場合があるかもしれませんので、調べてみる価値はありそうです。
　石川むしの会のメンバーで、冬に産卵痕の調査をしたところ、主にシダレヤナギの枯れ枝などからたくさん見つかっていますが、同時に木の添え木にも産卵痕がかなり発見されています（図6）。このようなところに産卵されても、添え木は生きている木にくくりつけられていますから、孵化した幼虫はその生きた木の根にたどりつけるわけなので、大丈夫です。大阪などの関西では、クマゼミが植えた木の添え木に使われている杭に産卵するのがごく普通に見られますので、同じようなことが起きても、不思議ではない気がします。ということは、侵入経路を考えるときに、生きた木の搬入だけではなく、添え木の板や杭などについても検討する必要があるということでしょう。

5．金沢市のクマゼミのようす
　一方、クマゼミも主に金沢市内で、最近鳴き声が時々聞こえるようになってきています。徳本さんや松井さんによると、1984年ころから鳴き声が聞かれ始め、まったく

聞けない年もあるものの、ほぼ毎年1～2件鳴き声が観察されています。1994年と2003年には、どちらも7件も報告されていて、かなり多かったことがわかります。この間の9年間という間隔が、この地でのクマゼミの生活史を反映しているのかどうか、興味がわくところです。これらのクマゼミたちが、どこかからの移動個体なのか、それともどこかでほそぼそと発生しているのか、まだはっきりとはしていません。

　2001年には小学2年生の木村宗一郎君が、自宅のある金沢市米泉でクマゼミのオス1頭を採集しています。彼の母親の話では、その4～5年前から、付近で毎年の夏に鳴き声を聞いているそうなので、近くに発生しているところがあるのかもしれません。

　2005年には、金沢市環境保全課が行った市民によるセミの抜け殻調査で、クマゼミの羽化殻が1個市内で発見されました。スジアカクマゼミの発生地からは10 kmほど離れたところなので、クマゼミの羽化殻に間違いはありません。しかし、その後はまったく羽化殻が見つかっていないので、ほんとに定着しているのかどうかは、まだ判明していません。2005年の羽化殻も、地元では自然な定着とは決定できず、人為的な定着（たとえば木の根について幼虫が運ばれてきて発生した）ということもありうると考えているようです。でもそうだとしても、人為的に持ち込まれたクマゼミが、越冬して発生を継続させていることが確認できるようになれば、定着したといってもよいと思います。

　しかし、クマゼミは今の段階では、金沢市内ではまだまだまれなセミだといわざるをえず、これからの動向を見守る必要があるでしょう。

6．今後はどうなる？

　20～30年前の金沢市では、真夏にはときにクマゼミの鳴き声を聞くことがあっても、クマゼミのなかまにはほとんど縁がない地域でした。ところが、20世紀の最後あたりからスジアカクマゼミが発生するようになり、最近ではクマゼミの鳴き声をかなり聞く年も増えてきて、定着は時間の問題かと思われます。この変化は、環境や気候の変化に大きく影響されていると思いますが、どちらも人為的な要素があり、私たちもどう対応していったらいいのか、考えざるをえません。

　スジアカクマゼミが今後増えて分布を拡大していくと、生態系へ与える影響も心配されますし、外来種だから今のうちに全滅させたほうがよいと考える人もいるかもしれません。でも、セミ好きな人にとってはどうでしょうか。何もスジアカクマゼミを外国から持ってきて放したわけではないのだから、もういついている以上、そのままようすを見守るほうが良いのではないかと、考えるのではないでしょうか。良くも悪

くも私もその１人です。韓国ソウルでの私の観察経験から考えると、このセミは山よりの林や広い社寺林を持つ古いお寺などには少なく、埋め立て地やオリンピック公園などに新しく作った林に多かったので、市街地の環境に強い種と思われます。したがって、金沢での発生域を市街地まで広げずに、現在の多発地域に限定する努力も必要かと考えます。地元では既に、多発地域を囲んでいる樹木のない地帯に樹木を植えて、市街地へ緑のベルトをつなげないよう、植栽計画を見直す要請をしているようです。

　クマゼミの北上は、地球温暖化や都市のヒートアイランド現象が大きく関わっているといわれていますが、原因を解明して早急に解決できるわけでもないし、このセミ自身のパワーもあるので、ある程度しかたがないかと思います。

　このように、昔はクマゼミのなかまに縁のなかった金沢に、今は２種のクマゼミがすみ着いていたり、かなり姿が見られるようになっています。この自然の変化が、今後どのようになっていくのか、たいへん興味深いことです。

　できたら、こういった大型のセミたちが、身近に適当な数でいて、生態系にもめちゃくちゃ影響を与えるということもなく、適度に鳴いて楽しませてくれたら、やっぱりいて欲しいなと思います。みなさんは、どうでしょうか？

セミの孵化を観察しよう

森山　実

1. 卵を探せ！

　セミの幼虫が地中で育ち、成虫は樹上で生活していることはみなさんご存知でしょうが、意外と知られていないのがセミの卵のある場所です。地中と答える方が多いのですが、地面に産卵しているセミの姿はあまり見ませんね。実は日本にすむセミの多くは、枯れ枝や幹の樹皮など植物の地上部分に産卵します。

　メスの成虫は腹部の末端にある産卵管を使って木に細い穴をあけ、そこに長さ2mm前後の卵を産み付けます。産卵管の長い種ほど深い穴をあけ、1つの穴に多くの卵を入れます。たとえば、産卵管の短いアブラゼミでは1穴の卵は2個程度であり、長い産卵管を持つクマゼミは1穴に最大14個もの卵を産みます。卵を産み付けられた枝の表面にはささくれ状の産卵痕が残ります（図1）。そのため、落ちている枯れ枝を注意深く観察し、産卵痕のあるものを探します。このとき、なるべく枝が朽ちておらず、ささくれがしっかりしたものを選びます。ささくれが欠けたものは、もう幼虫が孵化し終わった古いものである可能性が高いためです。

　私が研究を行っている大阪市立大学の構内にはクマゼミ以外のセミはほとんどいないので、落ちている枝に産まれた卵はクマゼミのものだとわかるのですが、様々なセミが出現する地域では、拾った枝にどのセミの卵が産まれているかを見きわめるには熟練の技が必要です。そのため、どのセミの卵かを知りたいときには、夏にセミのメス成虫を捕まえて目の前で産卵させるほうが確実です。捕まえたセミを枯れ枝や工作用の柔らかい木材につかまらせて容器に入れてそっとしておくと、数時間以内に産卵を開始します。容器の中に複数のセミを入れるとお互いに産卵の邪魔をすることがあるので、1つの容器に入れる成虫は1匹にとどめておきます。また、透明な容器を使えば間近で産卵行動を観察することができます。産み終わったあとの枝には、セミの種類や産卵日を書いたラベルをつけておきます。

　また、加藤正世さんは『蝉の生物学』という著書の中で、メス成虫を紙で包んでおけば、その中に産卵すると紹介しています。私もこれに従い、軽く湿らせたペーパータオルで成虫を包んで卵を得ることができました。しかし、やはり紙には産みにくいのか、まったく卵を産んでくれないメスもいました。この方法では裸の卵が得られるので、卵の成長の様子を観察する場合には便利ですが、木の枝の中にあるものに比べて管理が大変という欠点もあります。1匹のセミが一生に産む卵の数は300～600個と

5cm

図1　クマゼミの産卵痕.

いわれていますが、私は1匹のクマゼミから900個以上の卵を得たことがあります。からだの大きいクマゼミは卵をたくさん持っているということでしょうか。

2. 卵期間も長い!!

　セミの幼虫が長い時間をかけてゆっくり成長することは有名ですが、卵の成長も一般的な昆虫と比べてゆっくりなのです。ニイニイゼミやヒグラシといった夏の比較的早い時期に現れるセミの卵は、1～2カ月の卵期間を経て、その年の秋に孵化します。一方でクマゼミ、ミンミンゼミ、アブラゼミ、ツクツクボウシなど夏の後半に現れるセミの卵は、冬を越して、翌年の初夏に孵化します。これらの種では、卵期間は10～12カ月にもおよびます。先ほど述べた方法で集めた卵を、孵化までの長い期間、育てなければなりません。育てるといっても、卵は成虫や幼虫のように動くこともありませんし、エサも食べません。注意しなければいけないのは水分です。また、越冬する種類のものは発育の途中で低温を経験する必要があります。枯れ枝や木材に産み付けられた卵はネットなどに入れ、屋外の木などに吊るしておくと、自然の雨によって適度な水分が与えられます。ネットは水通しがよく、なるべく目の細かいものを選びます。私は直径15cm、深さ9cmの密閉プラスチック容器の蓋と底の一部を切り取り、そこにポリエチレン製のネットを貼り付けたものを使用しています。この中で孵化した幼虫は容器の中から逃げることができないので、孵化幼虫の数を記録するときに便利です。

　一方で紙の中に産ませた卵や枝から取り出した裸の卵は、成長の過程を観察することができますが、日頃の管理には神経を使います。卵はシャーレなどの小さい容器にいれ、セミの種類、産卵日など必要な情報を書いたラベルを貼り付けておきます。裸の卵は特に乾燥に弱いのでシャーレを密閉容器の中に入れ、その中に湿らせた脱脂綿を一緒に入れておきます。しかし、常に湿度が高い条件は卵だけでなくカビやダニにとっても好都合です。未受精卵や死んでしまった卵を放っておくとカビやダニが繁殖

図2 クマゼミの卵．孵化直前で眼点が現れている．

し、健全な卵まで侵してしまうので、状態の悪い卵をこまめに除去しなければなりません。

　卵は産まれた時点では白色をしていますが、卵の中で幼虫の体ができあがってくると全体的に黄色身がかってきます。やがて、孵化の1、2週間前になると卵の前方に1対の黒い小さい点（眼点）が現れてきます（図2）。その後、さらに黄色が強くなり、脚の先などからだの各部が着色されてくると、いよいよ孵化できる状態になります。

3．孵化は雨の日が良い

　秋に孵化する種では9月ごろから、翌年の夏に孵化するものでは6月ごろから、毎日時間を決めて、屋外にぶら下げている枝から孵化した幼虫の数を記録します。日付と孵化数の他に、その日の天気などを記録しておきます。気象庁のホームページには気温や降水量などのデータが公開されているので、これを利用すると便利です。図3のAは大阪で調べたクマゼミの孵化数のグラフです。Bにはそのときの気象データを示しました。するとどうでしょう、雨が降った日に多くの幼虫が孵化していることがわかります。体のできあがった幼虫はすぐには孵化せず、卵の中で雨が降るのを待っています。雨が降って枝が濡れると、枝の中の湿度が高くなるので、それに反応して孵化します。

　孵化の瞬間を観察するために、一部の枝を雨があたらないところに移動させておきます。後は、観察したいときに枝を水で濡らすと、1時間ほどで幼虫が次々と孵化してくるところを観察できます。幼虫はまず前幼とよばれるイモムシのような姿で殻から抜け出します。前幼はからだをくねらせながら、枝の細い穴から抜け出します。枝の外に出た前幼はすぐにもう一度薄い膜を脱いで、触角や6本の脚を持った1齢幼虫と

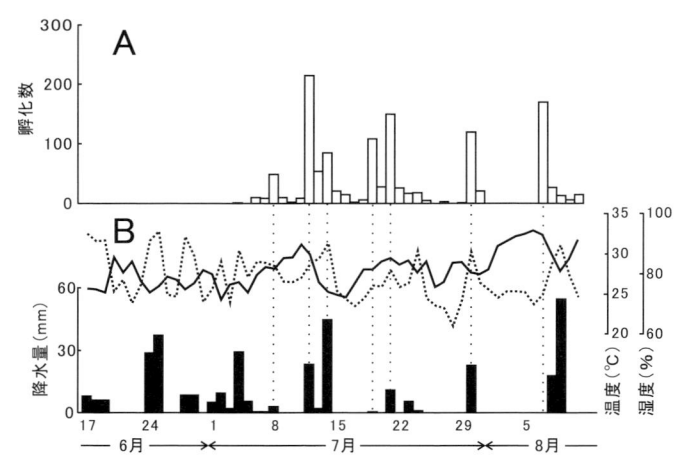

図3 屋外におけるクマゼミの孵化．Aは一日当たりの孵化数．Bは日あたり降水量（棒グラフ），日平均気温（実線），日平均相対湿度（破線）を示す（Moriyama & Numata, 2006を改変，Elsevierより許可を得て転載）．

図4 クマゼミの前幼．

図5 クマゼミの1齢幼虫．沼田英治氏撮影．

なります（図5）。1齢幼虫は地面に落ち、地表の割れ目や石の隙間を探して、そこから地中に潜ります。しかし、1齢幼虫はとても乾燥に弱く、また地上にはアリなどの多くの天敵が待ち構えています。図6は乾いた地面または水をまいて湿らせた地面の上に孵化したクマゼミの幼虫を放ち、地面に潜るまでの行動を観察した結果です。乾いた地面は固く、幼虫はなかなか地中に潜れずに地上を歩き回っています（図6-A）。そうしているうちにほとんどの幼虫がアリに捕らえられたり、地面の上で乾燥によって死んでしまいました。一方、地面が濡れて柔らかくなると、多くの幼虫がアリに見つかる前に地中に潜ることができました（図6-B）。雨の日には地面が柔らかくなっているだけでなく、アリなどの天敵の活動が鈍くなっていることも予想されま

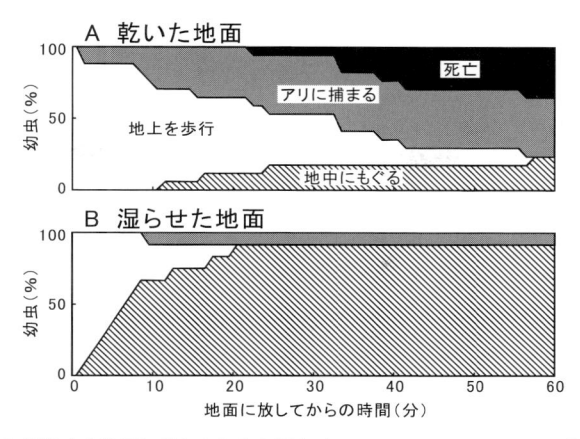

図6 クマゼミの1齢幼虫を地面に放したときの運命（Moriyama & Numata, 2006を改変, Elsevierより許可を得て転載）．

す。高い湿度に反応して雨の日に孵化する仕組みは幼虫が安全に地中に潜ることを助けているのです。

　ここで紹介した内容は主にクマゼミについて調べたもので、すべてのセミにあてはまるとは限りません。たとえば、沖縄に生息するイワサキクサゼミは枯れ枝ではなく生きた葉の中に卵を生みます。生きた葉の中は枯れ枝と違ってつねに水分で満たされているので、クマゼミのように雨のときは湿度が高くなるから孵化する、なんてことは考えられません。また、昆虫の発育は温度に依存しており、温度が高いほど速く進みます。ですから、暖かい地域では孵化時期が早くなり、逆に寒い地域では孵化時期が遅くなることが予想されます。みなさんも、まずは身近なセミから調べてみてください。

セミと人間生活との関係

宮武頼夫

1．セミ採りとセミの文化

　子どものころを、香川県善通寺市ですごした思い出は、よく「セミ採り」や「トンボ採り」に行ったことです。セミ採りは、長い棒の先に「とりもち」をつけて採ったこともありますが、大工をしていた父が、針金と古い蚊帳を使って、口は小さくて、細長いセミ採り用の網を作ってくれていたので、ほかの子より、セミがうまく採れました。セミは体が大きくて扱いやすいし、毒もないし、さしもかみもしないので安全だし、昔からかっこうの子どもの遊び相手でした。取り逃がしておしっこをかけられると目がつぶれるとか、できものができるとか、よくいわれていましたが、あまりセミをいじめるなという大人の教訓だったのでしょうか。

　セミの鳴き声は季節の風物詩になっています。マツ林が多かった郷里では、5月ころ遠足で歩く谷間のはるか上方から、ハルゼミの大合唱が降ってくるのが、セミのシーズンの始まりでした。今では、すっかりハルゼミが減ってしまって、1、2匹鳴いていたら、良い方です。ハルゼミが終わる6月下旬になると、梅雨の晴れ間にニイニイゼミが鳴き出します。もう間もなく夏と思うと、からだがわくわくしました。それだけに、夏の後半にツクツクボウシが鳴き出すと、夏休みも残り少なく感じられて、鳴き声も「つくづく惜しい」と聞こえたものです。

　セミの鳴き声は、万葉集のころから短歌や俳句などにも、よく詠まれています。それだけ身近な、また愛すべき存在だったのでしょう。

　　ひぐらしの鳴きぬるときは女郎花咲きたる野辺を行きつつ見べし（万葉集）
　　岩走る滝もとどろに鳴く蝉の声をし聞けば京都しおもほゆ（万葉集）
　　くもり日は啼きやまぬ蝉と我が心語らうごとくおとろえてをり（若山牧水）
　　やがて死ぬけしきは見えず蝉の声（芭蕉）
　　蜩の鳴いて机の日影かな（子規）

2．セミグッズ：中国のセミなど

　セミが人間にとってどれだけ身近なのか、どれだけ愛される存在なのかは、1つにはグッズの多さでわかります。自然史博物館でも、昨年の特別展「世界一のセミ展」で、初宿さんのデザインによる「ひぐらし」の日本てぬぐいや、アブラゼミや幼虫をモデルにした「セミカチ」、これらのラスターバッジが作られ、好評でした。

2章　鳴く虫の話：セミ編

図1　中国のセミ墨（左）と玉で作られたセミ（中），彩色された陶製のセミ（右）．

図2　セミの抜け殻で作られた中国の置物．

　インターネットで検索すると、セミグッズでもっとも多く出てくるのは中国です。中国人は昔から、セミに対して特別な感情をいだいていたようです。もっとも多いのが玉で作られたセミで、これは死者の魂が抜けるのを防ぐために、口に含ませる習慣（含蝉）があったからだそうです。紀元前後400年にわたる漢の時代の遺跡からもすでに出土するそうなので、その古さははんぱじゃありません。一方、中国人のセミ好きは、セミが土の中から現れて羽化するところから、死んで土に戻っても、また生まれ変わって出てくることができるという、来世への復活の祈りがこめられていたのかもしれません。私も自分で中国へ行ったときに買ってきたり、友人が中国からのお土産でくれたりで、玉のセミをいくつか持っています（図1）。

　おそらく中国のセミグッズの収集では日本一ではないかという、梅谷献二さんのコレクション展「虫のオブジェ」が、兵庫県伊丹市昆虫館で2001年12月から2002年1月にかけて開催されたので、私も見に行きました。この「虫のオブジェ」はホームページなどでも見ることができますが、その数といい、バラエティーの豊かさといい、どぎもをぬかれました。玉蝉（玉でできたセミ）だけでも昆虫標本箱に数十ぎっしりと並んでいて、びっくりしました。そのほかセミ型をしたすずりと墨（蝉墨）や水入れ（水滴）、らでん細工のセミ、ヒスイ・貝・木・竹で作られたセミ、陶製の漆塗りのセミ、セミの抜け殻で作られた人形、セミ凧など、色々なセミグッズが並んでいました。セミの抜け殻で作った人形は、からだがネコヤナギのふわふわした芽、頭が抜け殻の顔面、手が後ろ足、足が前足でできていて、ちょっとユーモラスで、なかなか良くできています。私も3人で玉突きしている情景の箱入りものもを中国で買って持っています（図2）。

　世界でセミグッズが次に多いのはフランスのプロバンス地方です。セミは幸福のシンボルとされ、日常生活のあらゆる場面にセミが登場します。カーテン、壁掛け、イ

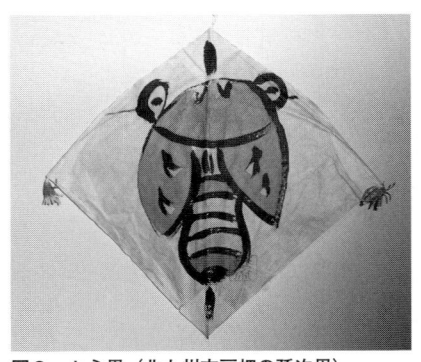

図3 セミ凧（北九州市戸畑の孫次凧）．　　　　図4 竹製のセミ（京都）．

スかけ、お菓子、石けん、ローソクなど、セミだらけです。中でも、セミの形をした石けんとポプリのセットは、とても色っぽく見えますが、新婚旅行専用のセットだそうです。セミ石けんで体を洗い、ポプリの香りをかぎながら良い夢が見られそうです。

　日本のセミグッズは、私も機会があるごとに集めていますが、もっとも古いのは福岡で日本昆虫学会の大会があったとき（年不明）に記念品でもらった、福岡県戸畑の「孫次凧」のミニチュア（18 cm平方）です（図3）。手描きの素朴なセミの絵がすてきです。京都の竹で作ったセミも、色合いといい、節くれ立った足といい、見事なできばえです（図4）。そのほか、チリメンやカスリ地で作ったセミ型の小物入れ、ブリキのセミ、セミのマグネットなどがあります。私の大学時代の友人の広瀬さんは、退官記念に8 cmあまりの陶製のアブラゼミを作り、世話になった人たちへ配られました。高価な焼き物を贈るより、よっぽどしゃれています。ペーパーインセクト作りの斉藤卓治さんが作って下さったアブラゼミも、なかなか見事です（図5）。ぐるぐる回すとギーギー音を出す、ぶんぶんゼミも有名です（図6）。

3．セミは害虫？

　セミは木の汁を吸って生きているので、木の害虫とも考えられますが、それほど木に被害を与えるわけではなく、一般的には害虫といえるほどのものではありません。しかし、果樹園で大発生すると、木が枯れるまでにはいたらないものの、収穫には影響するときがあります。長野県のリンゴ園や奈良県のナシ園のアブラゼミ、千葉県のビワ園でのニイニイゼミ、和歌山県や九州でのミカン園のクマゼミなどです。一度、奈良県のナシの名産地大阿太のナシ園に行ったとき、1本の木に数十匹のアブラゼミ

2章　鳴く虫の話：セミ編

図5　紙で作ったアブラゼミ．斉藤卓治氏作成．　　　　図6　ぶんぶんゼミ．

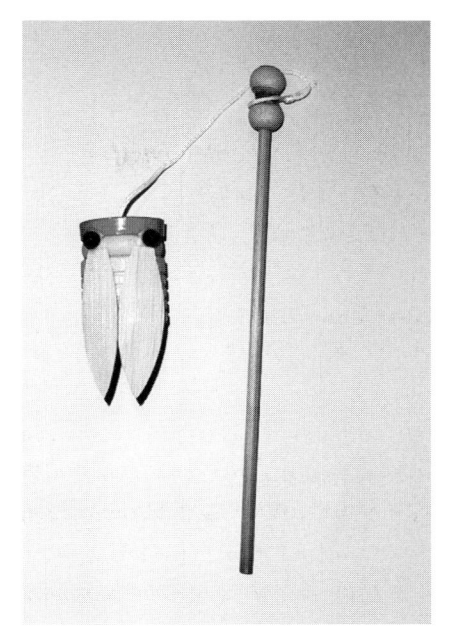

がとまっていました。また、許しを得て根の部分を少し掘らせてもらうと、ものすごい数の幼虫が鈴なりになっていて、びっくりしました。これでは、木の栄養分がかなり失われるでしょう。リンゴやナシの実にセミが止まって汁を吸うと、跡が残って売り物にならないこともあるそうです。

　沖縄には、日本で一番小さなセミ「イワサキクサゼミ」がすんでいます（図7）。クサゼミといわれるだけあって、もともとは幼虫はススキやチガヤなどの根についていたのですが、サトウキビにもつくようになって大発生するようになり、生の葉に産卵するので葉が枯れたり、栄養分を取られたりで、害虫になってしまったようです。サトウキビは収穫すると一度根から抜いてしまい、また苗を植え付けるという栽培方法だったのが、その後上だけ刈り取って株を残すというやり方に変わったために、土中の幼虫が生き残れるようになったので、サトウキビの害虫になったのだといわれています。

　アメリカの13年ゼミや17年ゼミも、時たまにしか出てきませんが、発生の年にはものすごい数のセミが羽化し、生の枝に産卵するので、果樹が枯れたりすることもあって、大きな被害を与えることもあるようです。

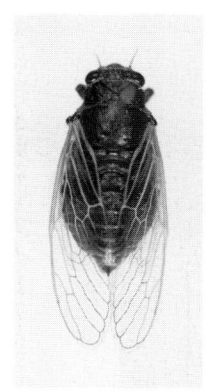

図7　イワサキクサゼミ．体長12〜17mm.
中谷憲一氏撮影．

4．食べ物としてのセミ、薬としてのセミ

　日本では、昔から長野県などで「ハチの子」（クロスズメバチの幼虫など）とか「ザザムシ」（トビケラなど水生昆虫の幼虫）、東北の「イナゴ」など、昆虫を食料にしていて、今でもその習慣が残っています。セミを食べる習慣も、信州や東北に昔からあったようです。長野県園芸試験場では、リンゴ園に大発生するアブラゼミの幼虫を唐揚げにして、缶詰にして売り出したこともあったそうです。昨今の大阪のように、クマゼミがやたら増えてくると、幼虫を唐揚げにしたりバター焼きして食べた人もあって、聞いてみると、エビのようで、たいへんおいしかったそうです。成虫は羽や体が硬いのであまり食べやすいものではなく、やはり幼虫の方がはるかにおいしいそうですが、私はまだ食べたことがありません。

　中国でも孔子の時代から、主に南部でよくセミが食べられていて、今でもその習慣があります。昔は食べられるのは主に成虫で幼虫ではなかったそうですが、最近では幼虫もよく食べられるようです（図8）。ヨーロッパでは、古代ギリシャ時代からセミが食べられていたという記録があるそうですし、アフリカやニューギニア、東南アジアでもよく食べられているようです。調理法は主にフライにして食べることが多いようです。

　セミを生で食べる習慣もあちこちにあるようです。私が沖縄の離島へセミの調査に行ったとき、ついてきていた子どもが、クマゼミを手で採って、ぱっと腹部をむしりとって、中の汁をすすり出して、びっくりしたことがありました。半分は私を驚かせようと、やってみせたのかもしれません。

　中国や朝鮮半島では、古くからよくセミの成虫・幼虫・抜け殻が漢方薬として使わ

2章　鳴く虫の話：セミ編

図8　中国でのセミの幼虫料理．樽野博幸氏撮影．

れてきました。成虫は、熱病の熱を下げたり、はしかや耳鳴りに良く効き、声も良くなるといわれています。何だか、セミの鳴き声からのこじつけのようにも感じられます。抜け殻は「蟬蛻（せんぜい）」とよばれ、てんかん、子どもの神経まひ、日射病、耳痛、眼病に良く効くそうです。使用法は、抜け殻などを煮て飲むか、粉にして飲むかどちらかのようですが、本当に効くのかどうかは、よくわかりません。

　中国では、セミたけ（冬虫夏草の1種で、セミの幼虫にはえたキノコ）を「蟬花」といい、煮出して飲むと、抜け殻などと同じ効果があるといわれて、使用されてきました。マラリアなどにも効くそうです。

芭蕉が詠んだセミはニイニイゼミか？

市川顕彦

　2000年8月、私は2006年に出版した『バッタ・コオロギ・キリギリス大図鑑』に向けての資料集めに、それまで調査の乏しい東北地方を訪れていました。その最終日の8月15日、ニンポーイナゴの調査で仙台平野を訪れた帰り、数時間の空いた時間ができました。帰りの飛行機が仙台空港夕方発なので、その数時間を使って私にとって未踏の地であった山形県に向かうことにしました。電車で仙台まで出れば、山形市行きの快速列車があります。初めは途中にある「面白山」という山の名前に惹かれて、面白山高原駅へ行こうかとも考えたのですが、より「奥地」でひなびたところのように思われた「山寺駅」を目指しました。

　山寺駅に着いて、荷物をロッカーに預けたのですが、何か妙ににぎやかです。山寺のほうに行くと、観光バスがたくさんとまっており、外国人観光客も含め人がごった返しています。その謎はすぐに解けました。ここが「おくのほそ道」で松尾芭蕉が詠んだという例の

　　　閑(しづか)さや岩にしみ入(いる)蝉の声

のまさに現場だったのです。

　山寺というのはそこの山（ほぼ全山が凝灰岩でできていて、変わった形の奇岩が多い）にある立石寺(りゅうしゃくじ)（現地の人はリッシャクジとよぶらしい）の通り名であり、寺自体も山の中の奇岩の上に建てられてそこここにそびえたっており、なかなかの奇観です。

　私が行った当日は、昼を挟んだほんの2～3時間の滞在でしたが、ミンミンゼミ、アブラゼミ、エゾゼミが鳴いていました。その時の私の第一印象では、句に詠まれたセミはアブラゼミだろうなと感じました。

　ところで、芭蕉が詠んだ「蝉」はどんなセミだったのでしょうか。これについては昔から論争がありました。句のセミ論争のきっかけは、歌人であった斎藤茂吉が『改造』誌1925年4月号にアブラゼミ説を発表したのがきっかけです。これに猛反発したのが当時仙台に住んでおられた小宮豊隆氏らで、小宮氏は強くニイニイゼミ説を主張されました。ところが茂吉という人は、息子で小説家の北杜夫氏によるとたいへんな負けじ魂をお持ちであったとのことで、この件は大論争になりました。また、茂吉は科学者でもあったので（精神科の医者）、実地検証を企てました。

　北杜夫の『どくとるマンボウ昆虫記』の144ページに、以下のような記述がありま

2章　鳴く虫の話：セミ編

図1　初宿成彦氏画.

元禄二年五月廿七日、松尾芭蕉は山形の立石寺へ行きました。そこでは蝉が鳴いていました。

す。

「しかし、第二の季節のことに関しては茂吉もはたと当惑した。そのため彼はわざわざ立石寺の蝉を調査しようと思いたった。昭和三年［1928］の夏ついでがあったとき立石寺に寄り、ニイニイゼミとアブラゼミ双方の声を確認したが、これは八月三日のことで役には立たない。翌年に現地の人から便りがあって七月初めにアブラゼミが鳴くこともあることが知らされた。茂吉は勢いたち、その翌年、元禄二年太陰暦五月二十日前後を太陽暦に換算すると七月七日前後になるというので、七月四日の夜東京をたち、立石寺の蝉をきこうとやってきた。ところが大雨が降って蝉の声などただのひとつも聞えはせぬ。翌日も同じである。彼は舌打ちをし、断念してむなしく東京へ戻った。」

しかしその後、茂吉もアブラゼミ説を取り下げ、ニイニイゼミ説に与しました。私

はまだ見ていませんが、この顛末は小宮氏が1929年に仙台の新聞「河北新報」に書き、茂吉も1932年に『文學』誌上に発表したとのことです。

　1940年代初頭までは芭蕉の東北行脚の様子は推定された日時で考証されていましたが、1943年（昭和18年）に弟子の曾良による日記原本が公開され、今では正確な日時や天候なども判明しています。この曾良の日記とは「昭和十八年に山本六丁子氏により『曾良　奥の細道随行日記』と題して紹介された曾良の旅日記」で、底本は曾良自筆原本であり、奈良県の天理図書館に所蔵されています。正式な名称はなく、『曾良随行日記』とか『曾良旅日記』などと称されています。

　この日記は簡素ながらきわめて行き届いたもので、芭蕉一行（芭蕉と曾良）がいつどこへ行き、何をしたのかほか、天候、食事、情景などについて書きつけられています。それに従うと、一行が立石寺を訪れたのは旧暦の5月27日であり、「山寺　未ノ下尅ニ着。是ヨリ山形へ三リ。宿預リ坊。其日、山上山下巡礼終」とあります。天気は良かったようです。山寺へ到着したのは現代の太陽暦・時間に直すと7月13日午後2時半ころになります。そして、その日一行は宿坊に泊まっています。

　私も立石寺を訪れたことがきっかけとなり、このセミ問題が気になりだしました。2001年ころに山形県在住の草刈広一さんと雨田祐二さんにセミの調査を依頼しました。ちなみに、お二方の芭蕉の蝉に関する意見は、雨田さんはヒグラシ説、草刈さんは何とエゾゼミ説でした。

　私が2001年秋にまとめたところでは、意外にも5種のセミの説があることが判明しました。

1）ニイニイゼミ説　　　　　　定説。小宮、加藤正世、茂吉（後）ほか
2）アブラゼミ説　　　　　　　茂吉（前）、市川（前）ほか
3）エゾハルゼミ説　　　　　　岸田久吉（加藤の論文にある）
4）エゾゼミ説　　　　　　　　草刈広一
5）ヒグラシ説　　　　　　　　雨田、市川（後）

　さて、現代の山形で、7月13日ころ、つまり7月中旬に見聞きできるセミにはどんなものがあるのでしょうか。気象条件は現代の平年並みとします。

　　ニイニイゼミ
　　ヒグラシ
　　エゾハルゼミ
　　コエゾゼミ
　　エゾゼミ　　　　　　　　　（出始め、通常はもう少し後の時期）

2章　鳴く虫の話：セミ編

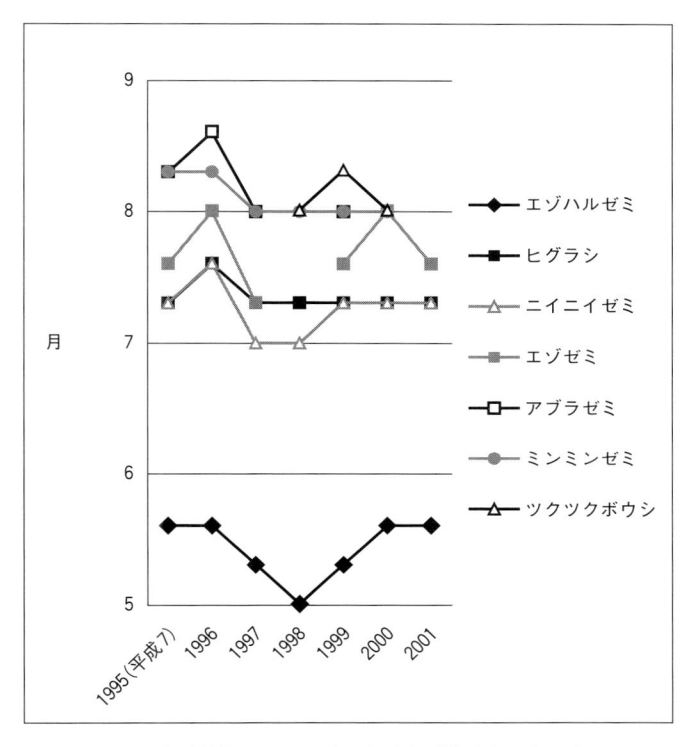

図2　山形県小国町でのセミの初鳴き（草刈氏のデータ）.

アカエゾゼミ　　　　　　　　（出始め、通常はもう少し後の時期）
アブラゼミ　　　　　　　　　　　〃
チッチゼミ　　　　　　　　　　　〃

　ミンミンゼミはもう少し遅れて出てくる模様ですし、騒がしいセミですから、芭蕉の句にあるセミの候補からは除外してもよさそうです。具体的に草刈さんからいただいたセミの初聞きデータ（1995〜2000年、一部は2001年）を見てみます（図2）。ただし、これは山形県でもより奥地の小国町のものです。これによると、エゾハルゼミはともかく、ヒグラシ、ニイニイゼミは7月上旬にはすでに出ており、エゾゼミが出始めくらい、アブラゼミ、ミンミンゼミ、ツクツクボウシは主に8月以降となります。
　次に山形県米沢市での雨田さんのデータ（2001年のみ）は次のようになっています。
　　ニイニイゼミ　初鳴き　6月28日
　　ヒグラシ　　　　〃　　6月29日

　　　　アブラゼミ　　　初鳴き　7月6日

　これらのデータから、草刈さんは「エゾゼミ説」を唱えられ、雨田さんは「岩にしみ入ったのは、ヒグラシのような気がしてきました」と書かれています。

　以上のデータから見ると、騒がしいエゾハルゼミ、ミンミンゼミは除外、もう少し高所だとコエゾゼミやアカエゾゼミも考えられますが、立石寺の標高（ほぼ200mから400mまで）から考えてこの2種についても除外していいでしょう。結局、対象となるのはここまででニイニイゼミ、ヒグラシ、エゾゼミ、アブラゼミの4種くらいに絞られてきます。

　次に考えなければならないことは、芭蕉の生きていた時代のことです。江戸時代もしくは明治時代までは人生50年とも言われ、実際、50歳を超えて生きる人は少なかったようです。芭蕉は寛永二十一年／正保元年（1644）に伊賀国阿拝郡小田郷上野赤坂（現在の三重県伊賀市上野地方）の武家に生まれました。40歳のころにはすでに隠居（引退）していたようで、元禄七年（1694）の10月12日に数え年51歳で亡くなりましたから、人生五十年を実践したわけです。しかし隠居後は結構頻繁に旅行し、主に江戸に居を構えていましたが、生家のある伊賀や京、奈良といった関西にも足を運んでいました。「おくのほそ道」の旅に出たのは元禄二年（1689）の春から秋までで、芭蕉、数え年46歳の頃です（以上の略歴は角川文庫版による）。

　今の45歳ですといわゆる「働き盛り」の頃ですが、なにせ当時は人生五十年ですから、40歳を過ぎると「年寄り」なのではないでしょうか。つまり現代人よりも早く老化していたのではないか、と想像せずにはいられません。老化すると身体能力が低下します。早く歩けなくなったり階段を登ったり降りたりするのが苦痛になりますが、同時に視力や聴力も衰退します。聴力に関して言えば、特に高音域（周波数の高い音）が聞き取りにくくなるか、ほとんど聞こえなくなります。いわゆる鳴く虫の場合だと、ウマオイ類やササキリ類、ヒメギス類、クサキリ類が特に高音で、年長者になってこれらの鳴き声を聞きとれなくなる人は多いようです。コオロギではクマスズムシがかなりの高音です。またツユムシ科もかなり高い周波数で鳴きます。

　セミの場合ですと、秋に多いチッチゼミがずば抜けて高音で鳴くようで、現代人でも40代から50代以上になると、このセミの鳴き声が聞こえなくなることがままあるようです。そのため「年寄り」であった芭蕉にはチッチゼミの声は聞き取りにくかったのではないでしょうか。他のセミではどうかと資料を探したのですが、かなり探しても周波数についての言及がほとんどなく、どこかに日本のセミではヒグラシの音が最も低いという記述が出てきましたが、何に書いてあったかは失念してしまいました。

2章　鳴く虫の話：セミ編

　問題は、当時の芭蕉が「セミ」として認識していたセミがどれとどれとで、そしてその声をきちんと聞けていたかどうかです。資料がないのでこれは私の感覚によりますが、ニイニイゼミは周波数が割合高く、聞き取りにくいのではないでしょうか。もっとも、周りが静かだと聞こえるでしょう。

　さらに、主に江戸に住んでいた芭蕉が、「セミ」と認識できるセミとはどんなものだったかです。これも最近のデータですが、現在の東京23区内で普通に見聞きできるセミは以下の5種です。

　　ニイニイゼミ
　　アブラゼミ
　　ヒグラシ
　　ミンミンゼミ
　　ツクツクボウシ

　現在の東京では時折、クマゼミの声も聞かれるとのことですが、元禄の頃ですと、やはり上記の5種でしょう。このうち前に絞り込んで残っているのはニイニイゼミ、ヒグラシ、アブラゼミです。

　芭蕉の耳がどれくらい老化していたかについては、当然全く分かりませんが、この中ですとヒグラシは確かに聞き取れていたと思われます。ニイニイゼミについては、難しい所です。これらのことから、私は芭蕉の詠んだセミは、ヒグラシではないかと考えるにいたったのです。また、ヒグラシ説の傍証になりそうなこととして、日本の詩歌や小説などに詠まれたセミの圧倒的多数は、ヒグラシであると聞いたことがあります。

　前述の資料、『曾良随行日記』によりますと、芭蕉一行は山寺に午後に着き、その日は宿坊に泊まっているので、ニイニイゼミやアブラゼミだけではなく、ヒグラシの声も聞いているはずです。天候も良かったので、これは間違いないでしょう。

　しかし気になるのは、問題の句が初めは、

　　山寺や石にしみつく蟬の声　（曾良書留）

であって、人口に膾炙（かいしゃ）した例の句は、これを何度も推敲してできたものだということです。つまりまず考えなければならないのは「閑さや…」のほうではなく、「山寺や…」のほうなのです。いってみれば、「山寺や…」以外の推敲した句は、芭蕉の文学的生産物とも言えるもので、虫の側からの観点で重要なのは、最初の印象（ファーストインプレッション）の「山寺や…」の句の方でしょう。この句をもとに考えると、ヒグラシ説は何か立場が弱くなってきた気もします。しかし、芭蕉が当時としては比較的高齢であったこと、夕方には

宿坊の中にいたと考えられることを考慮すると、ヒグラシでも良いのではないかと思われます。

　以上、長々と述べてまいりましたが、私が提出したテーマや問題の多くが、実は先人の思いつかなかったものであるようです。しかしながら、文学作品を昆虫学で考証するという野暮なことをしたことについて、先人に対してお詫び申し上げます。

3章

鳴く虫の基礎知識

宮武頼夫・市川顕彦・初宿成彦

虫は、なぜ鳴くのか

1．鳴き声の役割

　虫はなぜ鳴くのか。何のためにあんなに大きな声を出す必要があるのか。セミの場合で考えてみましょう。

　セミが木の茂みから飛び出すとき、何かの理由で草むらに落ちた場合など、セミの翅と葉や草が擦れ合って、バサバサとかブルンブルンというような音が出ます。しかし、セミの声というものは、そんな偶然に出る音とは本質的に違います。あんなに発達した発音器を持っているということは、音を出すこと自体に、大きな意味があると考えられます。音を聞かせる対象は、同じ種類の仲間である場合が多いのですが、違う種類のこともあれば、ときには敵であったりします。同じ種類の仲間同士では、同じ仲間であることの通信（コミュニケーション）の役目をし、違う種類に対しては、逆の信号として働くのでしょう。

　一般に、セミが鳴くのは、鳴かないメスを呼ぶために、ただそれだけのために鳴く、と従来から考えられがちでした。たしかに、オスの鳴き声がオス・メスの出会いに大きな役割をはたし、交尾にいたらせることは、間違いないことで、多くの観察例がそれを証明しています。しかし、どうもそれだけのために鳴いているのではないらしいのです。

　ニイニイゼミのオスを1〜2匹、糸で木につないでおくと、やがてその木の汁を吸っては、鳴くようになります。そのうちに、他のオスが次から次へと飛んで来ては、合唱したり、メスも飛んできて交尾したりします。羽化したばかりの若いセミも飛んで来て、その木でただ何となく汁を吸っていることもあります。つまり、オスの鳴き声が集団を形成するのに役立っていることを示しています。このようにセミには、1本の木や、1つの林内で、ある距離を保ちながらも、1つの集団を作る性質があります。セミが集団を作ってよく鳴いている場所というのは、その種のセミが好んですんでいる場所であり、オスとメスの出会う機会が多い場所でもあります。そこに卵を産めば、次の世代もその近くで育ち、年々これが繰り返されてゆくことになります。セミにとっては、好適な条件のところでは、1つの集団を作って、あまりバラバラにちらばらないで暮らした方が、有利であることが多いのです。幸いセミは胸の筋肉が発達しているので、飛ぶ能力に優れており、広い範囲を移動できるので、敵に襲われてグループからはずれても、大きな鳴き声を頼りに、また集団の中に帰ることができま

3章　鳴く虫の基礎知識

図1　鳴くクツワムシ．伊藤ふくお氏撮影．

図2　アオマツムシのオス（右）とメス．河合正人氏撮影．

す。そのためにも、発音器官があのように発達して、鳴き声もどんどん大きくなる方向へ進化していったのでしょう。

　セミは、鳴いていても近くに仲間がいなかったり、汁を吸うのに良い木でなかったりすれば、鳴き終わるとすぐよそへ飛んでいってしまいます（この現象を"鳴き移り"といいます）。しかし、他のオスが近くで鳴いていると、鳴き終わっても安心してそこにとどまり、やがて再び鳴き出すことが多いのです。数が増えれば、なおさら安心するという傾向が、どの種にも共通してあります。これは鳴き声が仲間への安全信号となり、集団を好適な場所へ安定させる大きな力になっていると思われます。

　セミはなぜオスしか鳴かないのでしょうか。南アメリカやニュージーランドには、メスも発音するセミがいます。オスが普通の発音器を備えているほかに、オス・メスとも中胸についているヤスリを、コオロギのように翅の一部で摩擦したり、翅をからだに打ち付けて発音したりします。こうしてみると、一応メスが発音できる種類でも、メスの腹部に発達した発音器を持っている種類はないということになります。しかしメスを解剖してみると、オスの発音器官にあたるところに、腹弁や色々な部分が痕跡的に残っていますが、卵をいっぱい持っているためオスのような共鳴室ができません。これは一般に次のように説明されています。「セミは強い翅の筋肉を備えていて、優れた移動能力を持ち、それが種族の繁栄にも役立っていますが、そのために活動の場が非常に広くなり、発音を連絡手段とするためには、大きい声を出さなければならなくなりました。そこでオスの腹部を最大限に活用して共鳴室が作られましたが、メスのほうは卵のためにそれができず、中途半端では意味がないので、まったく発達することがありませんでした。一方オスの発音器は、メスの分を十分カバーできるほどに、きわめて優れた性能を持つようになりました」。

以上述べてきたように、セミの鳴き声は、まず群れを作ることが第一義的に働き、それが同時にメスを呼ぶのにも、役立っているといえそうです。一方、オスが危険にさらされた場合（鳥に追いかけられたり、くわえられたり、人に捕まったときなど）にあげる悲鳴音は、相手に対しての威嚇、仲間への警報として働くこともあるでしょう。しかし、与那国島のクマゼミのように、悲鳴音にオス・メスが多数飛来するという例外もありますので、一概には決められません。

　では、セミ以外のキリギリス類やコオロギ類など他の鳴く虫ではどうでしょうか。本質的にはセミと同じく、たがいによび合い、生活にもっとも向いている場所に集団を作るのに役立っているといえそうです。そしてその集団の中で、メスを呼び交尾して、好適な生活場所を子孫に伝えてゆくことでしょう。種類によって決まった鳴き声は、同じ種同士の集団を作りやすくし、違った種との交雑を防ぐのに役立っています。これは、セミも他の鳴く虫も同じでしょう。セミと少し違うのは、キリギリス類やコオロギ類には、「なわばり」を持つ種類が多く、1頭1頭が他の個体を「なわばり」の近くへ寄せ付けないための「さえずり」の歌（なわばりソング）を持つといわれています。この「なわばり」を持つという現象は、鳴き声が集団の形成に役立っているという理論と矛盾するようですが、個体同士はナワバリを持ちながら、群れ全体としては集団となってすんでいる――それに鳴き声、特に歌が役立っていると考えるべきでしょう。

2．鳴き声の起源

　虫はなぜ鳴くようになったのでしょうか。まだ定説といったものはないので、何人かの昆虫学者の考え方を紹介することにしましょう。

　直翅類における高橋良一さんの考え方は次のようです。一般に直翅類は、メスがオスの体の上に乗って交尾する習性を持っています。しかしオスの翅は背中を被っており、腹の端よりずっと後ろのほうへ伸びているので、交尾のときには翅を左右に開いて腹の端（ここに交尾器があります）を出す必要があります。交尾するとき、オスが翅をふり動かす習性は、ゴキブリ・イナゴ・ヒシバッタ・チャタテムシ・寄生バチ・ハエ類など昆虫に広く見られるところから、キリギリス類やコオロギ類のオスにも、翅を開くとともに、揺り動かす習性が起ったことと考えられます。このとき前翅が互いに擦れ合い音が出ます。このことが発音の起源となったと思われます。だからもともと鳴く虫の鳴き声は性的意義から出発したものですが、後に転用されて集団の形成にも役立つようになった――というものです。

これに対し、大町文衛さんはスズムシの翅のでき方を研究し、メスのような平行でまっ直ぐな翅脈の一部が曲って、オスの発音できる翅脈へと変化していったと考える場合、ヤスリを備えた脈が直角に曲らないうちは、擦っても音が出ないことから、高橋説が発音の起源に結び付かないのではないかといっています。野澤登さんも高橋説にいくつかの疑問をなげかけており、交尾のときにじゃまになるのはむしろ後翅であり、したがって後翅が退化しているものや、羽化後しばらくして落してしまう種類が多いとしています。またキリギリス類では、交尾のときにほとんど翅を開く必要のあるものはなく、ツユムシ科・クサキリ亜科・ササキリ亜科などでは、長い翅があってもじゃまにならないことが多い――と主張しています。
　また、松浦一郎さんの観察によりますと、鳴かないはずのコオロギのメスが、他のメスとぶつかった場合、翅を立てて激しく擦り合わせることがあり、これは争いの動作ではなく、どうも他の理由（飛びたい欲求？）によるものと考えています。こういう生理的な条件に基づく動作が、発音に結び付いた可能性もあります。
　このようになぜ鳴くようになったのか、という問いへの答えは、まだ充分納得できるものがありません。各種の発音活動をたんねんに観察し、発音器官とその機能を詳しく研究する必要があるでしょう。セミの発音の起源は、直翅類とは異なっており、違った進化の道筋を通ってきたと思われますが、他の近縁なグループも含めて、順序立てて説明された説はまだ見当りません。

鳴き方の仕組み

1．ナキイナゴ・ヒナバッタ類
　後脚の腿節（もも）を動かすことによって、その内側にある1列の発音小歯で、前翅のR脈（径脈）を摩擦して、ジャッ・ジャッと音をたてます。1秒当たりの振動数は、34000～47000 Hzといわれます。発音小歯の数は、60～120個くらいあります。メスは普通鳴きませんが、オスがそばにいると後脚をオスのように動かすことがあります。メスの後脚の発音小歯は、種類によってまったくないものから、発達しているものまで色々あります。トノサマバッタ、カワラバッタのようにメスも発音する種類があります。ツマグロバッタ属（*Stethophyma*）では、発音小歯は前翅の脈にあり、それを後脚で摩擦して音をたてます。他にも変わった発音の方法もありますので、詳しくは10ページからの内田さんの文章をお読みください。

2．キリギリス類（キリギリス上科）
　前翅と前翅を擦り合わせて鳴き声を出します。上側にくる左前翅の裏側と、下側にくる右前翅の表側に、発音器（鳴器）があります（図3）。左前翅の脈の1本（第2肘脈という脈）は、翅を横断する方向に曲がっていて、この裏側にはギザギザがついており、鑢状器（ヤスリ）とよばれます。ヤスリの歯の数は、種類ごとにほぼ決っていて、キリギリス約55、ツユムシ約50、ウマオイムシ属約40です。下にくる右前翅の後ろのヘリには、特に固く厚化したところがあり、摩擦器（スクレーパー）といいます。鳴くときはこの摩擦器と鑢状器を擦り合わせて音を出します。この際、膜質の左右前翅全体と、翅と背中との空間が共鳴体となって、音を拡大します。右前翅のつけね近くにある小さな円状の発音鏡も、多少とも音の拡大を助けます。
　音の高さは、ヤスリの歯の数や翅の振動数などで違ってきますが、クツワムシで3300 Hz、キリギリスで9400～9500 Hz、クサキリやクビキリギスで10000 Hz以上です。ツユムシ科ではメスも鳴きますが、その場合では前翅の端に棘のような小さな突起があって、それをもう1つの翅の裏ではじいて音を出します。

3．コオロギ類（コオロギ上科）
　キリギリス類の発音とほぼ似ていますが、キリギリス類とは翅の合わせ方が逆になり、右前翅が上側で、左前翅が下側になります。したがって、発音器（鳴器）は、右

3章　鳴く虫の基礎知識

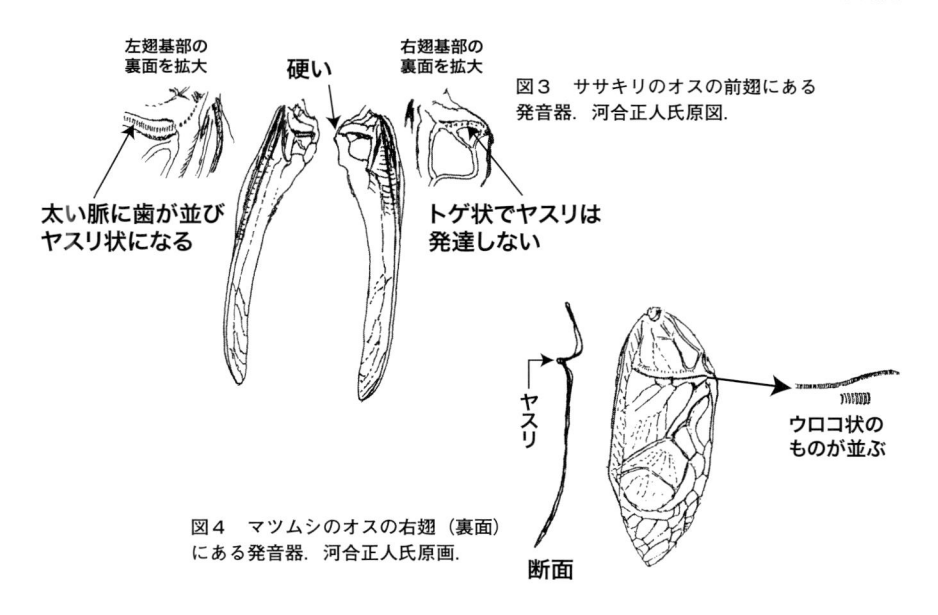

左翅基部の裏面を拡大　硬い　右翅基部の裏面を拡大

太い脈に歯が並びヤスリ状になる　　トゲ状でヤスリは発達しない

図3　ササキリのオスの前翅にある発音器．河合正人氏原図．

ヤスリ　　ウロコ状のものが並ぶ

断面

図4　マツムシのオスの右翅（裏面）にある発音器．河合正人氏原画．

前翅の裏側と、左前翅の表側にあります（図4）。ただし、カネタタキなどでは左右の翅の重なり方が逆になるものも多くあります。クチキコオロギでもたまに左翅を上にしている個体が見られます。

　右前翅裏の鑢状器のヤスリの歯の数は、カンタンやクチナガコオロギで約50、エンマコオロギで約230、スズムシで約300、マツムシで約340です。翅の振動数は、カンタン1700、スズムシ3200、コオロギ類で4000〜5000 Hzといわれます。コオロギ類は、からだは小さいですが、発音鏡が発達しており、左右両前翅の中央の大部分を占めているので、大きな声を出すことができます。また、コオロギ類はキリギリス類とちがって、鳴くときに両前翅を立てる種類が多くあります。翅を立てることで、翅と腹の背面の間に、より大きな空間を作り出すことになり、共鳴の効果がより大きくなると考えられます。さらに松浦一郎さんは翅自体が共鳴箱になるという説を出しています。なお、ケラ科ではメスの成虫も発音します。

　コロギス類やササキリモドキ類のように、他の方法で発音する鳴く虫もいます。詳しくは22ページからの河合さんの文章をお読みください。

4．セミ類

　セミの鳴く仕組みは、バッタ目のように簡単ではなく、ややこみいっています。発

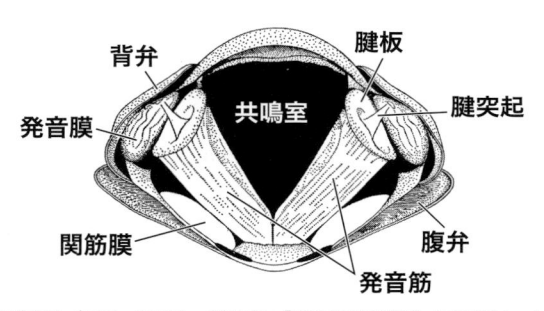

図5 アブラゼミの発音器（石原，1971を一部改変；『動物系統分類学（7下B）』，中山書店より許可を得て転載）．

音器官は、背弁の下側にある発音膜とそれに続くV字型の発音筋、腹の内部で広いスペースを占める共鳴室とその広さを調節する関筋膜などが主なものです（図5）。そのほか発音膜の内側についていて、音に変化をつける張筋（副発音筋）、共鳴装置である腹部の動かし方を調節する腹部調節筋などが働きます。

　セミの発音器官を動かす元の神経は、中胸にあります。ここから出た信号が伝わると、発音筋が縮み、それに突起でつながっている発音膜は、中へひっぱられて音が出ます。続いて発音筋が元に戻る（伸びる）と、発音膜の凹みも弾力で戻って、そのときにまた弱い音が出ます。こうして出た音が、腹部の共鳴装置で拡大されて、私たちの耳に聞こえるような大きな鳴き声になるわけです。

　発音筋がどのくらいの速さで収縮を繰り返すかというと、アブラゼミで1秒間に約100回（100 Hz）で、それと同じ速さで発音膜も、凹んだり戻ったりを繰り返します。これが左右の発音膜で別々に行なわれるので、合計で1秒間に200回もペコペコやることになります。アブラゼミ・ミンミンゼミ・ヒグラシなどでは、発音筋が縮む回数と、発音膜が凹んで音の出る回数が一致しますが、ツクツクボウシやニイニイゼミでは少し違ってきます。発音筋が一度収縮してまだ元へ戻らないうちに、凹んだ発音膜が弾力で戻り、まだ収縮している発音筋のためにまたひっぱられて凹み、元に戻り……ということを繰り返します。ツクツクボウシでは、1回の収縮に対する凹みの回数が10回以上で、ニイニイゼミの場合はもっと不規則になるといわれます。この複雑な運動には、発音膜の内側についている張筋（副発音筋）とよばれる筋肉が、大きな働きをします。この筋肉が収縮すると発音膜自体の張り具合いも変化し、したがって発音筋の1回の収縮の間に発音膜が凹む回数が違ってきます。私たちの聞くセミの鳴き声は、2000～9000 Hzですが、張筋が発達している種類では、効率が良くなってき

ます。
　セミの鳴き声には複雑な高低強弱のリズムがありますが、それを作り出しているのは、先に述べた張筋と、次のような共鳴室の仕掛けです。腹部の動かし方はセミによって色々ですが、伸び縮みさせれば容積が変わり、そらしたりまっ直ぐにしたりすれば、関筋膜を通して、腹弁の下の窓から、音がもれたりこもったりします。共鳴室の壁の形をかえれば、音の反響状態に変化が生まれて、音も変わり、細かくふるわせれば音もふるえます。こういう複雑な腹の動きは、腹面の内側についている腹部調節筋が引き受けています。

鳴き声の種類

　セミや直翅類は、それぞれ種によって独特の鳴き声を持っていますが、時と場合によって、異なった鳴き声を出すことがあります。あるときはメスに対して発せられたり、他の個体に対してだったりしますが、まったく他の個体に関係のない場合もあります。セミ類と直翅類で状況が似ている場合も多いようです。気温が低い時は、少し違った鳴き声になることもあります。

１．セミの例

（１）**本鳴き**……代表的な鳴き声です。野外で鳴いているとき、大部分は本鳴きです。普通前奏音で始まり、高潮音へ続き、終奏音で終ります。これを何回か繰り返すことがほとんどです。ツクツクボウシの例：ジューンジュクジュクジュク（前奏音）・ツクツクホーシ（高潮音。15〜30回近く繰り返し、次第に速くなります）・ツクツクウィシ（切り替えの合図）・ウィホーシ（終奏音の前に２〜５回繰り返します。音量は高潮音と変わりません）・ジューー（終奏音）。全体の長さは20〜45秒くらいです。

（２）**さそい鳴き**……メスを誘う恋の歌です。相手に近づきながら出します。ニイニイゼミの例：チ、チ、チ、と鳴きながら相手の方へ歩みより、時々とまってはディー・ジー、チ、チ、チと鳴く。エゾゼミの例：ギーイッ、ギーイッ。

（３）**呼びかわし**……メスと間違えて、オスがさそい鳴きをしながら近づいてきたときなどに鳴きます。ニイニイゼミの例：チッ、チッ、チッ。アブラゼミの例：ジッ、ジッ、ジッ。いずれもはっきり区切ります。

（４）**ひま鳴き**……鳴いていないときに、ポツンと出す短い音で、各種の声の基音そのままです。比較的若いセミが発することが多いです。アブラゼミの例：ジッ・ツ、ジーッ。アブラゼミではこれに呼びかわしで応えて、ジッ、ジッと鳴きかわすことがあります。

（５）**あいづち**……ツクツクボウシの場合に顕著で、そばで仲間が鳴き出すと、それにこたえるように、ジューシュルルルルというような、5秒くらいで終る声を出します。仲間の声を妨害するという説と、合唱の変型であるという説があります。ミンミンゼミやニイニイゼミにもあります。

（６）**つなぎ**……２回以上同じ場所で本鳴きをするとき、その間をつなぐ声です。さ

そい鳴きによく似ています。ニイニイゼミの例：チ、チ、チ、チ。
（7）**つぶやき**……本鳴きの前後や飛び立つ直前に出す弱い音です。アブラゼミ・ヒグラシ・ミンミンゼミなどが出します。ヒグラシの例：ガーガー、クークー。（本鳴きの前後）
（8）**悲鳴**……鳥に追われたり、人間に捕まえられたりしたときに出す音です。

2．直翅類の例

（1）**さえずり（正常歌）**……オスがその健在を示し、なわばりを宣言する歌です。メスを誘引することもありますが、必ずしも性的な行動と結び付かないことが多いようです。
（2）**求婚歌（誘惑音）**……交尾の前奏として、1頭のオスが1頭のメスの前で発音するものです。声はずっと弱くなることが多いです。
（3）**交尾歌**……交尾の時、オスの発音によってメスを安心させ、中途半端な交尾を防ぐために行います。
（4）**競争歌**……2頭以上のオスがメスを奪い合うときに、競争者二重奏を行います。
（5）**警告歌（威嚇音）**……なわばりに入ってきた個体を撃退する為のおどかしです。
（6）**闘争歌**……闘いの間か直前に、オスが発します。
（7）**勝利の歌**……オスがオス同士の闘いに勝った場合などに歌います。
（8）**満足の歌**……草の葉を食べながら鳴きます。
（9）**ひとりごと、あくび音**……鳴いていないときに短く発せられる音です。

　どの種類もこのすべての鳴き声のタイプを持っているわけではなく、いくつかの組み合わせだけしかもたない場合が多いようです。たとえばタンボコオロギでは、1・2・6の3タイプ、キリギリス類の多くは1・2の2タイプしかないものが多いようです。ヒナバッタなどは、多種の鳴き声が区別されています。バッタ類では、セミのように鳥に追われたり人に捕まえられたりして悲鳴をあげるものはありませんが、カヤキリは手で持つと、音を出します。

　そのほか、各地での鳴き声の方言（鳴き声の地理的変異）の問題点がありますが、分類学的な取り扱いの問題を含んでいるので、ここでは除外しておきます。

鳴き声はどこで聞く：鳴く虫の耳

　鳴き声が聞かせる目的のものであれば、他方で鳴き声を聞く耳がなければなりません。単なる発音昆虫ではなく、鳴き声が集団の形成や配偶行動に大きな意味を持っている仲間では、なおさらです。こういうグループでは、オスにもメスにも耳が必要でしょう。

キリギリス類・コオロギ類……前脚の脛節（スネ）のつけね近くにある鼓膜が耳の働きをします（図6）。鼓膜の内部が気管になっており、その端は聴峰とよばれる感覚細胞で鼓膜神経につながっており、鼓膜の反応は前胸神経節に伝達されて、音を感じたり、方向感覚を得たりしています。鼓膜は周囲の外皮で色々な程度に覆われています。また、キリギリス類では後胸の側面に大きな開口部があり、聴覚器官だといわれています。コオロギ類にも類似の器官があるようです（図7）。コオロギ類にはさらに尾肢（尾毛）にも聴覚器官があります。

バッタ類……腹部第1節の背板の両側にある鼓膜が耳です（図8）。鼓膜は長円形の枠の中に張られ、うすいながら革質化し、第1腹部気門に通ずる気嚢の外膜に接しています。コバネイナゴでは、鼓膜がまったく鼓室の外側をおおっており、トノサマバッタでは、奥深くに鼓膜があります。鼓膜内面には、胸部神経節と腹部神経をつなぐミューラー器官と、4個の感覚要素の感覚複合体があります。尾肢や腹節の毛状感覚子も、音を聞く機能を持っているといいます。

セミ類……第2腹板の前面にある、鏡膜とよばれる透明な薄い膜が耳の役目をします。表面は強くピンと張っており、斜めに見ると紅色に光ります。この膜の一部に、聴突起というものが出ていて、膜が音波を受けて振動すると、それが聴突起をへて聴神経へと伝わり、音を感じます。この仕組みはメスにもあり、実験によると、聞える音の範囲は性や種類に関係なく、4000～5000 Hzを中心にした範囲だといいます。この範囲はオスゼミの出す声の周波数とも一致します。しかし、セミの声の周波数は、種類によって重複しており、周波数で自分の仲間の声だけ聞きわける、ということはできないといわれています。鏡膜はオス・メスによって大きさに著しい差がありますが、ツクツクボウシやアブラゼミでは、オスのものも小さく、エゾゼミ・クマゼミ・ニイニイゼミなどのオスでは非常に大きいです。この場合は発音器の一部としての機能も持っているのではないかといわれています。いずれにしても発音する部分と耳の部分が隣り合わせになっているので、高潮音

3章　鳴く虫の基礎知識

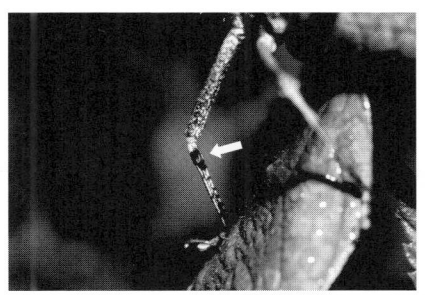

図6　クツワムシの聴覚器官．伊藤ふくお氏撮影．

図7　コオロギの聴覚器官．角　恵理氏撮影．
聴覚気門　　鼓膜（肘節前側にもあり）

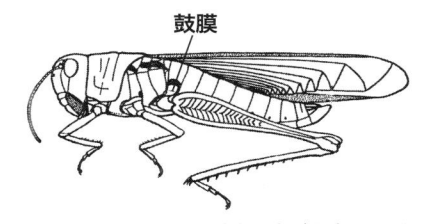

図8　トノサマバッタの聴覚器官（山崎，1971を改変；『動物系統分類学（7下B）』，中山書店より許可を得て転載）．
鼓膜

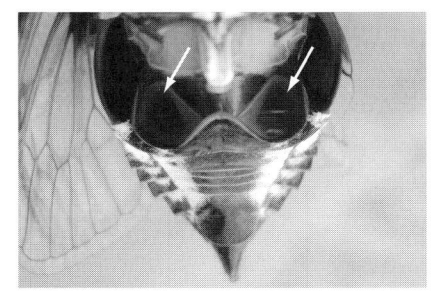

図9　クマゼミの聴覚器官．矢印のところが鏡膜．

　で鳴いているときは、小さな音は聞こえないのではないかと思われます。

鳴き声の音響学：鳴き声の表わし方

　虫の鳴き声を表現する方法として、もっとも古くから行われているのは、やはり文字による方法です。たとえば、西日本の人にはもっともなじみの深いクマゼミではシャーシャー、ツクツクボウシではツクツクオーシ、キリギリスではギース・チョンという具合です。しかし、同じクマゼミでも聞きようによっては、ワシワシワシ……と聞こえるときもあるし、センセンセン……と聞く人もあります。地方によっては鳴き声で名前をつけ、「ワシワシゼミ」とか「センセン」、「シワシワ」とよぶところもあります。種類によっては、鳴き声を文字で表して、その鳴き声をかなり客観的に表現できているもの（たとえば、ツクツクボウシやエゾハルゼミなど）もありますが、どんなに努力しても文字では表わせない鳴き声もあります（ヒグラシなど）。そこで、多少とも本当の声に近く表現しようと、発音記号の助けをかりる方法もあります。

　ところが、50年くらい前から、音の録音技術が進歩してきて、虫の鳴き声もテープレコーダーなどで簡単に録音できるようになりました。録音したものがCDで市販もされています。

　野外で録音した鳴き声を、室内でもう一度録音しなおして（雑音を取り除いたり、悪い録音のところをカットしたりします）、再生しながらパソコンの音声分析ソフトなどで分析すると、音の強さの違いがデシベルで出て、1つの波形となって現われてきます。一方、鳴き声をオーディオスペクトログラムにかけると、時間の変化にともなう振動数の変化（すなわち音の高低の変化）が記録紙に残ります。これはソナグラフ（声紋）ともよばれ、鳴き声の音色を分析するのによく使われます。記録紙に記録された強さの変化による波形を比較すると、種類の違いや、同じ種類でも鳴き方の違いなどがわかります。このように音の客観的記録・再現・表示の技術を取り入れて、昆虫の鳴き声を電気的に音響学的に表現し、それをさらに昆虫の分類にまで応用しようという試みは、欧米の学者によって始められました。アメリカの17年ゼミと13年ゼミを研究整理し、それぞれ3種にわけ、その進化のあとづけにまで論及した、アレギザンダーとムーアもこの手法を充分に使っています。日本ではまだこの手法を使っての研究は少ないのですが、中尾舜一さんや松浦一郎さん、本書執筆の角恵理さん（2ページからの本文参照）大谷英児さん（116ページからの本文参照）などによって試みられています。発音する昆虫の分類学的・生態学的研究には、今後も有力な武器となるでしょう。

鳴く虫の生活史

　生活史といえば、卵が産まれてから成虫になって死ぬまでの、すべての生態的な側面を含むので、ここでは鳴く虫の一年（生活環、ライフサイクル）の概要を述べてみましょう。直翅類のように多様な種を含むグループでは、種によっても、また地域によっても、その生活史は変ってくるので、なかなか通りいっぺんの説明をするのは難しいです。

1．セミ類

　セミは長い幼虫生活を地中ですごすので、まだわからないことが多くあります。幼虫期の長さについても、非常に少数の種類で知られているにすぎず、イワサキクサゼミ2〜3年、ツクツクボウシ2〜3年（飼育による推定）、ニイニイゼミ4年（推定）、アブラゼミとミンミンゼミが5年、クマゼミが7年というのがわかっているだけです。山地だけにすむエゾゼミ類は、幼虫期間は5年以上だろうといわれています。卵が産まれてから成虫になるまでの実際の期間は、幼虫期間に卵期間を加えなければならないので、アブラゼミやミンミンゼミのように、産まれた卵が翌年の夏ころに孵化するものでは、産卵されてから6年目の夏に成虫が出てくることになります。北アメリカの17年ゼミや13年ゼミは、名前の通りの年数がかかります。

　セミの卵のほとんどは枯枝につけられた産卵痕（穴）の中に数個ずつ産み込まれます。イワサキクサゼミは、卵はススキやサトウキビの葉（生ですが後で枯れる）の中肋の中に産み込まれます。また、チッチゼミはツツジなどの細い生枝に産卵します。1匹のメスが産む卵の数は種類によって違いますが、平均して300〜600個前後です。孵化の時期は種類によって違い、1〜2カ月で孵化するものと、卵で冬を越して翌年の6〜7月に孵化するものがあります。ハルゼミやニイニイゼミのように夏の前半に多いセミはその年の秋に、アブラゼミやクマゼミのように夏の後半に多いセミは、翌年に孵化します。孵化した幼虫は地上に落ち、土の表面の割れ目などから土の中へ入り、長い地中生活が始まります。幼虫の齢期は5齢まであって、1〜4齢の間は、からだに見合った太さの根の下に、狭い部屋を作って潜んでいます。4齢の後半になると、ツクツクボウシやアブラゼミでは垂直の坑道を掘ってその中で生活します。羽化のために地上へ出た終齢幼虫は、主に夕方〜夜に羽化し、その後発音活動（羽化後5日くらいで本鳴き）・交尾・産卵して、2週間〜1カ月の成虫期間をすごし、死亡し

ます。

２．キリギリス類・コオロギ類

　日本では冬期卵休眠・年１化性の型が多くいます。そのおおよその経過をあげてみると、多くのものが夏から秋にかけて産卵を行い、そのまま卵越冬し、翌年早いものでは４月ころ、通常は５月ころに孵化し、６～７月ころから成虫になります。やがて性的成熟に達すると、交尾し産卵します。こうして１年１世代が経過しますが、なかには１年２～３世代を重ねるものもあります（マダラスズなど）。また、コノシタウマのように卵と幼虫で（つまり２年）、クビキリギスのように成虫で、ヒシバッタ類・ケラ類のように幼虫＋成虫で越冬を行うものもあります。

　アレギザンダーの分け方を応用して、コオロギ類・キリギリス類の生活環のタイプ分けをしてみました。８つの型に分けられます。

（１）**非休眠連続発育型**：季節変化の見られない環境下で、休眠なしで連続して発育するため、卵・幼虫・成虫とも年中見られます。人家内に生息するカマドコオロギ、クラズミウマなどです。東洋熱帯のネッタイエンマコオロギなどもこれに入ります。アリツカコオロギ科もこれかもしれません。

（２）**卵越冬年１化型**（図10・11）：すでに述べたタイプで、わが国の多くの種がこの経過をとります。エンマコオロギ・エゾエンマコオロギ・ツヅレサセコオロギ・カンタン・スズムシ・マツムシ・クサヒバリ・カネタタキ・セスジツユムシ・クツワムシ・ハヤシノウマオイ・ハタケノウマオイ・ササキリ・オナガササキリ・クサキリ・ヤブキリ属・キリギリス属などです。短日型の発育調節（日長が短くなると越冬する卵を産む）を行います。一部の北地のキリギリス亜科では卵が２～数年休眠することもあることが知られています。

（３）**幼虫越冬年１化型**：幼虫で越冬するため、成虫の出現が早く、春～初夏に現われます。エゾスズ・ナツノツヅレサセコオロギ・コロギス（成虫期は遅い）などです。

（４）**幼虫越冬年２化型**：長日型の発育調節（日長が長くなると越年せずに羽化する）を行うもので、タイワンエンマコオロギ、タンボコオロギが属します。

（５）**卵越冬年２化型**：冬期に卵休眠をして、５～７月と９～10月に成虫が現れるものです。マダラスズ・ヒロバネカンタン・ツユムシ・ウスイロササキリなどです。

（６）**成虫越冬年１化型**：秋に成虫が現われ、成虫越冬して翌年の初夏まで生き残る

図10 エンマコオロギの産卵.伊藤ふくお氏撮影.　　図11 エンマコオロギの卵（このまま冬を越す）.伊藤ふくお氏撮影.

ものです。クビキリギス・シブイロカヤキリなどです。
(7) **成幼虫越冬1世代2年型**：越冬した成虫が春に産卵し、幼虫はその年の冬はそのまま越し、翌年の夏に成虫になるものです。クチキコオロギ・ケラ類・コバネヒシバッタ属などです。東北地方など多雪地帯のコバネヒシバッタは3年以上で成熟している可能性があります。
(8) **卵幼虫越冬1世代2年型**：卵で越冬し、さらに中齢の幼虫でも越冬するものです。カマドウマ科が属します。

　どの型の生活史も、それぞれ休眠と光周反応、温度によって調節されています。エンマコオロギの生活史を見てみると、そのようすがわかります。この種は卵期に土中で休眠して、きびしい冬の寒さにたえるという方法で、温帯に適応しています。卵内の発生がかなり進んで後、いったん停止して何カ月もそのままでいます。春になると発育を再開し、初夏に幼虫がかえります。ですから、幼虫は1年中でもっとも暑くて、熱帯とあまり変らない温度条件下で発育することになります。この種では、休眠して冬を越せるのは卵に限られているので、冬の来る前（秋）に成虫になって、卵を産まなければなりません。そのために、幼虫は自然が与えたもっとも正確なカレンダー（昼と夜の長さの割合－光周期）によって羽化の時期を調節しています。エンマコオロギは、とにかく毎日の昼と夜の長さを測り、それによって羽化の季節を調節しています。その結果、日が短くなる夏の終りから秋にかけて成虫になり、鳴き始めるのです。秋に鳴く虫たちは、たいてい同じような生活史を持っています。秋に鳴く虫は、秋に成虫が現われて休眠卵を産むために、生活史を調節しているのです。冬の前に休眠卵を産まないと、子孫は絶えてしまうのです。

鳴く虫の発音と日周活動

　鳴く虫は、一日中鳴いているのではありません。種類によって、夜しか鳴かなかったり、午前中だけしか鳴かなかったり、朝と夕方だけに鳴いたり、天候によって変化することもあります。発生期間が長いものでは、季節の変化に伴って、鳴く時間がずれてくる種もあります。こういうふうに、発音活動の1日のパターン（日周活動）が大体決まっている場合、発音活動に日周期性があると表現します。

1．セミ類の発音の日周活動
　現象としての日周活動は、かなりわかっていますが、どういう原因でそれぞれのパターンが作り出されたかは、まだ充分に解明されてはいません。直翅類のように、色々の条件下で飼育してみる、ということができないので、実験的に確かめられないせいもあります。しかし、多くは温度と明るさに影響されているようです。

クマゼミ：通常、朝5時すぎに鳴き始め、8時前後に最高潮になり、11時までには鳴き止んでしまいます。少々くもっていても鳴きます。鳴き止むのは、体温の上昇からブレーキがかかるのではないかといわれています。数時間にわたりエサもとらずに鳴き続けるのは、4～5時間くらいが限度でしょう。最近では都市化や温暖化の影響で個体数が増えたためか、午後に鳴く個体も増えています。

ハルゼミ：朝7時半ころから鳴き始め、9時～10時にもっともさかんに鳴き、午後はぐっと減って3時すぎにはほとんど鳴きません。陽がかげるとすぐ鳴き止み、天気が悪いと鳴きません。気温と明るさの両方が関係しているのでしょうか。そのほか、午前型のセミとしては、エゾゼミ類が晴れの日の朝のうちによく鳴き、ミンミンゼミやエゾハルゼミも、早朝から午後にかけてよく鳴き（特に朝9～10時ごろが多い）、夕方はあまり鳴きません。

アブラゼミ：早朝5時前後に少し鳴いてからしばらく鳴き止み、昼前11時前後に再び鳴き始めて、日没まで鳴き続けます。気温と明るさ以外に湿度条件が関係している可能性があります。また、最近では夜間に鳴く個体が増えつつあります。気温が高く街灯の明かりがあれば鳴くようです。

ツクツクボウシ：早朝に鳴いた後、とぎれずに鳴き、10時すぎに小さなピークができます。最盛時間は午後で、日没前後がもっともよく鳴きます。朝がた日射を受けて体温が上るにつれて、発音量は1つの山を作り、その後明るさの規制を受けて

いったん下火となり、明るさが低下してゆく午後から夕方にかけて大きな山を作るのではないか、といわれています。

ヒグラシ：日の出前と、日没前によく鳴きますが、鳴く時間は夕方のほうが長いようです。涼しい山地や薄暗い林内では、昼間も鳴いています。明るさの範囲と鳴く温度の範囲がともに制限されていると思われます。

ヒメハルゼミ：午前中はほぼまったく鳴きません。昼すぎあたりでは、10分程度の合唱の後、20分以上鳴かないという間欠的な合唱をします。夕方に近づくにしたがって、鳴く時間が徐々に増えてゆき、日没前後には連続的で大規模な合唱を行います。

ニイニイゼミ：明け方から鳴き始め、午前も午後もよく鳴きますが、夕方、日没前後にもっともよく鳴きます。明るさの影響をもっとも強く受けていると思われます。街灯近くでは夜中にも鳴きます。

南方のセミでは、もっと極端な日周活動を持つものがいます。トラック島のミドリチッチゼミは、夕方5時56分から6時までの間に決って鳴き始め、6時20分から30分の間に鳴き止むといいます。沖縄本島南部のクロイワゼミも、午後7時すぎに鳴き始め、8時までに鳴き止むといわれていましたが、実際には午後4時くらいから鳴き始めることがわかっています。その他、熱帯では、テイオウゼミのように夜間に鳴くセミもいます。

2．キリギリス類・コオロギ類の発音の日周活動

宮本正一さんによると、この類の日周活動のタイプは、主に温度に支配されるタイプと、主に光の有無や強度の変化に支配されるタイプに大きく分けられます。そのうち、光に左右されるタイプは、昼間または夜間だけ活動するタイプと、昼夜とも活動可能であるが活動の大部分の期間で、日の出時刻を境として活動が停止または開始されるタイプに分けることができます。

(1) 温度によって日周活動が変わるタイプ

キリギリスは主に昼間に活動しますが、夏の高温時には夜間も鳴き声が聞けます。活動開始または活動がさかんになるのは、日の出後しばらくたってからで、一番よく鳴くのは昼ごろです。午後の活動時間は午前に比べて長く、活動の低下の度合は午前の上昇度よりゆるやかです。1日の最低気温は日の出時で、午前中は地表温も高くありません。午後気温が低下しても地表温が上昇しているので、これらが体温に影響して以上のような発音活動の日周期性を示すものと思われます。このように気温によっ

て日周活動が決まります。キンヒバリの１種もこの型の発音活動をしますが、キリギリスと違う点は、ほとんど一年中成虫が見られ、冬でも晴れていれば鳴き声が聞けることです。一方、夏の高温のときは、高温抑制が現れて、昼間は鳴かなくなる点も違います。

（２）光によって日周活動が変わるタイプ

（A）昼間に活動するタイプと夜間に活動するタイプ

　朝から夕方まで明るい間に活動する昼間性のものと、日没後から翌朝までの暗い間に活動する夜間活動性のものがあります。昼間活動性のものでは、第２化目のマダラスズ・シバスズ・ヤチスズがあります。夜間活動のものでは、クツワムシ・ウマオイムシ属・カヤキリ・スズムシなどが入ります。彼らはいずれも８月に入ってから鳴き始め、９月末には鳴き声が聞かれなくなるので、出現期間は40〜60日の短期間です。マツムシは、８月〜９月はスズムシと同様の夜間活動をしていますが、少数のものは10月末まで残っていて、その頃は午後まだ日が高い内に鳴いています。このことから考えると、夜間活動性の鳴く虫は、その日周活動が光の周期に支配されていますが、温度も影響しているのかもしれません。ただ低温の時期まで生存しないので、夜間だけの活動に制限されているのかもしれません。

（B）夜明けに鳴き出すタイプと鳴き止むタイプ

　朝明るくなるとともに発音活動が始まるか、または停止するタイプで、昼間雲が陽射しをさえぎったり、雲の間から陽が射し始めたりした時の影響はそれほど大きくありません。クサヒバリは活動を開始するタイプで、ヤブキリや大型コオロギ類（エンマコオロギ・ミツカドコオロギ・ハラオカメコオロギ・クチナガコオロギなど）は活動が抑制されるほうに入ります。ツヅレサセコオロギ、ナツノツヅレサセコオロギなどは早朝によく鳴きます。

　エンマコオロギなど大型コオロギでは、日の出とともに鳴き止む傾向がありますが、秋の終りには逆に昼間しか鳴かないようになります。また、クサヒバリは、親になりたての８月には夜だけ鳴き、日の出後に鳴き止む――それが９・10月には日の出とともに鳴き出すようになり、昼すぎに鳴き止みます。一名アサスズの名前はここからきています。

発音昆虫と発音のタイプ分け

　発音する昆虫は、セミやキリギリス・コオロギ類の他に、無翅類以外の色々な類に見られ、むしろ発音する昆虫を含まないグループの方が、少ないほどです。発音しない類としては、カゲロウ、シロアリモドキ、シラミ、脈翅類（ウスバカゲロウなど）、シリアゲムシ、ネジレバネ類などがあげられます。発音器が認められる場合は、たいてい摩擦発音器であることが多いようです。特別な発音器は持たなくても、発音する昆虫も多くあります。たとえばシロアリやチャタテムシ、シバンムシなどは、からだの一部を他のものに打ち付けて音を出しますし、たいていの昆虫に見られる翅の振動による音もあります。カの場合のように、翅の振動音がオス・メスの出会う手段として利用されていることがわかっている場合もありますが、多くの場合その意味がはっきりしないばかりか、どのようにして発音しているのかがわかっていないものも多くあります。最近、キモグリバエのように非常に小さな虫で、弱い音を出す昆虫がたくさん我々の周囲にすんでいることがわかってきましたし、調査の方法も進んできましたので、もっともっと発音する昆虫が発見され、発音の生態的な意味や発音の仕組みことについても、解明されてゆくのでしょう。

　次に、加藤正世さんにしたがって、発音の仕方をタイプ分けしてみました。

A. 発音の装置を持っていないもの

a．他の物体を利用して音を出すもの
  1．後脚で下面をたたいて音を出す：コロギス・ササキリモドキ類
  2．頭部や腹部を下面に打ち付けて音を出す：チャタテムシ・シロアリ・ヤマアリ類
  3．とまっている葉をたたく：キモグリバエ類
  4．枯材の中にすみトンネルの壁をたたくように音を出す：シバンムシ
  5．アシの葉鞘の中にいてその内側にからだをあてて音を出す：コバネナガカメムシの1種

b．からだに音を出すところがあるが発音器ではない
  6．胸背板が細かく振動して音を出す：ユスリカ・ヤドリバエ・キンバエ・ハナアブ・ミズアブなど
  7．親に食物をもらう時、チーチーという音を口から出す：スズメバチやアシナガ

バチの幼虫
8. 大あごをきしらせて・鳴らせて音を出す：セグロバッタ・コンボウハバチのオス
9. 頭を縮めてシューという音を出す：ウスタビガの幼虫
10. 腹部の気門から空気を出してシューシュー音を出す：マダガスカルゴキブリ
11. 着陸の際に翅で音を出す：バッタ類
12. 飛翔中に翅で音を出すもの：ショウリョウバッタほかハエ・カ・ハチ・ガ・甲虫類など多くの昆虫

B．発音の装置を持っているもの

13. 腹背にヤスリ板があり、それとその前の節の内面を摩擦して音を出す：シモフリスズメのオス
14. 中胸背にヤスリ板があり、前胸背の後縁で摩擦して音を出す：大多数のカミキリムシ類のオス・メス、クビボソハムシ類のオス・メス
15. 翅鞘のヘリと腹節のはしの腹背板を摩擦して音を出す：カブトムシ・センチコガネ・クワガタの一部・シデムシなど
16. 頭の下のヤスリと前脚を擦り合わせて音を出す：シマトビケラ上科・アミメシマトビケラ科の幼虫
17. 翅鞘の前へりと後脚の腿節とを摩擦して音を出す：ノコギリカミキリ
18. 口吻の先で前胸下面のみぞにあるヤスリを摩擦して音を出す：キイロサシガメなど
19. 後翅の脈と腹部背板の両側にあるヤスリ板を摩擦する：ベニツチカメムシ
20. オスの右生殖鈎と第8腹節右片内面の線条列とを摩擦して音を出す：チビミズムシ類
21. 腹節を伸縮して音を出すもの：コクロシデムシ・アリバチのメス・クロアゲハやミドリシジミ類の蛹など
22. 第2腹柄の隆条と腹部第4節を擦って音を出す：クシケアリ
23. オスの前脚脛節基部のクシ状器官と口吻第3節の角状突起を摩擦して音を出す：コマツモムシ類
24. 中脚で後脚のコブを摩擦して音を出す：コガネムシ幼虫・クロツヤムシ幼虫
25. 尾端背面の剛毛列を後脚で擦って発音：マキバサシガメ
26. 後脚で腹部側面の突起を摩擦して発音する：ムカシトンボの幼虫

27. 後脚で後翅の脈を摩擦して音を出す：ウスバシロチョウ類
28. 後翅で翅鞘の裏面を摩擦して発音：ナガヒラタムシ

C．鳴き声を出す装置を持っているもの
29. 前翅と後脚の腿節で音を出すもの：ナキイナゴ・ヒナバッタ類・トノサマバッタなどのバッタ科
30. 前翅に鳴器を持つもの：キリギリス類・コオロギ類他
31. 腹部に発音器を持つもの：セミ類・ガの一部（サラサヒトリ・アオリンガ類など）

　以上の発音のうち、AとBの発音のタイプは、非常に単純で、多くの場合は敵に対する威嚇、仲間への警報（？）として発音しますが、あるものでは、オス・メスの出会いのサインとなり、ときには家族関係の維持に役立ちます。Cの発音はもっとも進んだ発音のタイプで、すでに述べたように集団の形成に大きく役立っています。

　次に、昆虫の各グループで、発音する主なものをあげてみました。発音の仕方については、前に述べた場合はなるべく省きました。発音昆虫についての報告は古くからされているので、あまりに多くて、すべてを網羅することはできませんでした。

トンボ類：ムカシトンボの幼虫が発音します。また、オニヤンマ、シオカラトンボの成虫も発音するようです。さらにハグロトンボ、ナツアカネにも観察記録がありますが、疑わしいようです。

カワゲラ類：いくらかの種類で、成虫がドラミングで発音することが知られています。遠くからでも聞こえる場合があるそうです。

カマキリ類：何種かが前翅と後脚の腿節を擦り合わせて発音します。（アフリカ産の *Idolomantis diabolica*、日本のオオカマキリなど）。

ナナフシ類：外国の2、3種で発音することが知られています。中央アフリカの *Palophus centaurus* では、前翅と後翅を擦り合わせて発音するといわれます。

バッタ類：多くの種が発音します。コロギス科・クロギリス科・カマドウマ科・キリギリス上科・コオロギ上科・ケラ科・カネタタキ科・バッタ上科・ノミバッタ科・ヒシバッタ科が発音し、アリツカコオロギ科は発音しません。

シロアリ類：兵アリが頭部を下面に打ち付けて発音します（イエシロアリなど）。敵が近づいたのを仲間に知らせる働きがあります。

チャタテムシ類：チャタテムシ（茶柱虫）の名は、この虫がお茶をたてるときの音に似た発音をすることから名づけられたといわれるほど、発音する種類が多いです。

特別な発音装置は持ちませんが、尾端を堅い床に打ち付けたり、口器を器物に打ち付けたり、脚の基節内側の器官を擦り合わせるなどして発音するといわれています。よく発音するのはスカシチャタテとコナチャタテの2種のようです。

カメムシ類：カメムシ（異翅半翅）類には、発音するグループが多くあります。ツチカメムシ科（オス・メスとも）・カメムシ科（カメムシ亜科・クチブトカメムシ亜科など）・キンカメムシ科・ヘリカメムシ科の一部・ナガカメムシ科（ブチヒラタナガカメムシ属・ホソコバネナガカメムシなど）・チビヒラタカメムシ科・ヒラタカメムシ科・マキバサシガメ科・サシガメ科（オス・メスとも）・ムクゲカメムシ科などが知られています。水生半翅類にも発音するものがあり、コバンムシ科・タイコウチ科・マルミズムシ科・マツモムシ科・ミズムシ科などが知られています。

同翅類：セミをはじめとして、発音するグループが多いです。ツノゼミ科・アワフキムシ科・ヨコバイ科・ウンカ科・ヒシウンカ科・マルウンカ科などの頚吻群が多く、アブラムシ類・キジラミ類・コナジラミ類などの腹吻群にも発音する種があります。発音器の構造はセミ類と同形式ですが、弱い音なので聞き取りにくいです。オス・メスともに発音するものも多いです。

ハエ・アブ類：翅の振動と、それに伴って起きる胸背板の振動があいまって、大きな音を出します。この音は翅の振動数が多いものほど高くなります。イエカでは1秒間に600回前後でもっとも多く、イエバエで360回、ハナアブでは350回くらいです。カの翅音は、メスではオスよりも1オクターブ低いといわれており、交尾の際には種類によって違う音程と、性によるその差が、同種のオス・メスの出会いに役立っています。また、キモグリバエやヨシノメバエでも振動波によるオス・メスの交信が知られています。

ハチ類：ハエ類と同じく、多くのハチが、翅と胸背板の振動で、音を出します。ミツバチの場合で、1秒間に190〜200回くらいなので、ハエ類より翅音が低く感じられます。その他、アリバチ類のメス・クシケアリ類・シリアゲアリ類・オオアリ類などは腹節を摩擦して発音します。スズメバチ・アシナガバチ類では幼虫が発音します。スズメバチでは成虫も発音します。また、コンボウハバチ科の*Trichiosoma*属や*Leptocimbex*属では、オスの成虫が樹上の高い所で大あご同士をたたき付けて、カチカチと音を出します。

チョウ・ガ類：翅音以外に、発音する種類がかなり知られています。チョウでは、ウスバシロチョウ類・コヒオドシ・オオムラサキの幼虫・クジャクチョウ・

*Ageronia*属（中央アメリカ産）などの成虫、クロアゲハ・ルリシジミ・ミドリシジミ類の蛹などが発音します。ガでは、サラサリンガやアオスジリンガのオス成虫の腹部にセミのものによく似た発音器官があって、チチチチ………と発音するほか、シモフリスズメの成虫、ウスタビガの幼虫、シロヒトリ、ジョウザンヒトリ、メンガタスズメの幼虫と成虫などの発音が知られています。

甲虫類：ハエ・ハチなどと同様な翅音や、コメツキムシのように、起き上がるときに床面にからだを打ち付けて出す音など、単純な音もありますが、他に色々なタイプの発音が知られています。キクイムシ・アシナガオニゾウムシ・マツノシラホシゾウムシ・カミキリムシ・クビボソハムシ・シロスジコガネ・ヒゲコガネ・クロコガネ・ビロウドコガネ・カブトムシ・クワガタムシの一部・センチコガネ・クロツヤムシ・ミヤマオビオオキノコ・シデムシ・オサムシ科の一部（セダカオサムシ、ヒメハンミョウモドキ、ニッコウオオズナガゴミムシ、ミズギワナガゴミムシなど）・シバンムシ・ナガヒラタムシ・ゲンゴロウ科の一部などの成虫、コガネムシ類やクロツヤムシの幼虫、などで発音が知られています。

4章

もっと鳴く虫を楽しむために

鳴く虫を飼おう

安藤俊夫・中原直子

　コオロギやキリギリスなどの鳴く虫は、野外だけでなく、飼育してその美しい鳴き声を楽しむことができます。飼育できる鳴く虫といえば、スズムシが思い浮かぶのではないでしょうか。スズムシは昔から飼われ続けているため、世代を繰り返し飼う累代飼育の方法が確立されており、割合簡単に飼うことができます。ところが、このような種は数ある直翅目昆虫の中でも非常にまれな例で、すべての種がスズムシのように簡単に飼うことができるわけではありません。

　自然の中にすむたくさんの直翅目昆虫はそれぞれの環境に合った生活をしています。それらを捕まえて飼うとき、ケースにエサと水を入れて、採ってきた虫を入れて…、確かに虫を飼うことはできますが、これではただ「生かしておく」だけになってしまいがちです。では、どうすれば自然の中と同じように魅力的な姿のまま飼うことができるでしょうか？

　ここでは代表的な鳴く虫の飼い方を紹介します。「採集に便利な用具」から「キリギリスの飼い方」までの部分を安藤が、「ヤブキリ」から「弱く強かなウミコオロギ」までの部分を中原が執筆しました。2人のパートで若干の違いが生じていますが、鳴く虫それぞれのすむ環境を考えたことと、飼い主（安藤：3-1～7・中原：3-8～16）の個性が反映されたものとなっているためです。

　みなさんが飼いたいと思っている虫の部分を選んで読んでください。そして、鳴く虫たちを飼うことにより、その声を楽しむだけでなく、虫たちの楽しい生態を観察することができるようになるでしょう。

注：採集して飼育した個体は必ず死ぬまで飼育しましょう。採りすぎた、増えすぎたといって、家の近くや別の場所で放すことは、もともといなかった種類を持ち込むことで、生態系のバランスを崩すことにつながります。また、同じ種類でも地域ごとに「個性」を持っており、別の場所から持ち込んだものあるいは飼育されたものを放すことで、その場所の子孫の性質が変わってしまう可能性があります。

1．あると便利な採集用具類

　鳴く虫を飼うには、すでに飼っている方から譲り受けることもありますが、スズムシ以外の多くの場合は、自分で野外の個体を採集に行かなければなりません。鳴く虫の採集には、普通の昆虫採集に加えて、次のようなものがあると便利です。

①LED製ヘッドライト

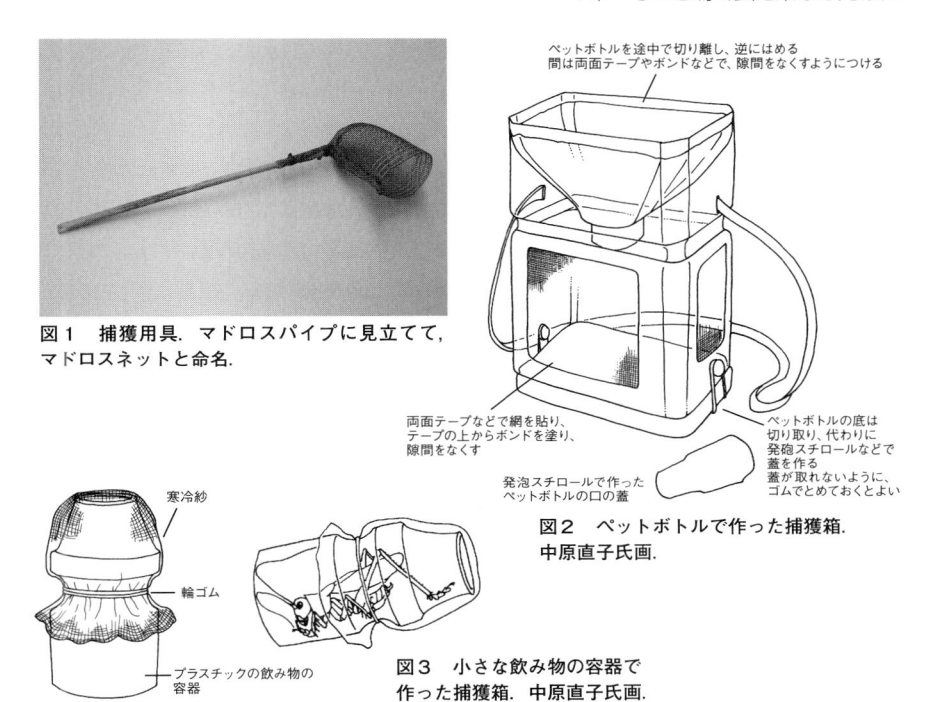

4章　もっと鳴く虫を楽しむために

図1 捕獲用具．マドロスパイプに見立てて，マドロスネットと命名．

図2 ペットボトルで作った捕獲箱．中原直子氏画．

ペットボトルを途中で切り離し、逆にはめる
間は両面テープやボンドなどで、隙間をなくすようにつける

両面テープなどで網を貼り、テープの上からボンドを塗り、隙間をなくす

ペットボトルの底は切り取り、代わりに発泡スチロールなどで蓋を作る
蓋が取れないように、ゴムでとめておくとよい

発泡スチロールで作ったペットボトルの口の蓋

寒冷紗

輪ゴム

プラスチックの飲み物の容器

図3 小さな飲み物の容器で作った捕獲箱．中原直子氏画．

　夜間の観察や採集には欠かせないのが照明器具です。両手が自由に使えるのでヘッドライトが良いでしょう。明るくて軽量、電池が長持ちするLED方式のライトがおすすめです。

②捕虫網、捕虫具類

　鳴く虫は危険の察知を視覚や聴覚などからだ全体で感知しています。素手で採集しようとしても多くは逃げられたり、せっかく捕まえても、翅脚などがとれたり体を傷付けたりします。このとき役に立つのが、図1のようなイメージの捕虫網や捕虫具などです。

③採集時に便利なビニール傘

　草や木の下に広げ、虫を中に落として採集するのに使います。布製の傘は布目があるため、虫に足場が確保され、滑らず飛び跳ね逃げやすく、採集には不向きです。ビニール傘は透明よりも白いもののほうが採集した虫を判別しやすいです。

④採集箱類と注意点

　採集した虫を安全な状態で持ち帰るための注意として、共食いや衝撃による死亡や

損傷を防ぐため、できるだけ一頭ずつ別々に収容して持って帰ります。通風状態の良い容器を用意します。このとき役に立つのが、図2・3のようなイメージのペットボトルなど飲み物の容器を利用したものです。

また、虫たちは、温度と湿度、新鮮な空気に敏感ですので、採集したものを、リュックや、車の中などに入れたままで日向に置くなどは絶対避けなければなりません。ほとんど死んでしまうといっても過言ではありません。

⑤録音や写真記録や観察記録メモ

野外での鳴き声を録音しておくと識別の資料になります。また鳴いているところの環境状態、いつごろの季節か、時刻、そのときの温度や天候、できれば湿度などを記録しておくと、飼育するために参考となることが多く、知ることによって飼育での応用ができます。

2．飼育の基本事項

2-1　飼育箱、孵化容器箱の色々

飼育箱は飼育する種類と、産卵や鳴き声を楽しむなどの成長段階と時期や目的に合わせて、選ぶと良いでしょう。種類によって産卵させる場所も違い、また幼虫期、最終脱皮期、成虫期によって、からだの大きさや生活環境がそれぞれ変わってくるためです。

飼育箱の構造は、本体（下部）がプラスチック製やガラス製で、蓋（上部）が網製のものは通風が良く、中の様子が観察できるのでお勧めします。他に発泡スチロールや「かめ」などもあります。

孵化容器箱は、孵化時と、孵化後しばらくの間収容する目的で使用します。

2-2　飼育箱の網目の大きさ

空間生活をする種類（草の上などに登る種類）の網目の大きさを適切にすることは、通風や温度管理のためと逃亡を防ぐために必要です。また成長に合わせて変えていきます。アリやクモ、ヤモリなどの外敵から守るためと、エサをあさるナメクジ、ゴキブリやショウジョウバエを防ぐために網目の大きさは最大でも24メッシュ以下が良いと思います。表1に主な種類をあげてみましたが、これを参考にして他の種類で類似の大きさや生活場所を持つものに応用してください。

内部の状態が観察しやすくするためには、網の色は、白色など淡い色より黒色が最適です。黒色の網が入手できない場合は、黒色のスプレーで塗布製作してください。

4章　もっと鳴く虫を楽しむために

表1　主な種類と成長過程による網目の大きさの目安　　　　　　　（＊）印は成虫まで対応可

生活過程	30メッシュより細かいもの	26メッシュ	24メッシュ
孵化（1～2齢位）	クサヒバリ カネタタキ カンタン （キンヒバリ）	マツムシ カンタン	クツワムシ（＊） キリギリス（＊） ヤブキリ　（＊） ウマオイ　（＊）
幼虫（3～終齢位）	クサヒバリ（＊） カネタタキ（＊） （キンヒバリ）（＊）	マツムシ（＊） カンタン（＊） （キンヒバリ）（＊）	マツムシ（＊） カンタン（＊）
成虫	夏季使用の場合は通風を考慮する	クサヒバリ　カネタキ　（キンヒバリ）	クサヒバリ カネタタキ （キンヒバリ）

※主に地上生活類のスズムシ、エンマコオロギなどは、網蓋をすること。跳ねだし逃亡や、アリ、クモなどの外敵やエサを漁りに来るナメクジ、ゴキブリなどを防ぐので26～24メッシュが必要です。

　スプレーを網より30cmくらい離して少しずつスプレーしてください。強く噴霧すると網目がふさがるので静かに両面をまんべんなく、乾いてから数回塗布すればできます。この作業は必ず屋外で風のないときに行ってください。
　網の材質は樹脂系で良いですが、キリギリス、ヤブキリなど肉食系の大型種を比較的狭い箱に入れるとかみ切ってしまうことがあるので、この場合は金属製が良いでしょう。
　成虫になって鳴き声や姿を楽しむ「虫かご」には、竹製、樹脂網製、金属網製などあります。本来の虫の生活を考慮すると、できるだけ大きめが良いです。

2-3　土中に産卵する種類の産卵用材
（1）赤玉土・スズムシマット
　園芸店やホームセンターで販売している赤玉土が使いやすく管理に便利です。また、小鳥屋で販売しているスズムシマットの利用も良いでしょう。産卵用土は、必ず毎年新しくする必要があります。数年使用しても失敗はなかったという経験者もいますが、原則的には新しくすることが成功の早道です。
　土の深さはキリギリス・クツワムシなどは5～7cm、コオロギ・ヒメギス・ウマオイ・スズムシなどは3～4cmが適当です。
（2）ミズゴケ
　ミズゴケは土の代用になります。軽いので、持ち運びと湿度管理がしやすく、取り扱いやすいです。また、越冬管理でも、ビニール袋に入れることができるので飼育箱

と別にでき、場所を取りません。また土を使用しないので清潔感があります。ぜひ試してみてください。

　ミズゴケを使うときには2～3日水につけてなじませておき、それを絞って容器に詰めます。隙間があくので、ある程度硬く詰めます。ミズゴケを使って飼育できるのは、大型種ではクツワムシ、キリギリス、ヤブキリなど、中型種ではウマオイ、ヒメギス、エンマコオロギ、スズムシなどです。小型種では一般的には不向きですが、ミズゴケを細かく切れば可能です。

※生きた植物や枯れた植物に産卵する種類には、上記の用材は使用しません。産卵用として植物を入れる必要があります。

・生きた植物の茎に産卵する種類

　カンタン、ヒロバネカンタン、クサヒバリ、クダモドキなど

・枯れた植物の茎に産卵する種類

　カネタタキ、マツムシ、クマスズムシ、サワマツムシ、クチキコオロギなど

2-4　エサの色々

(1) **すり餌**：すり餌は、小鳥屋さんや金魚屋さんなどで販売しているメジロ、ウグイス用を利用します。「三分エサ」「五分エサ」「七分エサ」などがあり、虫の成長により多少好みが異なりますが、「五分エサ」でおおかた間に合います。

(2) **ハチミツすり餌**：ハチミツすり餌は、すり餌（ウグイス用五分エサ）にハチミツを混ぜたものです。色々な種類の孵化まもない若齢期～終令期～成虫期のエサとして便利です。コップにすり餌100cc（コップの半分くらい）と、ハチミツ約7～15ccくらい（ペットボトルの蓋2～3杯分）を少しずつ入れ、箸でよくかき混ぜます。量の目安がつきやすく撹拌しやすいので180ccコップを利用するといいです。最初は団子状態となり、なかなか混ざり合いません。サラサラか、おから位の状態になるまで良くかき混ぜてできあがりです。

　これを蓋付きの容器数本に分け、冷蔵庫に保存しておけばいつでも利用できます。ただし、私たちの食べ物と間違わないようにビニール袋に入れ「虫のエサ」と表示しておくことが必要です。

(3) **スズムシエサ**：スズムシエサとして調合されたものが販売されていますので、これも便利です。

(4) **サナギ粉**：多くは、カイコのサナギを粉末にしたものです。釣具屋さんで販売しています。純粋（100%）のものが良いと思います。

（5） **金魚屋・小鳥屋さんで販売されているエサ**：金魚（フレーク状）・小魚用のエサ、小獣類用のエサ
（6） **動物性のエサ**：煮干し、カツオブシ
（7） **植物性のエサ**：パン、ビスケット、コマツナ（発芽後２～４週間前後）、キャベツ、ハコベ、クズ・フジの葉、ツユクサ、トキワツユクサ（トラスカンジェスタ……略して「トラカン」）、ナス、キュウリ、タマネギ、マサキ、ヨモギ、イネ科、花の花粉（キンセンカ、ハルジオン、ヒメジョオンなど）、菜の花

　　ここで重要なのは、野菜などは残留農薬があるといけませんので、よく洗い落とすことです。

2-5　産卵管理箱、幼虫・成虫飼育箱、孵化箱の置き方と置き場所

　これらの飼育箱は地面に直接置かないことが大事です。アリがすぐに来ます。アリは狭い隙間が好きで巣を作ることが多いので、置く場所の物体や容器同士の間は、隙間を１cm以上あけると良いです。隙間を作る用材は、なるべく木製以外のプラスチックや金属などを使います。
　産卵管理箱の置き場所は以下のようなところです。
①直射日光の無いところ。
②冬季凍らないところ。
③１日の温度があまり変化しないところ。人の生活する部屋に置くと、平均温度が
　高いので、思わぬときに孵化してしまいます。
④目に付きやすいところ。うっかり忘れると、乾燥させてしまいます。

2-6　給水方法とその置き場所

　給水は、原則として容器に入れて与えます。霧吹きの噴霧は、脱皮準備や脱皮中のことがある夕方や夜間は避けるべきです。直接の水噴霧を虫は非常に嫌います。水噴霧をするときはなるべく午前中に行うか、やむを得ないときは虫に当たらないように注意します。細口水差し等で静かに給水するといいです。
　給水容器には、水を飲むときや、飛び跳ねたときなどに、落ちて溺死しないように、足場となるミズゴケを入れて置きます。地上生活するものには土の上、空間生活するものには、上部に置きます。水換えは、汚れ具合によって違いますが、７～９月の高温期は４～５日間隔くらいが良いです。ミズゴケも汚れますのでその都度洗ってください。

2-7　土の乾湿調整

　土は表面が乾いてきたら水分を補給してください。このときもなるべく午前中に行い、脱皮中の虫にかけないようにすることが大切です。面倒でも細口水差しで、それに合う細いビニールホース（金魚屋さんに販売しています）を足して静かに給水してください。

3．各種類の飼育法

3-1　スズムシ（図4）

（1）楽しみ方

　8月中旬〜10月中旬ころリーンリーンと草むらで鳴いていますが、都会地ではほとんど見られなくなりました。野生のスズムシは、いざ捕まえてみようと思っても、なかなか捕まりません。7月ごろになるとペットショップで販売されます。知人から分けてもらうのも1つの方法です。

　スズムシは暗いところが好きです。昼間でも暗いと鳴きますが、鳴くのは主に夜間です。他種に比べて一番飼いやすい鳴く虫です。飼育箱は、ガラス水槽、プラスチック容器、かめなどで特に選びません。

（2）容器の準備

　スズムシは明るいところと、直接の風を好みません。飼育する容器はガラス水槽、プラスチック容器が観察できて管理しやすいです。「かめ」のようなものでもかまいません。

　飼育しようとする容器の底部分の4隅に排水孔（5〜7mm）を開け、網戸用のネット（5×5cmくらい）を敷きます。ネットは土がこぼれないようにするためと、孔に土が詰まって排水ができなくならないようにするために、必ず使用してください。

（3）蓋

　容器には蓋をかけてください。網戸用のネットが良いでしょう。密閉される蓋は新鮮な空気の流通を遮断するので、病気などが発生し良くありません。

（4）土やミズゴケ

　土：他に利用したことのない清潔な土（園芸店などで販売されている赤玉土の小粒など）を、厚さ3〜5cm入れます。

　ミズゴケ：足場として土の代わりに、薄く（1cm以下）ミズゴケを敷く方法もありますが、厚いとその部分に産卵する恐れがありますので注意が必要です。ミズゴケに産卵させるためには、容器（10cm×10cm×深さ5cmくらい）の底に数カ所排水

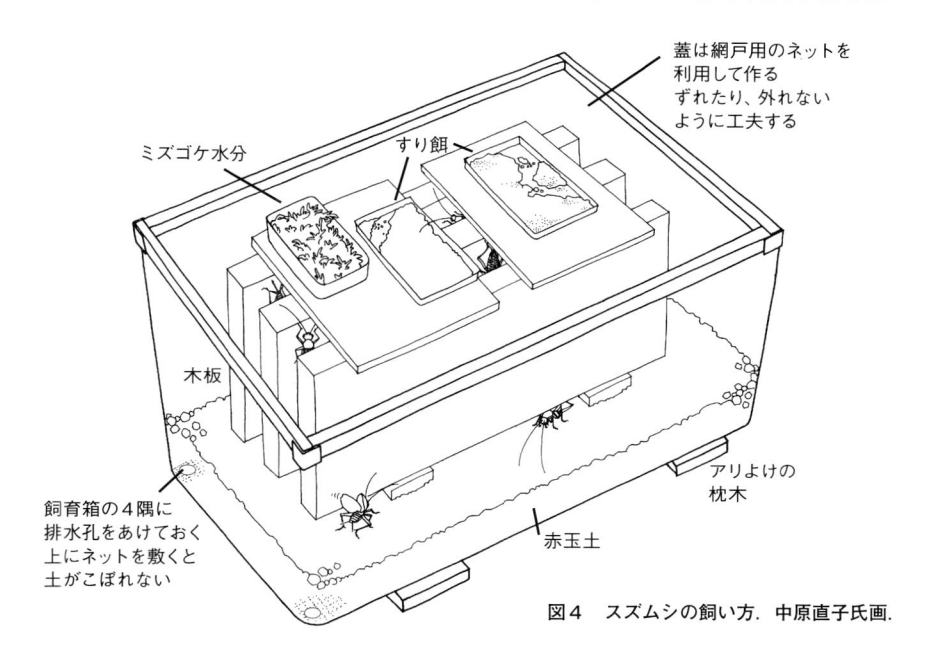

4章　もっと鳴く虫を楽しむために

図中ラベル：
- 蓋は網戸用のネットを利用して作る　ずれたり、外れないように工夫する
- ミズゴケ水分
- すり餌
- 木板
- 飼育箱の4隅に排水孔をあけておく　上にネットを敷くと土がこぼれない
- アリよけの枕木
- 赤玉土

図4　スズムシの飼い方．中原直子氏画．

孔をあけて、ミズゴケを5cmくらいにつめたものを、スズムシ容器に入れれば産卵します。

(5) 脱皮時のとまり場所・生活の場所

スズムシは主に地表面で生活をしていますが、地面の上に直接いるのは好きではありません。また過密にならないよう分散させること、脱皮時につかまる場所が必要なことから、枯木（太さ5〜8cmくらい、長さは容器に合わせて）、木板（杉板など）、素焼き鉢、炭などをよく洗って入れます。高さの目安は蓋との間を7〜10cmくらい離すようにします。蓋との間が狭いと、給餌のときにスズムシが飛び出ます。

(6) 入れる数

スズムシは比較的おとなしい性質ですが、オス同士は闘争心があります。鳴いているオスに他のオスが後ろ脚で蹴っているようすが観察できます。入れる数が多いとスズムシ本来のリーンリーンリーンでなくリンリンリンと風情のない喧嘩鳴きとなってしまいますので、少ないほうが良いです。目安は3〜5cm以上間隔に1頭程度。容器の底面積（cm^2）÷9〜25（cm^2）。

(7) エサ

ナス・キャベツ（消毒のないもの）や、ペット屋さんで販売されているスズムシ用

エサ、すり餌、フレーク状金魚エサ、カツオブシ、ニボシを与えます。スズムシのエサはカビが発生しやすく腐敗しやすいので、直接地面に置かないでください。必ず容器に入れてください。孵化直後は幼虫が小さいので容器の高さは1 cm以下か、または登れるようにミズゴケを敷いた上に置いてエサが食べられるようにしてください。

（8）水

浅い（1 cm以下）容器に転落防止と足がかりにミズゴケを入れて給水してください。孵化から体長10 mmくらいまでは容器の隅にビニールを敷いてその上にミズゴケを置きます。ミズゴケに水分があればそれを適当に飲んでいます。

（9）産卵用のメス親

8月の下旬になればメスは交尾していますので、脚、翅、産卵器の曲がっていない大きめの元気の良いものを選んで捕まえて、飼育箱に入れます。1頭で50〜100個の卵を産みます。

(10) 卵の管理

よく起こる失敗の原因を例に、卵の管理のポイントを紹介します。

1）1年目の失敗

翌年孵化しなかったとすれば原因は、産卵した後の越冬時の管理が悪かったこと、暖かいところに置いたので孵化が早く気が付いたときは遅かったこと、孵化したがアリに食べられてしまったことなどがあります。管理、置き場所などに気を付けてください。越冬時の管理では2月中旬ごろまでの乾燥は致命傷にはなりませんが、3月中旬から孵化する6月中旬の乾燥は致命傷になります。

2）2年目の失敗

2年目に失敗するとすれば、原因の多くは産卵土をそのまま使用したことにあります。同じ土を使用すると病気などで失敗しますので、毎年、必ず新しい赤玉土を使用しましょう。

3）越冬卵の湿度管理の失敗

霧吹きで湿らせる方法は、失敗を引き起こします。霧吹きで湿らせようとしても、表面だけ濡れて、底の部分まで行かず乾燥してしまうか、あるいは乾燥させてはいけないと思って過湿状態になり、卵が窒息状態で死んでしまいます。容器の底部に排水用の孔を開けておくと、ジョウロなどで思い切って給水でき、乾燥や水漬けは避けられます。また、給水を忘れないように、月の初めや中旬には点検するように決めておくと良いでしょう。

ミズゴケ容器に産卵したものも、コップか水道蛇口で水分を補給します。孵化時

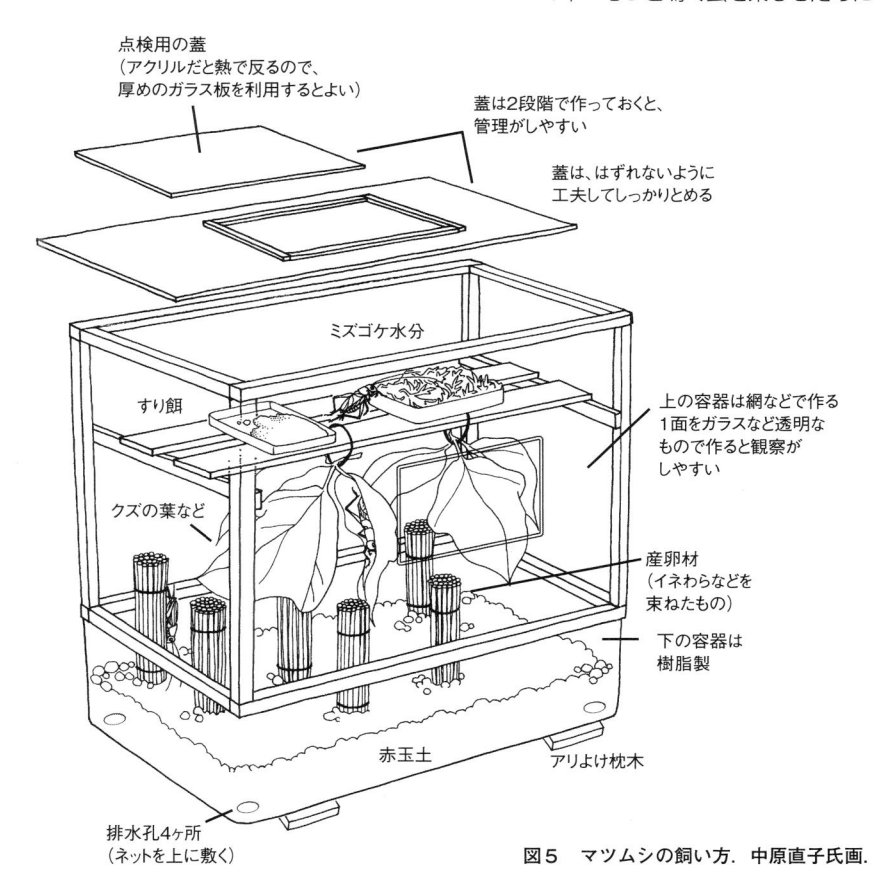

4章 もっと鳴く虫を楽しむために

図5 マツムシの飼い方. 中原直子氏画.

になったら土産卵と同様に管理します。

3-2 マツムシ（図5）
(1) 採集の仕方

マツムシは明るいやや乾燥したススキ原や草原に生息しています。日中はじっと草陰で潜んでいます。マツムシの体色は下草の枯れたような茶色で、地上10～40 cmくらいの草の茎や枯れ草などの上におり、翅を垂直にあげて左右にふるわして鳴きます。ライトを照らしても平気で鳴いていますが、振動などを与えると鳴き止んでしまいます。

夜間の採集は至難の業です。そこで夜間はどこに鳴いていたか目印をしておき、翌

日の日中その付近を探します。周りから少しずつ踏み固め、狭めるなどして丹念に探せば飛び出します。マツムシは大きく跳んでも着地点で止まっていますのであわてず探してください。

(2) 給餌の仕方

苦労して採集した成虫は、孵化からずっと人工飼育したものと違い、すぐにエサを食べるものと、なかなか食べないものとに分かれます。

すり餌、フレーク状金魚エサ、ツユクサ、ナス、乾燥させたクズの葉などを給餌しておけばそのうちによく食べます。乾燥させたクズの葉は葉脈まで食べます。水分はミズゴケを使って必ず与えてください。

エサやミズゴケ水分は、上部に木板を渡しその上に置くと便利です。マツムシは匂いを感じ食べに来ます。クズの葉などは上から吊しておくと良いですが、登れるように網のどこかにふれさせてください。危険性がない場合は飛び跳ねることはなく、歩いていきます。

マツムシは容器の側面にとまっていることが多いので、上部から虫の状態を点検するほうがやりやすいです。

(3) 産卵準備

採集したメスは9月の中旬になれば交尾をしています。産卵準備としては、飼育箱には産卵材を挿す用土として、底部に鹿沼土1～2cm、その上に赤玉土を5～7cm入れる方法があります。この場合、容器の底部に排水孔を開けておくと、越冬時の卵管理の水分補給に都合が良いです。別の方法として、別容器（およそ10cm×20cm×深さ7～10cmに赤玉土を入れたもの）に産卵材を挿して使用する方法もあります。

(4) 産卵材と産卵

野外での産卵は、ススキ、チガヤなどの植物の根元付近の茎をかじってその中や根元際の土中に産卵します。

飼育ではイネわらや、ススキ、チガヤなどの枯れたものを、直径1.5～3cmに束ね、両端1～2cm部分を結束、長さ10～15cmにしたものを、木杭を立てるように、土中深さ3～5cmに挿し立てます（図6）。

マツムシは産卵材の根際付近から上の部分をかじり、そこへ産卵管を射し込んで産卵します。かじった痕があればきっと産卵しています。卵は長さ4～5mm径0.5mmくらいで乳灰色を帯びています。卵は1頭で50～80個くらい産みます。孵化発生数は越冬期間と孵化準備期間の湿度管理で大きく変わります。

イネわらを使用するとき注意することは、殺虫剤等の残留農薬がないものを使用す

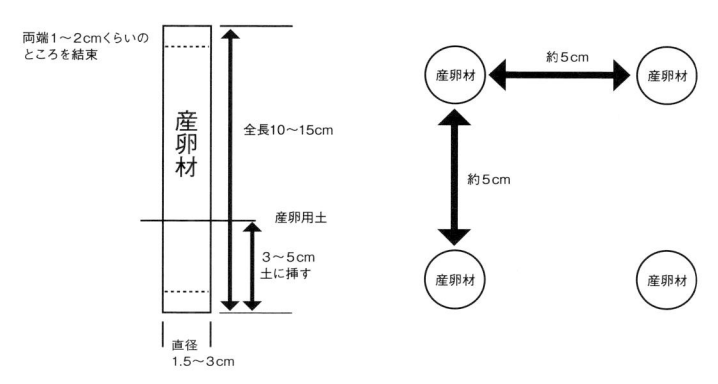

図6　マツムシの産卵材の挿し方．イネわらや，ススキ，チガヤなどを利用する．

ることです。マツムシは孵化後しばらくの間は産卵材の枯れ葉等を食べるので、イネ材に殺虫剤がかかっていると死んでしまいます。孵化を確認したがいつまで経っても増えてこない場合、残留農薬の影響と思って間違いありません。そのときは孵化したらすぐに取り出して、他の飼育箱に移してください。

残留農薬の有無はなかなかわかりませんので、安全な方法は次のものがあります。
①野外からススキやチガヤを、8月の中旬ころ刈り取ってきて1週間ほど炎天下で干し草として利用する。
②ハナショウブの花後の花軸を8月中旬刈り取って干したもの（消毒されていないもの）を利用する。
③殺虫・殺菌剤を散布せずに、自分でイネをプランターなどで育てる。

(5) 産卵後〜孵化までの管理

10月下旬になると成虫は死んでしまいます。まずは清掃です。飼育箱の中の死骸やエサの残りなどを取り出してください。注意点は次の3つです。
①直射日光を当てないこと。
②産卵材を乾燥させないことと。
③寒さに弱いので凍らせないこと。

乾燥させない方法として、挿し立ててあった産卵材は引き抜き、それを横に寝かして並べて、良く洗って絞ったミズゴケを上に乗せてからビニールで覆います（図7）。産卵材は湿気のためカビなどが発生しますが、通常ならばあまり影響はありません。

4月中下旬ごろにビニールを取り外したミズゴケは、保湿のためそのままにしてお

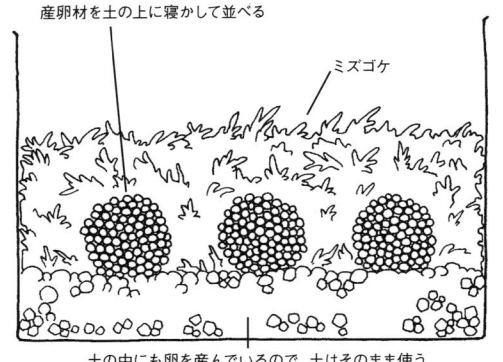

図7　産卵後のマツムシの産卵材の管理方法．ミズゴケの上からビニールで覆う．中原直子氏画．

（図中ラベル：産卵材を土の上に寝かして並べる／ミズゴケ／土の中にも卵を産んでいるので、土はそのまま使う）

きます。引き続き保湿管理（霧吹きで水分を補給）を続けてください。失敗の多くはこの時期の乾燥です。

（6）孵化

　人工管理での孵化は、置く場所の温度によって大きく影響を受けます。通常、自然状態より早まり、5月下旬～6月中旬となります。自然状態では6月中旬以降と思われます。

　マツムシの幼虫は体長3～4mmで茶色と灰色の筋模様があり、体色は茶灰色です。これがあまりにも産卵材の色によく似ており、じっとして動かないので、せっかく孵化したのに気が付かないことがあります。フッと息をかけると跳ねて動くので、孵化が近づくころとなったら、この方法で毎朝確認してください。

　マツムシは孵化直後（1～3週間）くらいまでは、産卵材のようなイネわらや枯れた草の葉（ススキ、エノコログサ、コマツナの葉を乾燥させたもの）や広葉樹の落ち葉などを食べます。

　3週間後位からすり餌やクズ・フジの葉、コマツナの葉を日陰干し乾燥させたもの、ツユクサ、トキワツユクサ、ナスなど（何を食べるかいろいろなもので確かめてください）を、動物性のものとしてはフレーク状金魚エサ、サナギ粉など与えます。

　また、孵化の3～5週間前になったら、孵化容器にコマツナの種を直接蒔いておくとよく食べます。この方法はクツワムシ、キリギリス、ヤブキリなどに応用ができて便利です。孵化から成虫になる日数は、これも置く場所の温度とエサによって相違し、40日～70日くらいと見ておいてください。

（7）飼育箱内の湿度

　マツムシは乾燥には比較的強いですが、水分補給は必要です。水分補給はミズゴケ

4章　もっと鳴く虫を楽しむために

水分で行います。成虫になるころは外気温も高くなるので3〜5日で交換してください。

(8) 飼育箱

　孵化まもない間は、床面に置いたエサとなる枯れ葉の上にいて、3齢ぐらい以後になると比較的乾燥を好むので昼間でも上部の通風のあるところに登っています。通風が悪いと病気になる危険性があります。通風があり飼育箱内の温度がおよそ30℃以下なら多少直射日光が当たっても平気です。

(9) 飼育箱での数

　マツムシは比較的おとなしいのですが、飼育箱に入れられる数は、以下のようになります。飼育箱は大きさの目安は25×40×高さ40 cmにします。これよりも飼育箱が小さい場合は減らしてください（成虫になるほどネット面に止まっています）。

　　孵化後〜3齢　　300頭位以下（3 cm^{2}以上/頭）
　　3齢〜終齢　　　100頭位以下（10 cm^{2}以上/頭）
　　成虫　　　　　　30頭位以下（オス・メス同数位）（30 cm^{2}以上/頭）

　マツムシの鳴き声を楽しむ場合はオス・メス数頭が良く、少数のほうが野外の様な風情があります。多いと競い鳴きとなって雰囲気が違ってきます。

(10) 累代飼育

　累代飼育するときの産卵箱は、病気などを避けるため、よく洗って日光消毒したものを用意してください。手順は最初と同じ要領です。親となるマツムシは飼育ものですから、オス・メスとも大きめの元気の良いもので、特にメスは産卵器の曲がったり、割れていないものを選んでください。前述の飼育箱の大きさでオス20頭・メス30頭以下くらいが良いと思います。箱の大きさは自由です。入れる数は飼育箱が小さくなれば相対的に少なく、大きくなれば多く入れられます。エサや水分補給は前述と同じです。

3-3　カンタン

　カンタンの幼虫時代は主に夜行性で、成虫もどちらかといえば夜行性です。鳴くのは主に夜間ですが、山麓では9月中旬をすぎると昼間でも鳴いています。野外での産卵は多くはヨモギです。他にヒメジョオン、タケニグサ、メハジキアレチハナガサなどがあります。幼虫はヨモギの葉やヨモギにいるアブラムシなどを食べています。ヨモギには天敵のアリやクモがたくさん集まってくるので、成長するほどに周辺の広葉植物（クズなど）に分散していきます。ススキやチガヤ、ササなどイネ科の植物はあ

まり好きではないようです。
（1）産卵材を採集
野外で産卵されたものは簡単に採集できます。初心者は、なるべく孵化（6月上旬～中旬）直前の4～5月上旬ころに採取するのが卵の越冬管理が省けて良いと思います。

卵の採集場所を見つけるには鳴いていた場所をあらかじめ確認しておくことです。産卵痕は、枯れたヨモギの茎では傾斜した下面側部分（日陰になる部分が乾燥しにくいため）の地上高約20～80cmくらい位につけられた径1mm位の針を射したような孔です。ヨモギの髄（白い発泡スチロールのような部分）に1～6個位産卵してあります。

これを必要分だけ採取します。決して多く採取してはいけません。その理由は、野外と違って狭い飼育箱内では密度が高くなりすぎ、孵化・成長にしたがって共食いするからです。産卵孔の数50個もあれば100～150頭は出てきます。

（2）産卵材の管理方法
1）産卵材の管理の基本
産卵材の管理は、①産卵材の保湿（水浸しは厳禁）と、②温度を3月下旬ころまで約15℃位以下にしておくことの2点につきます。これさえできれば色々な方法で管理できます。

2）ミズゴケサンドイッチ法
採取した産卵材は管理をしやすくするため、20～30cmくらいに切って揃えておきます。切るところは保湿確保のため産卵孔より最低2cm以上は離します。

保湿のため産卵材を容器の中に横に並べて、水に湿らせたミズゴケでサンドイッチ（産卵材の上下厚さ3～5cm）にし、その上にビニールを覆っておきます。

3）植木鉢挿し木法
日陰で夜露や雨に当たる屋外で管理します。植木鉢のような必ず底に水ぬき穴があるものに清潔な赤玉土を入れ、20～30cmくらい位に切ったヨモギの産卵茎を、その中に挿しておきます。挿す部分は土で産卵孔を塞がないように長さを調整します。挿す深さは産卵材が倒れない5～8cmが良いと思います。卵はできれば凍らせない方が良いですが、過度の乾燥にはとても弱いです。ベランダなどの場合は乾燥しやすいので毎週2回程度は水をかけてください。

（3）孵化直前の準備
3月下旬（桜の咲くころ）に孵化準備に入ります。

1）ミズゴケサンドイッチ法

　産卵材とミズゴケは取り出し清潔な水道水で洗ってください。
　いつ孵化してもいいようにミズゴケを、孵化容器箱（プラスチック水槽）に厚さ３〜５cm位に敷き詰めその上に産卵材を置きます。産卵材を傾斜（30〜70°）させて置いてください（図８）。孵化幼虫は上に登る性質がありますので、傾斜をつけることによって孵化したときの発見が容易にできます。なお、産卵材の保湿は絶対必要です。１日１回は軽く霧吹きで湿らせてください。容器の蓋は孵化するまでは、通風を考慮すれば取り外しておいても良いですが、孵化が始まれば30メッシュ位の黒い網で蓋をしてください。ガーゼで代用してもいいですが、孵化したての若虫は白色をしているのと、小さいために見つけ出すのが困難です。ガーゼを黒色に染色しておくのも良い方法です。

2）植木鉢法

　産卵材に土などが付いているので清潔な水道水で必ず洗い流してください。その後孵化までの管理はミズゴケサンドイッチ法と同じです。

（4）孵化の管理

　孵化は１〜３週間くらいにわたるので理想的には孵化専用箱と飼育箱とは分けたほうが管理しやすいです。１日の平均温度が18〜20℃くらいを超えると１カ月後位には孵化が始まります。飼育下では５月中旬ごろから、自然状態でも６月上中旬には孵化してきます。

　孵化の時間帯は夜間から早朝にかけてです。産卵孔から薄い皮を脱ぎ捨てて出てきます。その間数十分の出来事です。体長は約２〜３mmほどで、触角を左右前後に振り茎の上の方へ歩いていきます。そっと息をかけてください。隠れていたものも動き出すでしょう。

　孵化した幼虫は筆（穂先を洗ってボサボサ状態にしたもの）などを使ってマドロスネットの中に入れ、数えて飼育箱に放します（図８）。

（5）飼育箱の環境

　カンタンの幼虫はヨモギの若葉をよく食べます。食べたところは白い食痕となっているのでわかります。

　飼育箱には前もって赤玉土を５〜７cmくらい入れ、アリやクモのいない新鮮なヨモギを上部から長さ30〜40cmを採取して、切り口を鋭利なナイフで斜めに切り戻し挿し木しておくか、ヨモギの15〜20cm位の根付きを採取し、水道水で良く洗ってポットなどに植え込んだものを入れておきます。

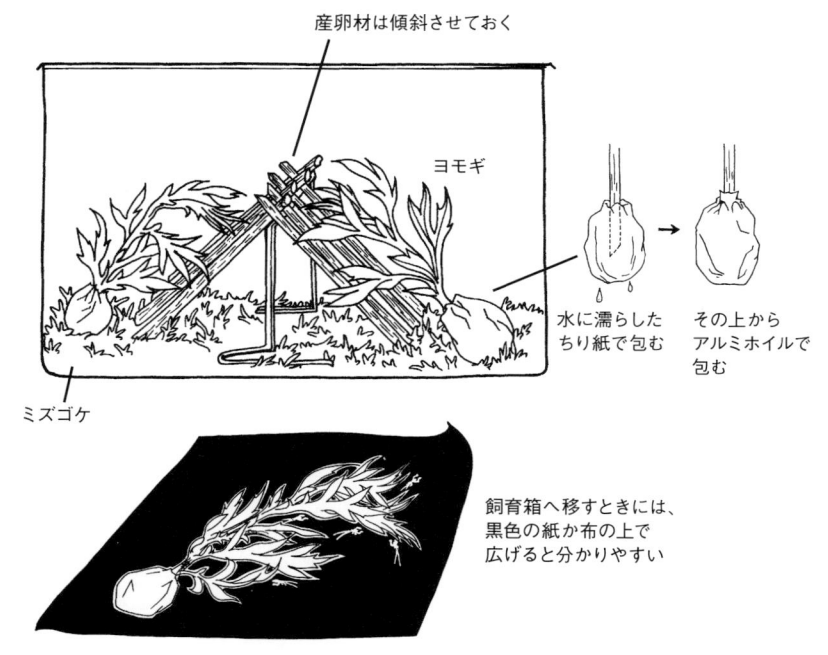

図8 カンタンの孵化準備と，若齢幼虫を飼育箱に移すときの注意．中原直子氏画．

　足場には土を使わず飼育箱の底にミズゴケを入れて、新鮮なヨモギを瓶に挿してあたえても良いですが、水不足になりやすいのとヨモギの切り口が腐ってくるので手間がかかります。ただ、持ち運びが軽量で管理がしやすいメリットもあります。ヨモギが黄色く枯れてきたら取り出し、新しいヨモギに交換してください。取り出す枯れたヨモギにはカンタンが付いていますので、ビニール傘を逆さに広げてその中に落とし込むようにするとよくわかります。

（6）ハチミツすり餌の餌付け
　孵化した幼虫をマドロスネットに取り込み飼育箱に放すときには、「餌付け」をすると良いでしょう。最初の大事な「餌付け」です。「ハチミツすり餌」の上に落としてやると、早速食べ始めます。
　比較的飼育箱上部周辺にいることが多いので、エサは上部のヨモギの枝や葉に触れるところで、木板などで橋渡し、その上に分散して置いてください。カンタンは地面での生活はしていませんので、土の上に置いてはだめです。エサの交換は、カビの発生具合で2～4日見当で交換してください。

4章　もっと鳴く虫を楽しむために

「ハチミツすり餌」の給餌方法は成虫になっても続けられます。

（7）成虫までの管理

　飼育箱の置き場は通風があれば、午前中の多少日の当たるような明るいところがいいです。ヨモギは日光が好きです。飼育箱の中はいつも青々としたヨモギを維持してください。ただし容器の温度は30℃以下になるよう気を付けてください。ヨモギがあることにより生活空間が増えて分散され、結果的に共食いなどが減少します。また、ヨモギの葉をよく食べるので一挙両得です。飼育失敗の原因の多くは青々としたヨモギの維持ができなかったことが考えられます。

　6月下旬～7月下旬にかけて、孵化から40～60日で（管理下の温度により成長速度が大きく変わる）次々と羽化してきます。オスは羽化後1週間もすれば鳴き出します。カンタンを良く鳴かせる方法は、必ず1頭にすることです。その中にメスを複数頭入れても良く鳴きます。鳴き声用鑑賞箱はオスの数だけ必要になります。そうしないと「一生鳴けず」に終わるオスがたくさんできてしまいます。

　成虫のエサは、ハチミツすり餌と、リンゴにハチミツをまぶした「ハチミツリンゴ」をあたえます。

　水分補給は、「ミズゴケ入り水」をエサを置くのと同様に上部の数カ所に置いてください。

（8）鳴き声の楽しみ方

　他の鳴く虫でも同様ですが、カンタンは意外と臆病です。大きな声で鳴いていても人影や足音や振動などに敏感で、すぐ鳴き止んでしまいます。置く場所も最初はなるべく静かなところがいいです。そのうちに、なかにはある程度環境になれてくるのがいます。

　鑑賞箱は密閉容器はだめです。飼育箱でも観賞用に工夫した、通風がよく逃げ出さない容器であれば何でもかまいません。

　カンタンの落ち着く隠れ場所があるほうがよく鳴きます。ヨモギやカシワの葉・クズの葉などを吊して置くとやがて乾燥し、その中にテリトリーを作り、隠れています。

（9）産卵

1）時期と産卵材

　翌年に備えて産卵をさせましょう。時期は8月下旬から10月中旬ごろとなります。

　産卵材はヨモギ、メハジキ、アレチハナガサが良いでしょう。ヨモギは太さ径6～8mmくらい、長さ30cmくらいにし、飼育時と同じように挿し木してください。成長点から20～25cm位は柔らかいので捨てます。挿す角度ですが野外での産卵状

態を見ると大概傾斜してある茎にしてあるので、適当な斜め（60〜80°くらい）が良いと思います。葉は残し、枝は切りつめてください。

　コップや瓶などに産卵材を入れる方法でもいいですが、気温が高いと水が腐敗しやすいので早めに水の交換をしてください。

２）エサ・水分など

　産卵には栄養が必要なので飼育時に使用した「ハチミツすり餌」の他に「フレーク状となった金魚エサ」を与え、ミズゴケ水分で給水します。

３）メス、オスを入れる数

　メスはエサと産卵材さえあればオスのような闘争性が少ないので、20 cm×30 cm×高さ40 cmの飼育箱で数頭〜十数頭入れてもかまいません。未交尾のメスがいるかもしれませんので、オスも数頭入れてください（この場合オスは弱々しく鳴きます）。

４）産卵の状態

　産卵する時間帯は明るい昼間より、暗くなった夕方から夜明け前頃です。産卵しようとする茎の皮の部分を口で噛み切り、産卵器の先端を上手にその噛んだ切り口の所へ刺し込みます。硬いヨモギの茎に孔を開けようとして、６本の脚をしっかり茎につかまり刺しますが、容易に入らないのでノコギリのように何度も往復させます。産卵器は弓のように曲がります。産卵器のほとんど全部をヨモギの髄（中心の白い部分）に刺し込み産卵します。少し抜いてまた入れ、２度目の産卵をします。その部分が終わると、歩いて次のところへ進み同じように産卵します。ヨモギを枯らさないでください。枯れた茎は硬くなってしまい産卵されにくくなります。１週間くらい経ったら新しいものに順次交換します。アレチハナガサは枯れにくく長持ちするのでお勧めします。

５）産卵後のヨモギ茎の管理

　産卵途中で枯れて交換したものも捨てないでください。乾燥させないように、当分の間（〜11月上旬ころまで）、前述のよく洗った植木鉢に赤玉土を入れ、それに挿して日陰で管理してください。保湿は赤玉土が乾いたらジョウロなど上からかけておけば良いです。産卵材を採集したとき（p.204（２））と同様に管理してください。

3-4　クサヒバリ（図９）

　フィリィリィリィ……と８月の中〜下旬ころから、主に日中に鳴く声は、夏の暑さ

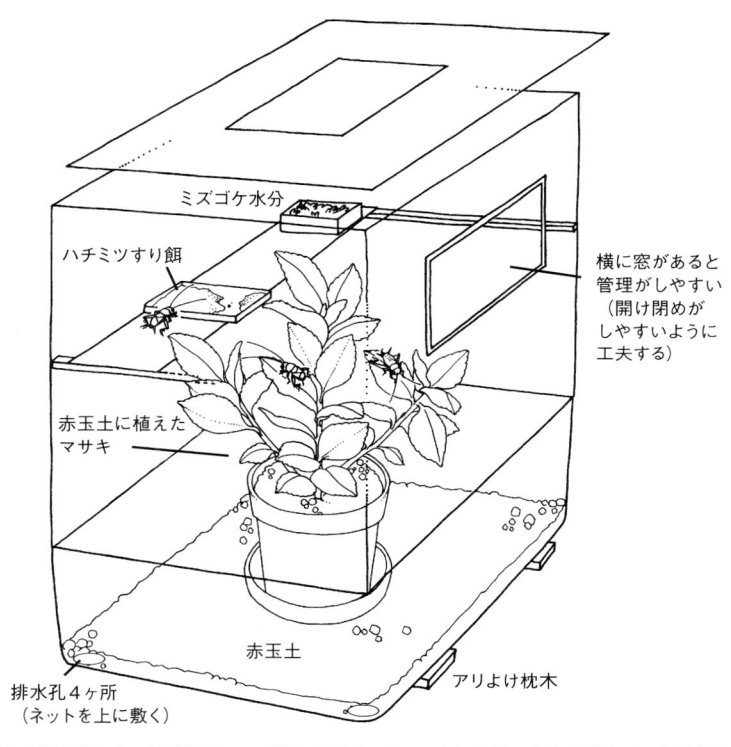

4章 もっと鳴く虫を楽しむために

図9 クサヒバリの飼い方．飼育箱については p.199図5のマツムシの飼い方を参照する．中原直子氏画．

を忘れさせる涼しげな美声です。飼育はあまり難しくありませんが、産卵に特異な習性があります。ぜひ飼育して観察したいものです。

　成虫はマサキ、チャノキ、ヒサカキ、ツバキ、その他落葉潅木の葉の生い茂った中にいます。

（1）飼育箱とエサ

　採集したクサヒバリのオスメスを、産卵用のマサキ（6月にプラスチック鉢に新鮮な赤玉土入れ直径10〜15 mmくらい、長さ20〜40 cmを挿し木にすると容易に根が出ます）を入れた飼育箱に放します。エサはハチミツすり餌やハチミツリンゴとミズゴケ水分を与えておけば、オスは美しい声で鳴き始めます。

　飼育箱は明るい風通しの良いところに置いてください。風通しが悪いと産卵木のマサキは葉が白く粉を塗ったような「ウドン粉病」になり、葉を落とす原因にもなります。朝日程度の日光は良いですが、7月中旬〜9月中旬までは飼育箱内の温度が上が

— 209 —

りすぎるので直射日光を避けてください。

エサにハチミツを使用しているので、よくアリが侵入します。飼育箱は地面や床に直に置かないようにします。万一侵入されたらアリ退治の薬で処理してください。

（2）産卵

メスはマサキの幹や枝の樹皮に産卵管を刺し、長さ1.6～1.7 mm、太さ0.5 mmくらいの長楕円で乳白色の卵を樹皮の中に軸方向に産卵します。

クサヒバリのメスは産卵した孔の部分を根元付近の土を口で運んできて、厚さ1 mm内外、直径5～7 mmから連続する場合は長さ70 mmにも塗り固める「壁塗り」をします。マサキの産卵孔に塗り付けられた壁土は孵化までの長い期間（8～10カ月）風雨や凍結にさらされても崩れ落ちないように、口の粘液で練り固めて接着させています。でも、そんなに頑丈な壁土も孵化には支障はありません。孵化のころになると雨や夜露が多くなるので壁土も柔らかくなり、外に出られるのです。

（3）産卵後の管理

一番のポイントは産卵木を枯らさないことです。枯らすと卵は死んでしまいます。産卵木をプラスチック鉢に植えた木に産卵させ、腰水（浅い容器に水を入れその中に入れる）にし、屋外の降雨（冬季凍っても枯れなければ良い）のあるところに置いて、水やり不足による産卵木の枯死を防ぐのも1つの方法です。マサキは冬の日光に十分当ててください。

（4）孵化直前の準備

飼育箱では孵化のころ（5月中旬～6月下旬ごろ）には、壁土部分を柔らかくするため毎日朝夕、霧吹きなどで噴霧する必要があります。クサヒバリの孵化したての幼虫は小さく（体長2～2.5 mmくらい、径0.5 mm前後）、飼育箱の網目が26メッシュでは逃げ出しますので30メッシュより細かいのでないといけません。

（5）幼虫時のエサ

エサは、木板などを産卵木の枝葉に触れさせるように橋渡しをし、その上にハチミツすり餌やミズゴケ水分皿を数カ所置くなどして、エサとの出会いをしやすくするなど気を配ってください。幼虫はすばしっこいので、エサの交換時に逃げられないように注意が必要です。成虫まで7回脱皮して7月中旬～8月中旬にはクサヒバリの美しい音が楽しめます。

（6）幼虫の飼育箱

大きめのマサキを入れると、収容数も多くできます。25 cm×40 cm×高さ40～50 cmで20～30頭。マサキの空間占有50～70 %が良いです。大きくなってしまったら

4章　もっと鳴く虫を楽しむために

枝、葉などは適当に切除してください。

　クサヒバリは上手に飼育（温度が20℃以上）すると11月下旬頃まで鑑賞できます。

3-5　カネタタキ

　カネタタキはチンチンチンと8月中旬ごろから鳴き始めます。昼間から鳴いているのですが、夜のほうがよく聞こえます。秋が深まってくると、家の中に入って一晩中それも年の瀬が迫る頃まで鳴くこともあります。

　体長10 mm前後で体色は茶色で、メスには翅がありません。オスの翅も「これでも翅？」と思わせるほど小さなものですが、色は栗色で付け根の部分に白色の細い帯が三日月型で「小さくもおしゃれな姿」です。動作はクサヒバリのような敏捷性はありません。メス・オスともに歩くことが専門で、後ろ脚は大きいですが飛び跳ねません。

（1）飼育箱と給餌

　クサヒバリと同じです。入れる数は容器25×35×高さ40 cmでメス10頭、オス10頭程度以下にします。多く入れても一度に全部は鳴きません。

　飼育箱の置き場所は、屋外からの通風がある直射日光が当たるところが良いです。飼育箱は5面がネットが良く、3面以下にする場合は温度上昇に注意してください。

　給水・給餌はカンタンやクサヒバリと全く同じです。

（2）産卵材

　カネタタキはクサヒバリと違って枯れた枝などの折れた部分や割れた部分に産卵します。飼育では枯れたアジサイが便利です。アジサイの株の中を探せば径10～15 mmの枯れ枝があります。この茎を長さ20～30 cmに折るかナイフで斜めにカットした面を上にし、飼育箱の中に垂直に挿してください。本数は7～15本ぐらいで多くてもかまいません。

（3）産卵材の管理

　産卵後の孵化準備までの管理は屋外で適当に雨に当たるところか、産卵材を引き抜き水道水で良く洗って乾燥させないように、カンタンと同様にミズゴケサンドイッチにして保管し、時折水分を補給してください。

（4）孵化準備

　産卵材はミズゴケサンドイッチ法では4月下旬ころ飼育箱に移し、水分を霧吹きなどで補給してください。カネタタキもクサヒバリと同様、小さいので成虫になるまで飼育箱を考慮することが必要です。幼虫時代の途中で飼育箱の交換は難しいです。マサキと土は必ず入れ替えてください。

孵化した幼虫が楽にマサキに移動できるように産卵材はマサキに接触するようにたてかけて挿してください。
(5) 孵化と幼虫のエサ
　孵化は野外では6月の上中旬です。飼育では孵化準備期が暖かい（平均20℃以上）と5月の中旬には孵化が始まります。体長2mm前後の幼虫はマサキの葉の中へ隠れてしまいます。飼育箱の置く場所、給餌方法などはクサヒバリと同様です。

3-6　クツワムシ
(1) 産卵とその準備
　野外でのメスは、通常9月中旬ころには交尾しています。産卵容器（飼育容器）はおよそ25cm×40cm×高さ40cmくらいで、メス1～3頭程度。未交尾のものがいるかもしれないので、オス1～2頭程度一緒にしてください。
　野外での産卵は土中ですが、ここでは①赤玉土を使用、②ミズゴケを使用を紹介します。
　1頭のメスは50～80個位産卵するといわれていますが、これを全部育てることは困難です。成虫では動物性のエサが不足するとオスの前・後翅はメスに食べられるので、ようすを見ながら調整してください。
　産卵容器内の環境は、①、②とも食草（トキワツユクサ、ツユクサ、コマツナ、サトイモの茎や葉、白菜の若菜など）とすり餌、フレーク状金魚エサ、ミズゴケ水分を与えることと、個体当たりの空間面積を増したり、隠れ場用に食草のトキワツユクサ（①は土に挿し木、②はミズゴケに挿し木）やマサキなどを入れると良いでしょう。
　クツワムシはよく食べるので何度も食草を補給しなければなりません。切り花のように水差しで行うと便利です。マサキは8月ごろでは挿し木は困難なので、食草と同様水差法が良いと思います。葉が枯れ始めたら入れ替えてください。マサキを植木鉢に植えるとその植木鉢の土中に産卵してしまい、後の管理に手間がかかります。
　卵は乳白色で長さ8mmくらい、径1.5～2mmくらいの長楕円形です。頭になる部分がやや丸みを帯びてスジがあります。
(2) 孵化までの管理
　1) 産卵用に土を利用した場合
　　産卵は土中です。なぜか産卵容器での産卵は、箱の周辺部の深さ1～3cmに産卵することが比較的多いです。透明のプラスチックやガラス製ですと産卵状態が外部からよく観察できます。

容器の底部には5mm程度の排水用の孔を数個あけ、孔から用土が排出しないように20メッシュのネットをしくと、後の産卵管理で水分補給するときにジョウロでかけても排水できて便利です。産卵用土は底部1〜2cmを中粒の鹿沼土（土地がべたつかない）、その上に小粒の赤玉土を4〜6cm入れます。

産卵が終われば、死骸やエサ、食草のトキワツユクサやマサキなどを取り除き清潔にしてください。

産卵土の管理は色々な方法がありますが、まず適度な湿度を保つ（乾燥を防ぐ）ことが主目的です。次の3つの方法があります。

a．産卵用土の上にビニールシートを置く方法。
b．容器ごとビニール袋で包む方法。
c．産卵用土から卵を取り出して別の容器にミズゴケや清潔な砂などを入れて管理する方法（この場合ミズゴケの方をお勧めします）。

失敗の多くは乾燥か、水に漬けて過湿にしてしまったことです。湿度管理の目安は乾燥してくると鹿沼土は白っぽく、赤玉土は薄茶色で、ともに水分を含むと濃い赤茶色のように変化しますのでわかります。また、計画的に管理する目安として毎月2日間、たとえば1日と15日ごろ乾燥していないか状態観察をするなどしてもいいでしょう。

置く場所は、直射日光が当たらない、1日の温度変化が少ない場所です。クツワムシは寒さには比較的弱いので凍らない場所にします。自然では6月の上〜下旬に孵化してきますが、飼育では通常産卵土が気温や室温の影響を大きく受けるため、孵化が早くなり5月上旬〜6月中旬になります。当然ながら加温すれば冬季でも孵化してしまいます。

2）ミズゴケを使用した場合

土を使用しないので軽量で産卵後の管理、持ち運びや水分補給が比較的容易なのでおすすめします。

新鮮なミズゴケを水道水で何回も洗い絞って、産卵専用容器（底部に排水用の孔を数カ所あけたもの）で円形（大きさ径10〜15cm）、または、四角形（縦横10〜15cm）のものに、いずれも深さ5〜7cmくらいにやや堅めに詰めて産卵させます。産卵後はこの産卵したミズゴケ容器ごと管理します。乾燥しないように水分補給するには、排水孔があるので上からコップなどで水をかけても安心です。

（3）孵化準備

1）産卵用土に産卵

産卵容器は4月上中旬ころより孵化準備になりますので、上記（2）-1）のa、bのビニールは取り除きますが、用土は乾燥しないように霧吹きなどで湿度管理してください。室内など20℃を越えたところでは5月の中旬には孵化が始まりますので、毎朝必ず観察するなどしてください。

2）ミズコケ産卵

4月上中旬になったら同様孵化準備に入ります。飼育容器には孵化してくる幼虫が歩きやすいようにミズゴケを1～3cm敷き詰めその上に産卵させた卵容器（（2）-1）のcも同様）を置いてください。孵化準備中の湿度管理は越冬中より大切です。失敗の原因は乾燥です。

（4）孵化

卵は孵化1～2週間前ころになるとやや緑色を帯びてきますので容易にわかります。孵化の多くは早朝です。土中（ミズコケ）からはい出て来るときは薄い膜状の袋をつけた状態で体をくねらせて地上に上がってきて、袋は地上で脱ぎ捨てます。脱皮当初はからだは柔らかく体長も間伸びしていますが、やがて時間が経つとやや縮み、触覚を動かします。体色はエメラルドグリーンで美しく、そしてかわいいです。この孵化の期間は1～2週間くらい続きます。

（5）孵化後の新しい飼育箱での管理

孵化した幼虫は、病気などを防ぐため新しく用意した飼育箱に移します。孵化した若齢期の幼虫を素手で持とうとすると嫌がって逃げ、無理やりに持つとつぶしてしまいます。マドロスネットの使用をお勧めします。幼虫の前に置き背後から指先で触れると容易に入ります。

1）飼育箱

飼育箱は成虫になるまでの約2カ月間使用しますが、成長にしたがって収容数を減らすことが必要です。終齢幼虫が正常に無事脱皮するには少なくとも20～30cm以上の空間と上面（天井面）などにつかまるところが必要です。

2）置く場所

クツワムシは主に夜行性ですが、病気などの予防のため、やはり昼間は明るく通風も必要です。飼育箱の置き方ですが、アリを防ぐため、乾燥した台の上に台の面から隙間を1cm以上あけるように枕をかけ、その上に置いてください。万一アリが入ってしまったら別の容器に移し替えてください。容器に入れる目安数は以下の

4章 もっと鳴く虫を楽しむために

程度です。

3）容器に収容する目安数

できる限り少なくしてください。多く入れるとエサ不足による共食いなどが起こります。また、特にクツワムシは糞・排出尿などで飼育箱が汚染しやすく、病気が発生して失敗する原因になります。

飼育箱の大きさの目安（例）25 cm×40 cm×高さ30 cm

1　若齢幼虫期（孵化〜体長2 cm）　　30〜50頭以下
2　体長（2〜3 cm）　　　　　　　　20〜30〃
3　体長（3〜終齢）　　　　　　　　20　　〃
4　成虫　　　　　　　　　　　　　　メス（3〜5）、オス3以下

4）共食い

共食いの防止策としては少数飼いです。ある程度過密を防ぐには飼育箱内にマサキ、ツユクサ、トキワツユクサなどの食草植物を多めに入れ、立体活用により分散させる方法があります。

5）エサ

コマツナの小苗、ツユクサ、トキワツユクサ、ナス、キュウリ等の植物を好んで食べます。また、動物性のエサは欠かせません。すり餌、フレーク状の金魚エサ、サナギ粉などを好みます。

コマツナなどはポットにまいておき、アリやクモなどがいないことを確かめて給餌すると便利です。また、ツユクサやトキワツユクサをポットで育てたものも便利です。

すり餌（3〜5分）や金魚エサなども必ず給餌し、カビが発生しやすいので3〜5日で新鮮なものと交換してください。

野菜類で注意したいのは残留農薬です。確認できるもの以外は使用しない方が安心です。特にトキワツユクサは赤玉土やミズコケに挿し木で容易に発根するので便利です。

6）脱皮障害

クツワムシは植物の葉を足がかりとして、足の爪を主に植物の葉などにつかまり、ぶら下がりながら脱皮します。抜けた成虫は抜け殻にぶら下がります（このとき強い風などがあれば落下してしまいます）。このため脱皮空間の目安は安全を見てそれぞれ体長の3〜5倍くらいです。

特に最終脱皮時（成虫になる）は安全をみて最低でも20 cm以上下方に垂直空間

がないと、十分伸びきらないで、縮んだままの翅や曲がった足などで固まってしまう脱皮障害となります。また、過密飼いをしていると他の幼虫がエサ探しに歩き回っているので、脱皮中の幼虫を足がかりとしてつかまり、その重さ（2頭分）に耐えず落下してしまうことが多々あります。翅が伸張する時間は20～40分で、数時間後には固まって動き出します。

（6）成虫

8月上旬～中旬に成虫となり、脱皮後4～7日もすると日没後あたりがやや暗くなり始めると元気よく鳴き始めます。メスがいて動物性エサが不足すると、オスの前翅の後方先端は食害され惨めな傷だらけの姿となってしまいます。防止策はやはり少数飼です。植物性のエサの他に動物性のエサを十分与えてください。

1）累代飼育

メスは成虫になって2週間も経てば交尾できますので、新しい産卵用土を入れた飼育箱にオスと一緒にしてください。何かの原因でオスに交尾行動がない場合のリスクとしてメス1頭に対してオス2～3頭くらいにすると健全な産卵が望めます。

注意することは、メスに必要以上に金魚エサを多く与えると栄養過多で「卵太り」になり産卵しにくい傾向がありますので、オスは1週間ほどしたら取り出してメスへの動物性食事制限をしてください。

2）体液の噴出

クツワムシは摂取した水分（体液）を30cmくらい周辺に噴出しますので、飼育箱や周辺を汚します。段ボール、新聞紙、ビニールなどで周辺に敷物をして定期的に取り替えます。特にキュウリなどは水分が多くでるようなので、水分の比較的少ない植物、すり餌、金魚エサなどにすると良いでしょう。しかし、こればかりでは水分不足となってしまうので、必要なときに飲める「ミズゴケ水」を入れ与えます。

3-7　キリギリス

（1）飼育箱

1）成虫の鳴き声を楽しむ容器

鳴き声を楽しむための1頭飼いの容器は、最小は7×7cmくらい以上×高さ7cmくらい以上の籠です。エサはすり餌、フレーク金魚エサ、ミズゴケ水分などです。

キリギリスの成虫は比較的共食いは少ないですが、動物性のエサが不足すると共食いが始まります。25cm×40cm×高さ40cmで隠れることができる食材などがあ

るとオス4～6頭、メス4～5頭くらい収容できます。それぞれの所になわばりを持って鳴きます。

収容容器が大きい場合（40 cm×50 cm×高さ50 cm）で、マサキやトキワツユクサなどで空間が多く逃げ場所がある場合は10～15頭収容できます。エサは数箇所以上分散しておきます。

2）飼育箱の置き場所

キリギリスは明るく風通しの良い草原にすむ昆虫です。幼虫時代は、まだ外気温が低いので日光が好きで良く日光浴をしています。後ろ脚をまっすぐに伸ばして横向きになったり、日の当たる上のほうへ来て日向ぼっこをしているようすをよく見かけます。このように日光と通風は特に必要で、通風があれば温度も上がらないので直射日光を十分に与えてください。日陰で密閉状態は良くありません。

3）飼育箱

1頭飼いの箱の大きさは10 cm×10 cm×高さ12～15 cmくらいが良く、最終脱皮（成虫になる）の時には、特に高さと滑り落ちにくい足がかりが必要です。

水分補給は、孵化後から成虫期に渡って必要です。人工エサの場合は欠かすことなく必ず与えてください。盛夏ならエサ不足より水不足が致命的です。補水方法は容器に足がかりや溺れ防止のためにミズゴケを入れて、水道水を補給します。清潔さを保つため2～3日で取り替えください。

(2) 産卵と孵化までの管理

キリギリスは深さ2～3 cmの土の中に産卵します。卵の大きさは長楕円形で長さが6 mmくらい、径1.5 mm内外で乳白色をしています。産卵土は病気を防ぐことから死骸やエサの残りなどを取り除き清潔にして、乾燥させないように水分補給をしてください。用土表面にビニールで覆うことも1つの保湿方法です。置く場所は1日の温度変化や、平均気温の高くならないようなところが良く、直射日光や降雨・降雪のない日陰で、冬季凍らない場所が良いでしょう。

3月になったら、少しずつ産卵してある土中を掘って卵の状態を観察してください。産卵の時期などによって翌年（1年目）孵化するものと2年目以降になるものがあります。孵化する卵はしないものに比べて、孵化3～4週間くらいから大きさ7 mm、径2.5 mmと大きくなります。また、目となる部分が黒く2個見えてくるので容易に判別できます。

孵化は夜明け前に始まります。前幼虫から皮を脱ぎ捨てたときの体色は茶色で体長7 mmくらいです。黒い目が目立ちます。7時から9時ころまでには、背中の2本の

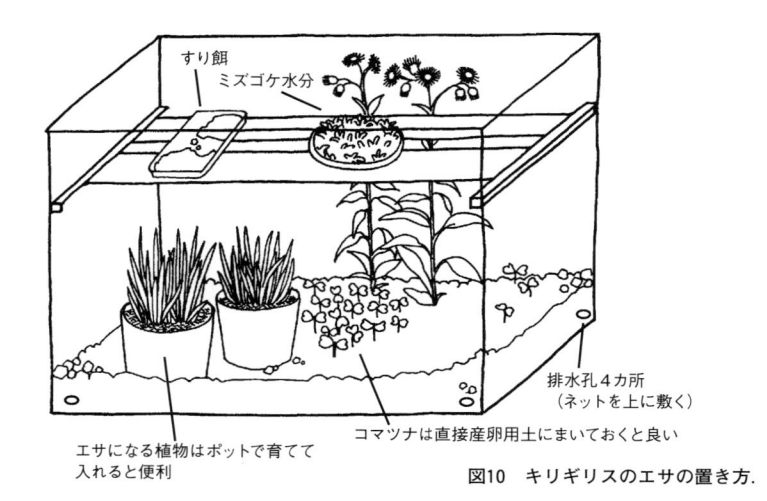

焦げ茶色の帯線が現れ通常見る姿となります。体長はやや小さいですが、それでもジャンプ力は強く30 cmくらいも跳ねます。

孵化しない2年ものは、そのまま卵の大きさは変化しません。もう1年大事に今までの管理を続けてください。

(3) エサの種類と置き場所（図10）

孵化したてのころは、コマツナの種葉、イネ科植物（ムギ幼苗の葉）、ハコベの花、キンセンカの花粉、菜類の花や花粉、ハルジオンの花や花粉をよく食べます。

コマツナは孵化の3～4週間前になったら直接産卵土にまいておくと良いでしょう。孵化したての若齢幼虫はコマツナの種葉を好んで食べます。

別に、ポットなどに1週間くらいずつずらしてまいたものを用意しておくと成長にあわせて給餌できるので便利です。キンセンカやハルジオン、ハコベ等は花を挿す要領で切ってコップなどに挿して給餌します。すり餌もよく食べます。

脱皮が3回後（体長2 cm内外）から、さきほどの植物性に加えて動物性のエサが特に必要となります。動物性のエサは、5～7分すり餌、金魚エサ（フレーク状のものが良い）、サナギ粉、ニボシなどを与えます。植物エサ以外は、原則毎日取り替えてください。

人工エサの置き場所は上面と下面の両方に分散して置いてください。好きなところで食べています。ミズゴケ水分は欠かせません。

(4) 後期幼虫時代から終齢幼虫～羽化

キリギリスは3齢（1.5～2 cm）になると動物性のエサが必要です。共食いが始ま

図10 キリギリスのエサの置き方.

ります。1頭ずつにすることが安全です。特に終齢幼虫は危険です。キリギリスの羽化空間はクツワムシのような脱皮空間は必要ありません。10×10×高さ10cm以上あれば十分です。これは最終脱皮すなわち成虫になる羽化時に後脚の大腿部の半分が折れるような仕組みになっているからです。草間が生い茂った、障害物がある所でくらしているので、広々とした羽化空間がないことからの適応と思われます。脱皮が完了すると3～5分くらいでまっすぐに伸びて通常に見る後脚となります。

（5）交尾

　メスを単独で別の箱で飼育して、2週間くらい経ってから、オスのいる箱に入れるとすぐに交尾します。メス上位で交尾したメスの腹部先端には大豆粒よりやや大きい乳白色の精包がついています。その中にある精子はメスの体内にある貯精嚢に移動し、残された精包をメスは食べてしまいます。

（6）産卵

　1）土中に産卵させる

　　交尾したメスは、新しい産卵用土を用意した産卵用の飼育箱に入れてやると、数日後、産卵管を土中に刺し込み産卵行為を始めます。産卵管はちょうど雨樋を2本合わせたような形状で卵が地中に移動して行くのがわかります。

　2）ミズゴケに産卵させる

　　産卵用土の代替にミズゴケを使うこともできます。産卵の仕方は土中と同じです。土中産卵より保湿管理がしやすいことと、軽いので持ち運びが容易です。

　　まず、新鮮なミズゴケを水道水でよく洗い、絞ったものを厚み5～7cmにできる容器に入れて、産卵させます。容器には水抜き用の孔（径5～7mm）を複数個あけておきます。これを乾燥しないようにビニール袋に入れ保管し、3月中旬ころビニール袋から取り出し孵化専用箱に移し、乾燥しないように管理します。3月下旬～4月下旬に孵化します。

　　メスの数は、産卵面積20cm×30cmで一度に5～6頭以内が適当です。エサは動物性が必要ですがあまり多く与えると卵の生育が良くなりすぎ産卵障害が出る場合がありますので、少なめにし（3～4日間隔で与えると良い）、植物性のエサを主にしたほうが安全です。

3-8　ヤブキリ（図11）

　キリギリス科の模式種となっているヤブキリ属の仲間は、エサや飼育環境にうるさくなく、簡単なセットで飼うことができます。ただし、肉食性が強いので、累代飼育

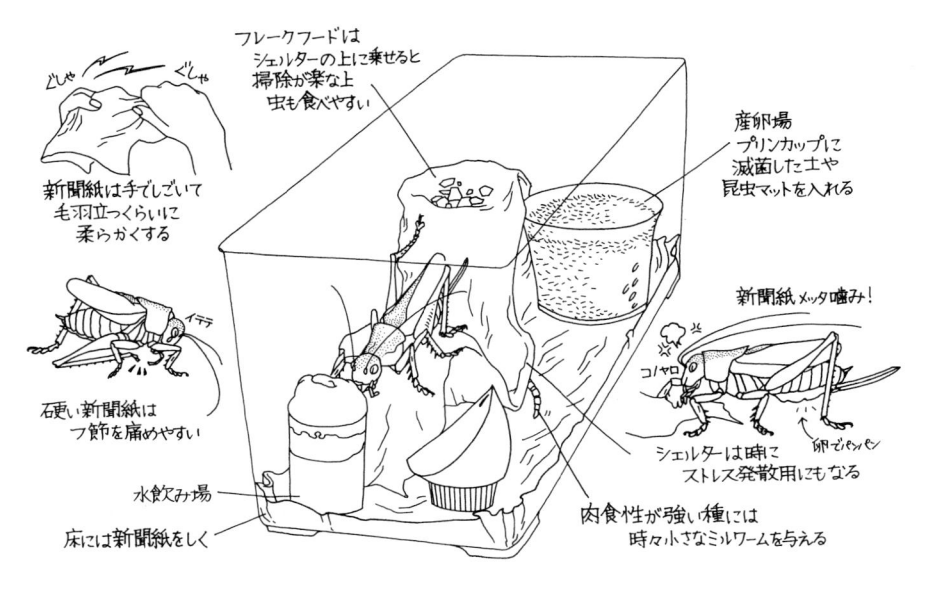

図11 ヤブキリの飼い方.

を望まないのであれば1頭で飼育したほうが無難です。からだが大きいので、1頭の場合、幅20 cm×奥行き15 cm×高さ15 cmくらいの大きさのケースが必要です。底には新聞紙を厚めに敷きます。新聞紙はそのまま敷いてもいいのですが、ぐしゃぐしゃと擦って柔らかくしてやったほうが、フ節を痛めずにすみます。また新聞紙を軽く折り曲げて隠れ場所（シェルター）を作ります。この新聞紙は隠れ場所になるほか、緊急の食べ物やストレス発散の役割もはたします。

エサには動物質のものと、糖分や水分を摂りやすい果物や野菜を与えます。私は観賞魚用のフレークフードとリンゴを基本食として与えています。これに加えて、ヤブキリやキリギリスのような大型のキリギリス科昆虫には、時々、小さなミルワームや食事の果物の残りを与えています。エサは床に直に置かずに、フレークフードのようなものは紙の上に、切ったリンゴはフィルムケースやペットボトルのふたに乗せて置くと、カビがケース内に広がらず、虫も食べやすいようです。果物や野菜からだけでは水分不足になりがちなので、フィルムケースに水を入れて脱脂綿で栓をした水場を作って置いてやります（図12）。

エサはカビが出たり腐ったりする前に取り替えてやります。取り替える頻度は夏なら2日に1回、冬なら3～5日に1回です。エサが傷んでいなくても、これを目安に

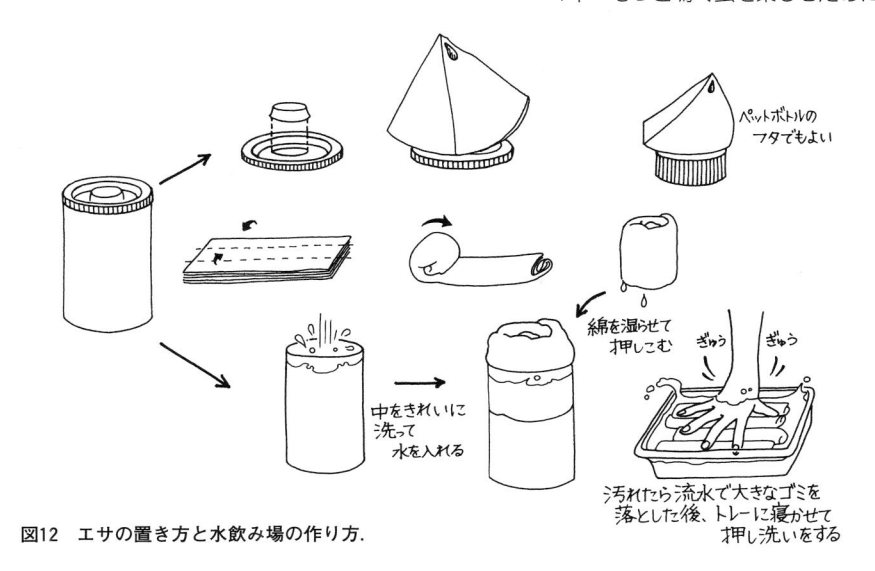

4章　もっと鳴く虫を楽しむために

図12　エサの置き方と水飲み場の作り方.

　時間があるときに取り替えてしまった方が安心です。水も同様です。取り替えて3日経ってもフィルムケースの中に水は残っていますが、上の綿が乾燥して水を飲めなくなっていたり、中の水が腐っていたりします。また、換えるときは必ず残っている水を捨てて容器の中をきれいに洗い、綿も崩れないように押し洗いをしてから、再び水場を設置してあげましょう。

　雌雄複数で飼う場合には、この1.5～2倍の広さのケースを用意します。隠れ場所も多く作り、エサを置く場所も2カ所以上用意してやります。これで共食いの確率は低くなりますが、まったく共食いが起きないわけではありません。

　産卵場所は産卵管の長さ以上に深い容器に、土を入れて用意します。土はどこにでもある土でも、販売されているスズムシマットやカブトムシマットでも良いのですが、卵に危害を加える菌やダニなどが入っていることが多いので、加熱してから使います。天日に干したり、白熱電球で熱したり、家の人の理解が得られれば小さな穴をあけたタッパーに入れて電子レンジで加熱してもよいでしょう。累代飼育を望まなくても、メスを単独で飼う場合には産卵場所を入れてやるとよいでしょう。卵を産む時期になっても産卵場所がない場合、たいてい新聞紙の隙間などに産み散らかしますが、なかにはストレスで自分の脚をかむような異常行動に走る個体もいるからです。

　このヤブキリのケースのセットは基本形で、地面近くにすむキリギリスやヒメギス、ツシマフトギスなどには床は新聞紙ではなく土や昆虫マットを敷く、草の間にすむ

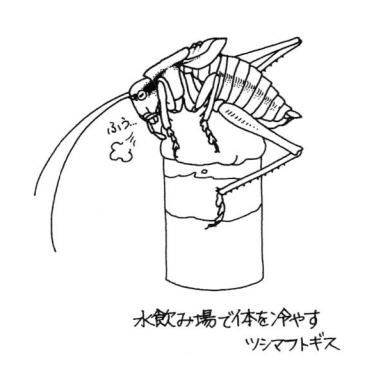

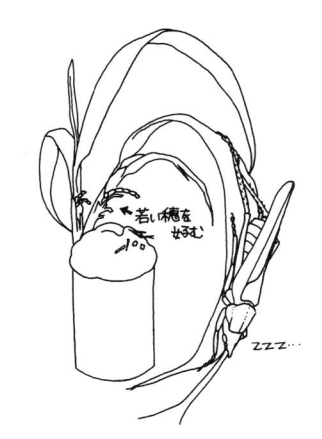

図13 ヤブキリの飼育方法は他の虫でも応用できる．

クサキリやササキリの仲間には枯れたイネ科草本をシェルターにしたり若い穂のついたイネ科草本を水に挿したりするなど、生息環境の微妙な違いによって変えれば、様々な種類に応用がききます（図13）。また、このケースの中で使っている「エサ」、「水」、「産卵場」、「床」のセットは後の種類の飼育でも頻繁に登場する基本の小物です。

3-9 コンパニオンインセクト モリバッタ（図14）

　奄美以南の島に生息するバッタの仲間で、アマミモリバッタ、オキナワモリバッタ、イシガキモリバッタ、イリオモテモリバッタ、ヨナグニモリバッタがいます。どれも翅が短く、飛ぶことはできません。のんびりとした性格で目が大きくてかわいらしく、色もきれい。特にイリオモテモリバッタは体が黄と黒、後脚は赤と青ととても色あざやかです。雌雄がいれば飼育下でもよく殖えます。コンパニオンアニマルならぬコンパニオンインセクトとしてペットデビューしても良いのではないかと思えるほどです。

　エサにはアジサイやギシギシを与えます。しかしこれらの植物は冬には入手しづらくなってしまうので、サンゴジュの葉や小松菜やチンゲン菜を与えます。市販の野菜はたいてい農薬がついていて、たまに与えるくらいなら問題はないのですが、毎日与え続けているとある日突然内臓が溶けるような症状で全滅することがあります。市販の野菜を与えるときは、朝晩2回水を取り替えて一昼夜水に漬けておくと良いようです。小松菜はベランダのプランターでも良く育つ野菜なので、無農薬野菜を育てて人間とバッタで分け合うのもいいでしょう。これらの植物は水に挿して与えます。成虫

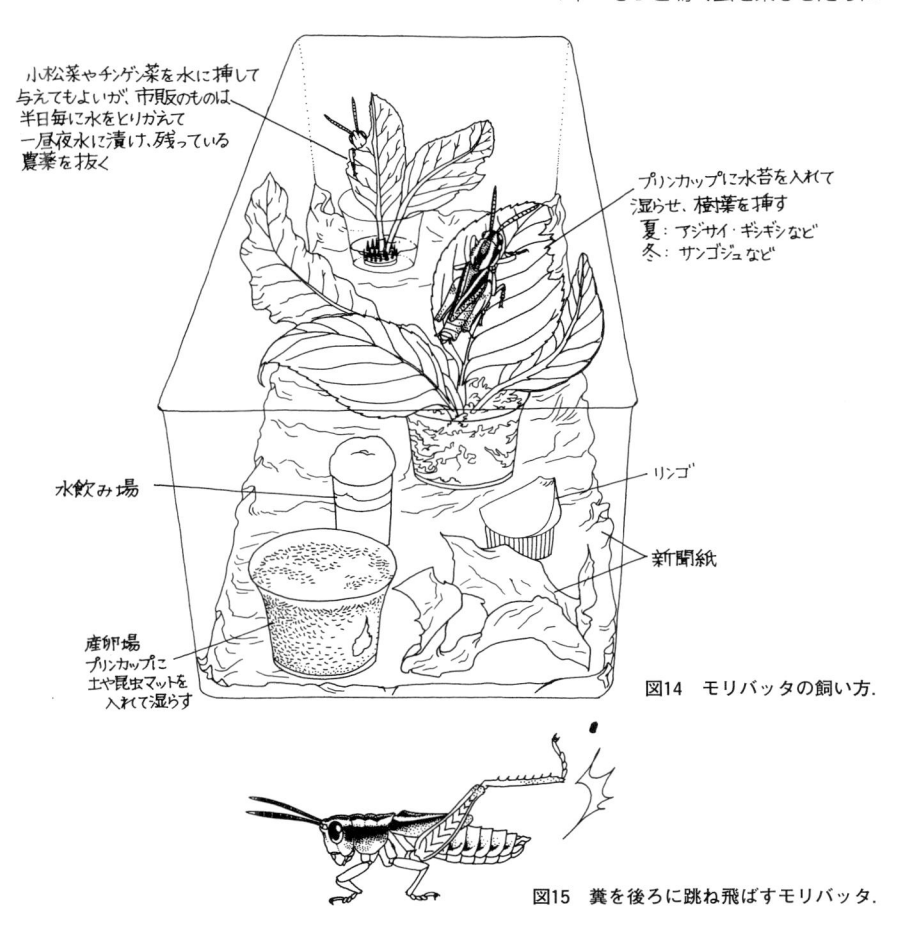

4章　もっと鳴く虫を楽しむために

図14　モリバッタの飼い方．

（図中ラベル）
- 小松菜やチンゲン菜を水に挿して与えてもよいが、市販のものは、半日毎に水をとりかえて一昼夜水に漬け、残っている農薬を抜く
- プリンカップに水苔を入れて湿らせ、植物を挿す　夏：アジサイ・ギシギシなど　冬：サンゴジュなど
- 水飲み場
- リンゴ
- 新聞紙
- 産卵場　プリンカップに土や昆虫マットを入れて湿らす

図15　糞を後ろに跳ね飛ばすモリバッタ．

だけなら剣山に挿すだけでもいいのですが、幼虫は落ちて溺れることがあるので、水に浸したミズゴケを詰めた中に挿すと安全です。

　南の島の昆虫なので寒さには弱く、気温10℃以下に数日間さらされると死んでしまうことがあるので、飼育下の室温には注意が必要です。

　あまり活発に動き回らず、割合狭いスペースでも飼えますが、糞を後に跳ね飛ばす（図15）ことや、驚いて跳躍したときに壁面や蓋にぶつかる衝撃を考えると、やはりそれなりのスペースは必要です。幅20 cm×奥行き15 cm×高さ15 cmくらいのケースで成虫4頭といったところでしょうか。

　ケースから逃げたとき、すばやく手で押さえようとすると跳ね回ってかえってなか

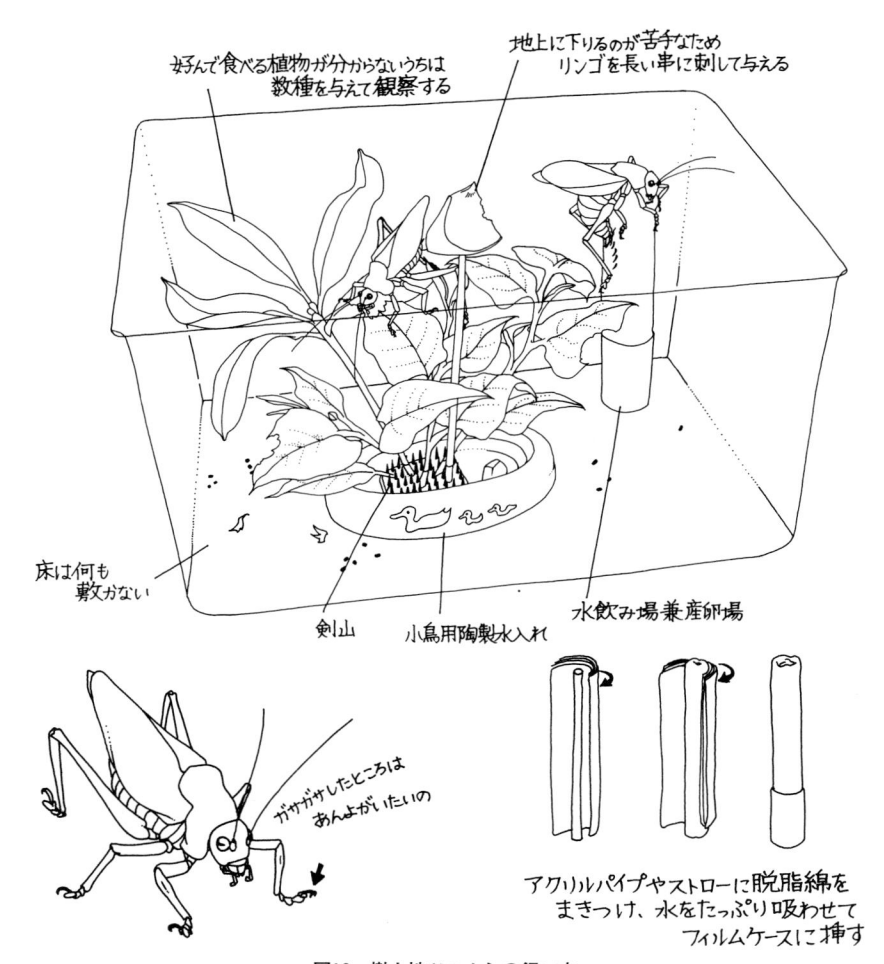

図中のラベル:
- 好んで食べる植物が分からないうちは数種を与えて観察する
- 地上に下りるのが苦手なためリンゴを長い串に刺して与える
- 床は何も敷かない
- 剣山
- 小鳥用陶製水入れ
- 水飲み場兼産卵場
- ガサガサしたところはあんよがいたいの
- アクリルパイプやストローに脱脂綿をまきつけ、水をたっぷり吸わせてフィルムケースに挿す

図16 樹上性ツユムシの飼い方.

なか捕まりません。ところが不思議なことに、ゆっくりと頭の方から手の平をかぶせて押さえると、簡単に捕まえることができます。

3-10 好き嫌いが激しい樹上性ツユムシ（図16）

樹上にすむクダマキモドキ類やヘリグロツユムシ類はからだが大きいのでかなり広いスペースが必要になります。比較的小型のヒメクダマキモドキでも幅20 cm×奥行き15 cm×高さ15 cmくらいのスペースはあったほうが良いでしょう。日本最大級の

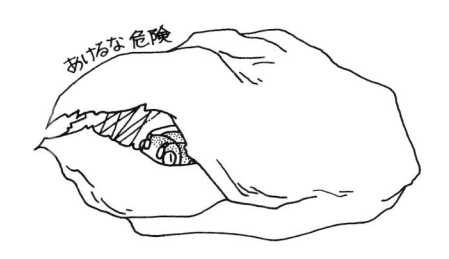

図17　新聞紙を糸で綴り合わせて休むコロギス．

図18　コロギスは食べ過ぎて死ぬことがあるので，エサの量に注意する．

タイワンクダマキモドキでは幅30 cm×奥行き25 cm×高さ25 cmくらいは必要になります。

　樹上性ツユムシ類は平らな地面を歩くのが苦手です。また、新聞紙は脚がかかりにくいのか、新聞紙を毛羽立つくらいに柔らかくして敷いても脚先を痛めてしまいます。そこで、ケースの床には何も敷かず、新聞紙のシェルターも入れず、たくさんの植物を入れて食料兼シェルターにします。種によって好んで食べる樹葉は異なっています。たとえばタイワンクダマキモドキはナンキンハゼやヌルデやイタドリを好んで食べます。野外で採集して飼うときには生息環境で何を食べていたのかを見ることも必要ですが、分からなかった場合には、とりあえず入手が容易な植物を手当たり次第入れてどれを好んで食べているのか観察し、好む種類が見つかったらそれをメインに与えます。この他、糖分や水分補給のためにリンゴも与えますが、前述の通り地面に下りるのが苦手なので、長い串に刺して葉の間から食べられるようにします。また、産卵場と兼ねて、丈の高い水飲み場を用意します。

　中齢以上の幼虫や若い成虫は大食漢でかなりの量の葉を必要とします。幼虫期にエサが切れた状態を続かせてしまうと羽化不全を起こしやすくなるので、絶えずケース内を葉で満たすようにします。また、たくさん食べるということはたくさん糞もします。清潔を保つため、ケースは頻繁に丸洗いするとよいでしょう。

3-11　くいだおれコロギス

　コロギスも樹上性で、前述の樹上性大型ツユムシと同じセットで飼うことができます。しかしこちらは肉食性が強いので、基本的には単独でしか飼うことができません。

　植物の葉はあまり食べないので、環境を整える程度の量を水に挿してあげます。その代わり、シェルターに柔らかくした新聞紙を数枚、丸めて入れます。昼の間、糸で

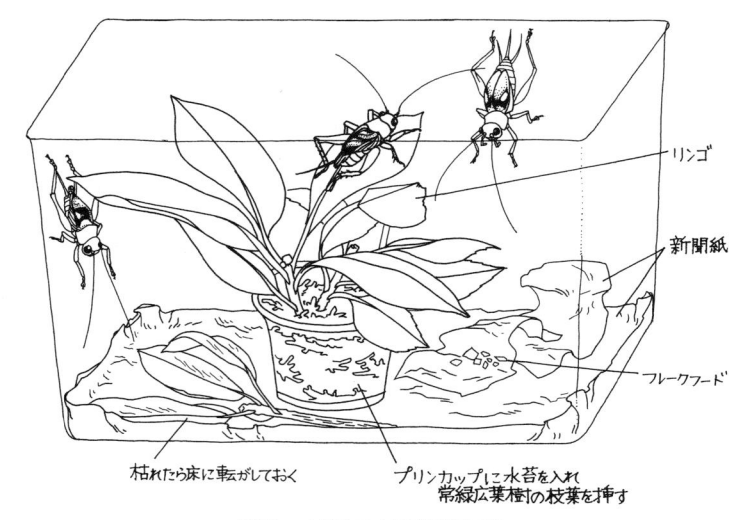

図19 マダラコオロギの飼い方.

つづり合わせて中で休んでいる様子が観察できることでしょう（図17）。エサにはリンゴ、フレークフード、3日に1回の頻度でミルワームを2匹くらい与えます。動くものを好んで襲って食べる習性があるので、ミルワームをついたくさんあげたくなりますが、食べすぎてお腹をはち切れんばかりに膨らませて死ぬことが多々あるので、おやつ程度に与えましょう（図18）。

　小型のハネナシコロギスは幅20 cm×奥行き15 cm×高さ15 cmくらいのケースでシェルターを多く用意してやれば、複数で飼うことも可能です。

3-12　立て板もへっちゃら　樹上性コオロギ（図19）

　基本的には樹上性ツユムシやコロギスの飼育環境と変わりません。エサはフレークフードとリンゴを与えます。エサと水と隠れ場所が満たされていれば共食いをあまりしないので、複数で飼うことができます。アオマツムシやマツムシモドキは幅20 cm×奥行き15 cm×高さ15 cmくらいのケースで3～4頭、マダラコオロギでは幅27 cm×奥行き19 cm×高さ20 cmくらいのケースで4～6頭くらいは飼えます。なかでもマダラコオロギは、野外でも1本の樹に10頭以上が群れているような過密状態で生活しているためか、多少の小競り合いはあるものの激しい共食いはしないようです。

　樹上性ツユムシのケースと異なるところは、床に柔らかくした新聞紙を敷くことです。何も敷かない状態でも飼えますが、凹凸のある地面のほうが好きなようです。

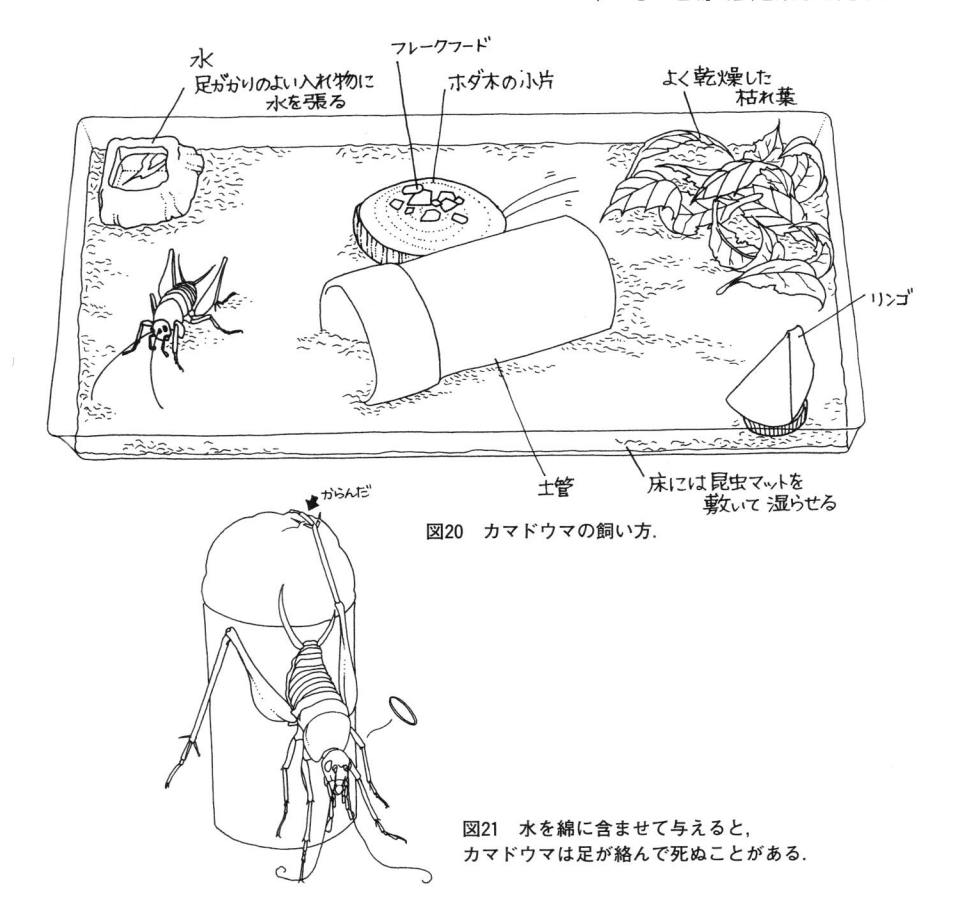

4章 もっと鳴く虫を楽しむために

図中ラベル:
- 水 足がかりのよい入れ物に水を張る
- フレークフード
- ホダ木の小片
- よく乾燥した枯れ葉
- リンゴ
- 土管
- 床には昆虫マットを敷いて湿らせる
- がらんだ

図20 カマドウマの飼い方.

図21 水を綿に含ませて与えると，カマドウマは足が絡んで死ぬことがある．

3-13 べんじょこおろぎと呼ばないで　カマドウマ（図20）

　カマドウマの仲間は「べんじょこおろぎ」と呼ばれて嫌われがちですが、飼っている内に愛着がわいてくる、そんな昆虫ではないでしょうか。性質は比較的穏やかで何でも食べ、飼いやすい部類に入ります。ただし、ケージの蓋を勢いよく開けたり、手で急につかもうとしたりすると、無鉄砲に跳ね回り、最後には部屋の隅に潜り込んで収拾がつかなくなるので注意しましょう。

　高さよりも広さを必要とするグループなので、カメを飼うようなプラケースが向いています。脚に滑り止めがないので、ケースの床には滅菌した土や昆虫マットを厚さ1.5 cmほど敷きます。シェルターには広葉樹の枯れた葉や観賞魚用に売られている素焼きの小さな土管、小さな植木鉢、カブト・クワガタ用品で売られているカットされ

— 227 —

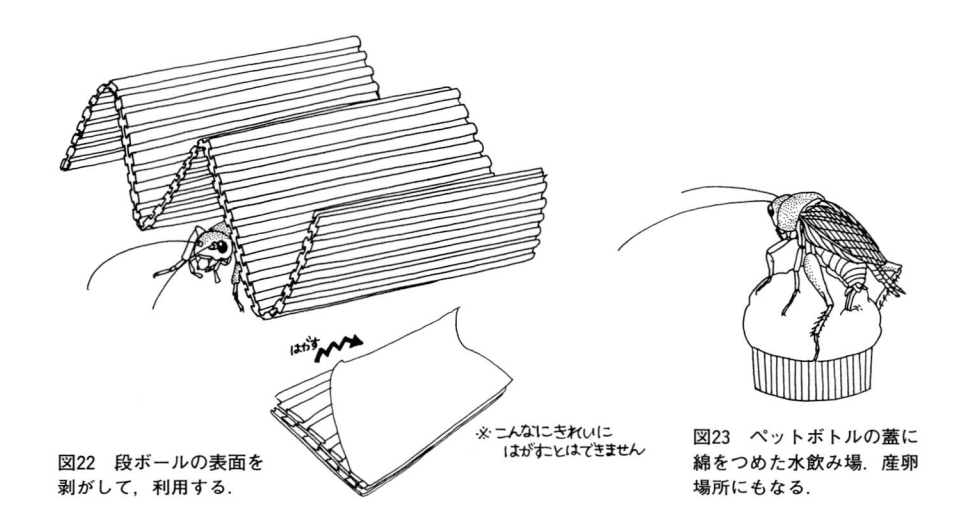

図22 段ボールの表面を剥がして，利用する．

※こんなにきれいにはがすとはできません

図23 ペットボトルの蓋に綿をつめた水飲み場．産卵場所にもなる．

たホダ木などを用意します。エサはフレークフードや柔らかくしたペレットフード、リンゴを与えます。水は綿に含ませたものだと脚をからませて宙吊りになって死ぬことがあるので（図21）、表面が滑らない小さな皿などに溺れない程度の深さに水を張ります。

3-14 滑り止めなしの地表性コオロギ

　基本的にはカマドウマと同じセットで飼えます。小さいながらも跳躍力が強くてよく飛び出るので、ケースは深いほうが良いかもしれません。床は土や昆虫マットの方がよいのですが、多数を飼うと糞だらけになって不衛生なので、掃除のしやすい段ボールでもよいでしょう。段ボールの表面は脚の掛かるところがなく滑ってしまうので、表裏の表面1枚を剥がして凹凸面を使います（図22）。コオロギが下に潜り込めないよう、きっちりと四隅を押さえ、床に張り付くようにセットします。シェルターもこの段ボールで作ることができます。

　カマドウマと違って脚をからませることはまずないので、飲み水は産卵場を兼ねてペットボトルの蓋に湿らせた綿を詰めたものを用意します（図23）。

3-15 大増殖コバネヒシバッタ（図24）

　ヒシバッタは意外に長期や累代の飼育が難しいグループです。しかし、その中でも大型の部類に入るコバネヒシバッタは容易に累代飼育をすることができます。大型と

4章 もっと鳴く虫を楽しむために

図中ラベル（上部から時計回り）:
- 通常付いているコバエシャットをとって通気をよくする
- 椎木の枯れ葉　食べ物にも、脱皮の足場にもなる
- ペットボトルの蓋に綿を詰めた水場
- 中によく産卵する
- フィルムケースの蓋をくり抜いて網戸の網を貼る　カビにくく掃除しやすい
- 土または昆虫マットを1cmほどの厚さに敷く
- ホダ木の欠片にスポイトで水を静かに含ませる

図24　コバネヒシバッタの飼い方．

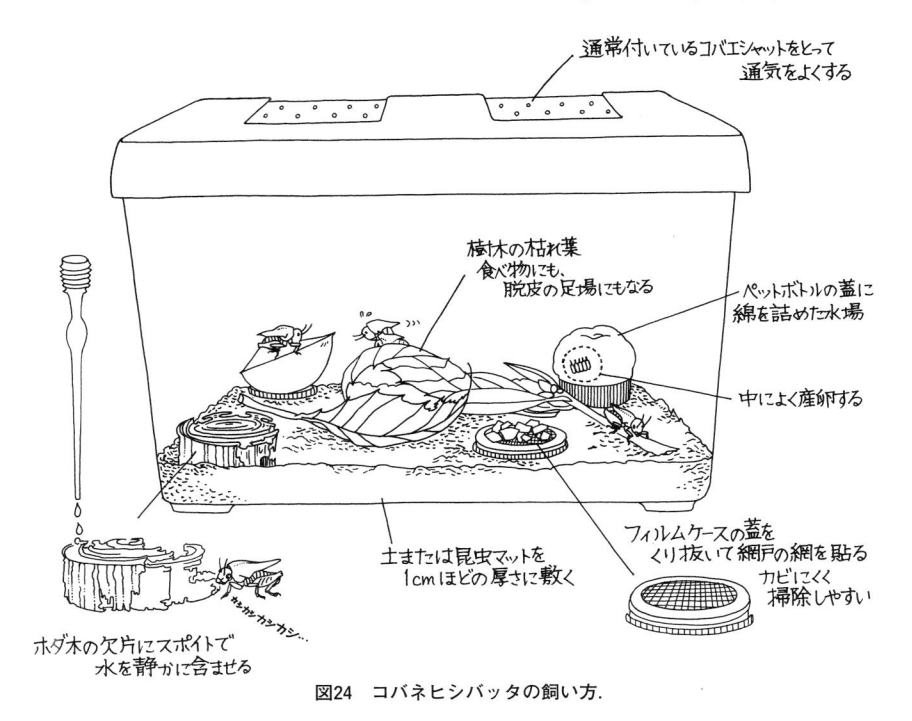

いっても、コバネヒシバッタの体長は1cm～1.5cmほどしかありません。小さいので小さい容器で飼えそうですが、実は幅20cm×奥行き15cm×高さ15cmくらいのケースが必要です。小さいケースは中の湿度や気温などが急に変わりやすく、環境の急変に体の小さいヒシバッタはついていけません。大きいケースだと中の環境が安定しやすいのです。

キリギリスやバッタを飼うようなケースでは蓋の目が粗すぎるので、小さい個体が逃げたり、床材がすぐに乾燥したりします。そこで、最近よくカブト・クワガタ用品コーナーで売られている「コバエシャット」プラケースを用います。不織紙の「コバエシャット」は付けていると湿度が高くなりすぎることがあるので、状況に応じて付けたり外したりします。

床には昆虫マットを湿らせたものを敷きます。エサはリンゴとフレークフードを与えます。どちらとも床に直に置かないようにします。リンゴはペットボトルやフィルムケースの蓋に乗せ、フレークフードはフィルムケースの蓋をくり抜いて網戸の網を張ったものや、柔らかくした新聞紙の上に乗せます。カビが生えやすいので頻繁に換

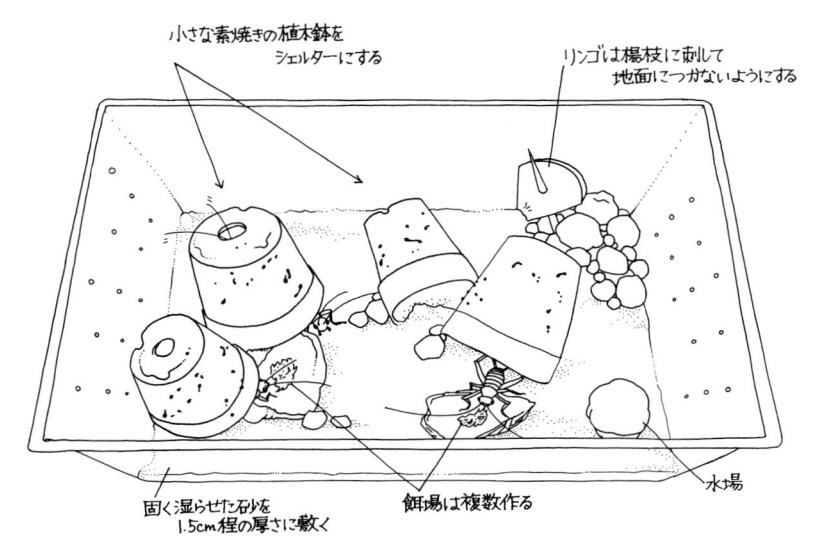

図中ラベル:
- 小さな素焼きの植木鉢をシェルターにする
- リンゴは楊枝に刺して地面につかないようにする
- 固く湿らせた砂を1.5cm程の厚さに敷く
- 餌場は複数作る
- 水場

図25 ウミコオロギの飼い方．

えるようにしましょう。この他、枯れた樹の枝葉、たっぷりと水を含ませたホダ木の欠片を与えます。どちらとも好んで食べます。ホダ木片が乾いてくると食べなくなるので、スポイトで静かに水を落として吸わせます。状況を別のものに例えるなら、しっとりと洋酒を含んだスポンジケーキや高野豆腐の煮物のような感じといったところでしょうか。

　産卵は水飲み場の綿に行われ、そのまま湿らせておくだけで容易に孵化します。幼虫のエサは成虫と同じで、特に気を遣うことはありません。床材の昆虫マットも食べます。ケース内の環境の安定を保っていれば、天敵のいない環境ですからどんどん殖えます。殖えすぎるとケース内が大量の糞で不潔になってアンモニア臭が漂うようになり、掃除をせずにそのままにしておくと環境悪化で全滅することがあるので注意しましょう。

3-16 弱く強かなウミコオロギ（図25）

　日本にいるウミコオロギ類（ナギサスズ類）の3種のうち、ナギサスズとウスモンナギサスズの2種は生息環境を見つけることができれば、容易に採集することができます。潮間帯から潮上帯というエサの供給が不安定な環境にすむがゆえにか、尋常でないほどエサに執着するため、採集する時はエサでおびき寄せます。

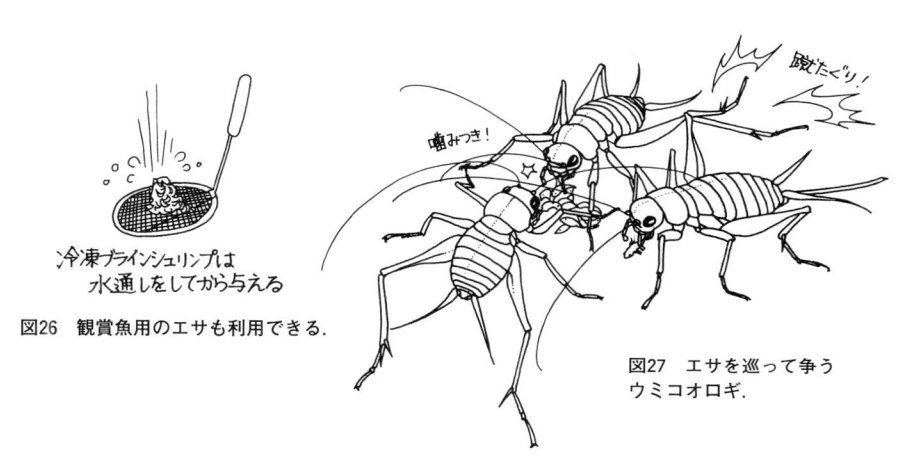

4章　もっと鳴く虫を楽しむために

冷凍ブラインシュリンプは
水通しをしてから与える

図26　観賞魚用のエサも利用できる．

噛みつき！

蹴たぐり！

図27　エサを巡って争う
ウミコオロギ．

　幅30 cm×奥行き25 cm×高さ25 cmくらいのケースの床に観賞魚飼育用の砂を1.5 cmほど敷いて固く湿らせ、隅に小さな石積みを作ります。下に小石をかませて素焼きの小さな植木鉢を伏せ、3～4カ所のシェルターを作ります。エサは生の魚介類、特にエビやカニを好むので、人間用の冷凍シーフードミックスが適しているように見えますが、保存料が添加されているため、薬品に非常に弱いウミコオロギは食べると死んでしまいます。そこで、観賞魚用に売られている冷凍ブラインシュリンプを与えます。ブラインシュリンプは必ず水を通して解凍してから与えます（図26）。「どうせ解凍するから」と凍ったブロックのまま平らな石の上や貝殻のエサ場に置くと、溶け出した体液でエサが固まってしまい、ウミコオロギが食べることができません。また、食べ残しは早めに片づけます。汚れたエサ場は水で洗い、砂の上に落とした食べ残しからカビが出たら、塩水をスポイトでかけて駆除します。海に接した生活をしているためか、カビにも非常に弱く、カビの生えたエサを食べたら死んでしまいます。

　エサを巡って激しい闘争をするため（図27）、エサ場は複数作ります。後脚での激しい蹴り合いや噛み付きによって、後脚や触角を失う個体も少なくはありません。傷付いた個体はすぐに共食いの標的にされてしまいます。

　海岸で生活をしているにもかかわらず、リンゴを好んで食べ、真水をよく飲みます。ペットボトルの蓋に綿を詰めた水場を用意し、砂が乾いたら霧吹きをしてやります。この時、ケースの内壁に大粒の水滴を作らないよう注意が必要です。かよわいウミコオロギは大粒の水滴の表面張力でケース壁面に吸い付けられ、動けなくなって死んでしまうことがあるからです。

きれいな標本が作りたい！

杉本雅志

　直翅目の昆虫は平均して大型で、日本に分布する種類数もほどよく多く、形態や生態も多様で、たいへん魅力的なグループだと思うのですが、その割に研究者が少ない印象を受けます。その理由の１つは、直翅類は蝶や甲虫に比べて変色しやすく、きれいな標本を作るのに手間がかかる事だと思います。昆虫を採集し、名前を調べ、標本を作って並べる作業はたいへん楽しいものです。しかし、せっかく採集した珍しい虫が黒く変色してしまっては、やる気も失せてしまいます。

　この本を読んで直翅類に興味を持った方がそんな事にならないよう、私が実際に行っている標本作成法をここに紹介しますので、参考にして下さい。

　まず、変色にはいくつかのパターンがある事を覚えておいて下さい。

　一番ひどいのは内臓や体液が腐敗して真っ黒になるもので、これを防ぐには、新鮮なうちに内臓や水分をなるべく取り除きます。

　緑色だった虫が黄色や褐色になったり、蛍光感のある黄色や青色が抜けたりするのは、これらの色素が不安定で分解しやすいためと考えられます。長期的には避け難いものですが、乾燥が遅いと起こる他、標本作成に使う薬品でも起こるので、それらの使用に注意します。

　脂肪が分解したものと思われる脂が染み出し、全体に飴色の光沢が出る事もあります。これはバッタ類や肉食のキリギリスに多く、なかなか厄介です。いずれの場合も、涼しい所ですみやかに乾燥させる事が大事です。

１．殺虫・整形

　標本を作るには採集してきた昆虫を殺さなければなりませんが、緑色はたいていの薬品で黄変するので、餓死させるか、＊有機溶剤のアセトンに漬け、虫が死んだらすぐに出します。そして、ササキリ類やウマオイくらいまでのサイズなら、首や胸と腹の境目など膜質の部分にピンセットで穴をあけ、アセトンに５分ほど漬けます（長く漬けすぎると変色するので注意）。アセトンには水や油を溶かし出す性質があり、小型のものならこれだけで脱水されるので、引き上げた後、形を整えながら乾燥させます。

　大型のものや脂肪の多いバッタ類は内臓を取り出すほうが無難です。このときに内

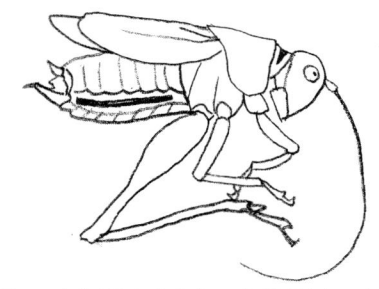

4章　もっと鳴く虫を楽しむために

図1　内蔵を取り出す時に，切り開くところ（黒い部分）．

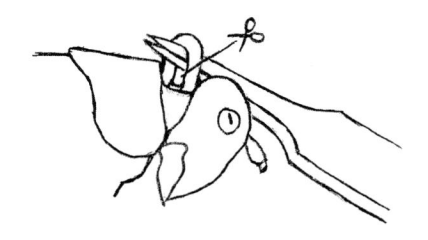

図2　ピンセットをで消化管をすくい上げ，頭部に近い方で切断する．

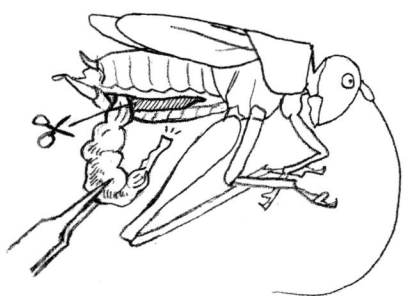

図3　内蔵をピンセットで引き出し，直腸のあたりで切断する．

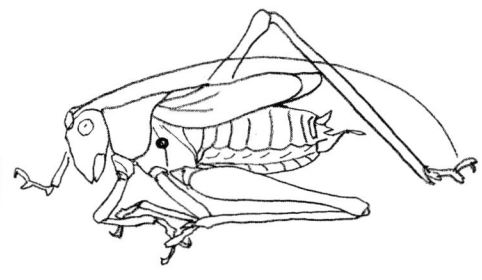

図4　内臓を取った後は，アセトンに浸けてからすすぎ，引き上げて整形し乾燥させる．

臓から出る体液をなるべく体内に漏らさない事と、体の内側にある色の着いた膜を剥がさない事がコツです。ですから、体内にピンセットを突っ込んで掻き出すのは良くありません。私は、頭と胸の境目のうなじ部分の膜と、標本にした時に目立たない腹の右側の膜部、この2カ所を切り開きます（図1）。この時に生殖器など、標本として重要な情報を持つ部分を壊さないよう注意しましょう。腹部末端の3節位を残しておくと、生殖器を壊さずにすみます。そして、うなじのほうにピンセットを差し入れて消化管をすくい上げ、頭部に近いほうで切断します（図2）。このときに出てくる体液はできるだけティッシュで吸い取っておきましょう。次に腹の方からピンセットを入れて内臓をすっぽり引き出し、直腸のあたりで切断します（図3）。その後、体内に残った内臓や脂肪、卵などをざっと取り、アセトンに5～10分漬けてすすぎ、引き上げたら形を整えて乾燥させます（図4）。腹の中はからっぽのままで問題ありません。腹を膨らませたい場合は脱脂綿を詰めますが、細かく切った綿を内壁に貼った後、中心から外側に押し広げるように綿を足していくと美しく仕上がります。この内

臓抜き取り法は失敗の少ない良い方法ですが、体液を失った分、全体に色が薄くなる感じがあります。

　褐色や黒色の個体なら薬品による変色を気にしなくていいので、アルコールやアセトンに数日漬け込んでから乾燥するだけで標本になります。薬品の作用で関節が硬くなるので、先に形を整えてから漬け込みます。乾燥時に腹がしぼんだりするので、大型のものは内臓を抜いた方が良いでしょう。

２．乾燥

　私の場合は冷蔵庫に並べて乾燥します。これはなかなか良いのですが、一般の家庭では、虫を直接冷蔵庫の中に並べるというのは抵抗感があるでしょう。要は鮮度を保ちながら早く乾かせば良いので、乾燥剤とともに密閉容器に入れ、できれば冷蔵庫に入れる、という方法が一般的でしょう。冷凍庫を使う人もいますが、部分的に変色したり触角が折れやすくなったりする事があります。

　ここまで書いてきたのは基本に忠実、失敗の少ない方法ですが、いつもそんなに余裕があるとは限りません。

　たとえば、採集した虫を餓死させようと冷蔵庫に放置していると、美しい緑色のまま乾燥している事があります。腐って黒くなっている事も多々ありますが、体液の流失がないせいか、うまく残った標本は手間をかけて作ったものより濃い色彩を保っています。そこで、たくさん採れて処理する時間がないときなど、１匹ずつ紙包みにして冷蔵庫に放置する事があります。なるべく吸湿性・通気性に優れた紙を用いると成績が良いように思います。

　これの応用で特殊な例をあげると、狩り蜂の仲間には直翅類を狩るものがいて、その麻酔された獲物を横取りできれば、生きたまま徐々に乾燥していくので非常に美しい標本になります。

　他には、カネタタキ類の体表を覆う蝶のような鱗粉、これを剥がさないように標本を作るのは至難の技ですが、採集したその場でアルコール漬けにして持ちかえると、意外と残っています。ただし関節が固まってしまうので、整形が困難になるのが難点です。

　ここまで、私なりに実践している方法を書いてきましたが、まだまだ創意工夫の余地があると思います。たとえば、海外から届く巨大なキリギリスなどの標本に美しい

4章　もっと鳴く虫を楽しむために

緑の残ったものがあります。これは内臓を抜いた後、火で焙って乾燥しているとの事で、私にとっては未知の技術です。
　みなさんもさらに美しく、なおかつ楽に作る方法を模索し、知恵をしぼってみて下さい。
　最後になりますが、こうしてできあがった標本はよく乾燥させ、湿気を食わないように暗く涼しい場所で保管するのが良いようです。

＊アセトン使用の注意：有機溶媒。引火性が強いので、使用するときには、換気を行い火気に注意しましょう。吸い込むと体によくありません。

おわりに

　自然史博物館では毎年、「夏休みの自由研究でセミを扱いたい」という相談を小中学生らから持ちかけられます。また秋には、中高年の方々を中心に、鳴く虫についての質問をしばしば受けます。これらのことは、日本の人々の奥深くに、鳴く虫に対する豊かな情感性と強い探求心が存在していることを示しているように思います。鳴く虫について調べている組織として、日本直翅類学会と日本セミの会がありますが、ともに1978年に発足し、メンバーのほとんどが在野のアマチュアとなっていることとも関連しているかもしれません。

　鳴く虫の鳴き声には様々あります。しかし、本書でも紹介したように、訓練を積めば、多くの種類について聞き分けが可能になります。最初はただの「虫の声」だったのが、その虫に興味を持ちはじめ、その違いに耳を傾けていくうちに、聞き分けや種類の特定ができるようになります。さらに、同一地域でも環境によって、聞こえてくる鳴き声が違ったり、また同じ種類の鳴く虫でも、ちょうど方言のように、地域で異なったりしていることにも気付くようになります。このような違いは、調べれば調べるほど興味が惹かれ、さらに深く探求しようという動機付けにもなっていきます。本書で執筆したメンバーの多くは、このようにして鳴く虫の魅力に惹かれていきました。

　優雅で美しい鳴く虫の音色に精通することで、私たちの日常の生活は心豊かなものになるでしょう。また、昨今は環境問題が声高に叫ばれていますが、私たちはこれらの変化を正しく理解するために、できるだけ敏感になっておく必要があります。見慣れない生き物や現象を「目」で見つけたり、気温の違いを「肌」で感じたりするほか、鳴く虫たちに詳しくなることで、「耳」のほうもからも、これらの変化を感じ取れるようになるでしょう。

　鳴く虫を知ることは、豊かな心を育てるだけでなく、私たちの身近な環境から地球全体を見つめ、見直し、見守ることにもつながるのです。〈初宿〉

謝辞

　本書の作成にあたり、以下の方々にご協力いただきました。
　雨田祐二、大串龍一（石川むしの会）、草刈広一、小泉八雲記念館、斉藤卓治、佐藤寛之、樽野博幸（大阪市立自然史博物館）、塚原和之、徳本　洋（石川むしの会）、永井正身（環境科学株式会社）、中谷憲一（大阪市立環境学習センター生き生き地球館）、西口栄輔、日本鳴く虫保存会（会長　小野公男）、沼田英治（大阪市立大学大学院）、林　正美（埼玉大学）、松井正人（石川むしの会）

　また、編集にあたっては稲　英史氏（東海大学出版会）にご尽力いただきました。深く感謝します。

参考文献

1章　鳴く虫の話：直翅目編
● コオロギたちの鳴き声

Alexander, R. D. 1962. Evolutionary change in cricket acoustical communication. Evolution, 16:443-467.

Honda-Sumi, E. 2005. Difference in calling song of three field crickets of the genus *Teleogryllus*: the role in premating isolation. Animal Behavior, 69:881-889.

Masaki, S. 1966. Geographic variation and climatic adaptation in a field cricket (Orthoptera: Gryllidae). Evolution, 21:725-741.

Masaki, S. and Ohmachi, F. 1967. Divergence of photoperiodic response and hybrid development in *Teleogryllus* (Orthoptera: Gryllidae). Kontyû, 35:83-105.

● 草原で鳴くバッタたち

市川顕彦　1991．コバネイナゴ♀の発音．ばったりぎす，(92):19．
石川　均　1998．フキバッタも鳴く？　ばったりぎす，(114):35．
石川　均　1998．クルマバッタの発音について．ばったりぎす，(114):35．
加藤正世　1933．ショーリョーバッタモドキ（改称）．昆虫界，1(6):649．
中原直子　1999．ツチイナゴの行動．ばったりぎす，(122):50．
西治　敏　2000．クルマバッタが発する2種類の音（直翅目：バッタ科）．福井虫報，(27):45-48．
岡田正哉　1989．もも鳴きバッタとすね鳴きバッタ．ばったりぎす，(83):15-18．

Otte, D. 1970. A comparative study of communicative behaviour in grasshoppers. Miscellaneous Publications, Museum of Zoology, University of Michigan, (141):1-168.

Ragge, D. R. and Reynolds, W. J. 1998. The songs of the grasshoppers and crickets of Western Europe. Harley Books in association with the Natural History Museum, Essex, 591pp.

山崎柄根　1980．孤独相トノサマバッタの生活．インセクタリゥム，17(8):196-203．

● あれ！？　こんな鳴き方もある！：コオロギ・バッタたちの不思議な鳴き方

藤井俊夫　1982．サトクダマキモドキがタップ音を発する？？．ばったりぎす，(44):1222．
藤井伸二　1986．ヒメクダマキモドキ♀が発音しました．ばったりぎす，(70):19．
藤本艶彦　1979．ヒョータンから駒！！！　和泉葛城山でセモンササキリモドキを加納さんが採集！！．ばったりぎす，(17):295-298．
藤本艶彦　1980．ヘリグロツユムシ雌の発音確認．ばったりぎす，(24):496．
井上尚武　1992．松浦一郎さんの鳴く虫・談．ばったりぎす，(97):10．
加納康嗣　1981．ハネナシコロギスの腹振りダンス．ばったりぎす，(40):1019-1021．
加納康嗣　1985．比奈知地域の直翅類相〈番外編〉．ばったりぎす，(62):39-48．
加納康嗣　1980．打音より翅音への発音方法への発展．ばったりぎす，(24):499-522．
河合正人　1980．昆虫会のキツツキ？マツムシモドキの打撃音．ばったりぎす，(24):492-496．
河合正人　1980．彼奴のは直角に立つか？！－コオロギ類の羽の立て方－．ばったりぎす，(25):536-541．
松浦一郎　1980．退化か進化か？「鳴かない」鳴く虫．ばったりぎす，(26):561-564．
松浦一郎　1983．クロヒバリモドキも求愛信号？を発す．ばったりぎす，(54):1622-1623．
松浦一郎　1983．鳴かないコオロギ3種類の求愛信号．ばったりぎす，(56):1720-1722．

松浦一郎　1986．ウスグモスズの求愛信号！？．ばったりぎす，(66)：2．
八木　剛　1986．河合氏により眠らされていた文献をよびおこしてみました．ばったりぎす，(68)：10-14．
内田正吉　1993．コロギスは噛み付き，羽ばたき，威嚇する．ばったりぎす，(99)：28．
●消え行く草原のマツムシ
青木　良　2001．鳴く虫．「東京都の生きもの」編集委員会編「東京都の生きもの」，日本生物教育会第56回全国大会東京大会実行委員会，pp.119-125．
内田正吉　2000．埼玉県の台地および丘陵地におけるマツムシの生息環境について．寄せ蛾記，埼玉昆虫談話会，(96)：2889-2893．
内田正吉　2002．群馬県藤岡市におけるマツムシの記録．寄せ蛾記，埼玉昆虫談話会，(104)：7-8．
内田正吉　2005．田んぼとバッタ．むさしの里山研究会編「田んぼの虫の言い分　トンボ・バッタ・ハチが見た田んぼ環境の変貌」，農山漁村文化協会，東京，pp.65-127．
●春に鳴く虫：クビキリギス
冨永　修　1996．図鑑日本のクサキリ．ばったりぎす，(106)：2-23．
中原直子　1997．クビキリギス*Euconocephalus varius*（WALKER　1869）の生活史．ばったりぎす，(111)：32-35．
中原直子　1997．くびきりぎす雑記②　1997年4月～6月．ばったりぎす，(112)：25-28．
中原直子　1998．くびきりぎす雑記③　1997年7月～1998年1月．ばったりぎす，(116)：27-30．
中原直子　1998．くびきりぎす雑記④　1998年2月～6月．ばったりぎす，(118)：27-29．
中原直子　1999．くびきりぎす雑記⑤　1998年6月～12月．ばったりぎす，(121)：10-11．
中原直子　1999．くびきりぎす雑記〈番外：成長過程〉．ばったりぎす，(121)：12-14．
●コラム：鳴く虫たちの食事メニュー
日本直翅類学会編　2006．バッタ・コオロギ・キリギリス大図鑑．北海道大学出版会，札幌，687pp．
●日本のキリギリスとその近縁種
De Haan W. 1843. Bijdragen tot de Kennis der Orthoptera. p.214.
Dirsh, V. M. 1927. Studies on the genus *Gampsocleis* Fieb. (Orthoptera, Tettigoniidae). Zbirnyk prats Zoolohichnoho muzeiu, Kiev, 7(1)：147-158.
Ueda, K. and Yoshiyasu, Y. 2001. A list of Japanese Insect Collection by P. F. von Siebold and H. Burger preserved in Nationaal Natuurhistorisch Museum, Leiden, the Netherlands Part 3. Other Orders. Bulletin of The Kitakyushu Museum of Natural History, (20)：81-159.
Uvarov, B. P. 1924. Notes on the Orthoptera in the British Museum. 3. Some less known or new genera and species of the subfamilies Tettigoniidae and Decticinae. Transactions of the Royal Entomological Society of London. 4：492-537.
Willemse, F. 2001. Letter to Mr. Ichikawa (for *Gampsocleis*; *Decticus*; *Tettigonia*). ばったりぎす，(125)：37-39．
Yamasaki, T. 1982. A new species of the genus *Gampsocleis* (Orthoptera Tettigoniidae) from the Ryukyu Islands. Annotationes Zoologicae Japonenses. 55(2)：118-124.
●ヤブキリの声に耳を傾けてみよう
Ogawa, J. and Ohbayashi, N. 2003. Preliminary study of Japanese species of the genus

Tettigonia（Orthoptera, Tettigoniidae）. Japanese Journal of Systematic Entomology, 9(2)：145-158.

小川次郎　2006．日本産ヤブキリ属の分類．昆虫と自然, 41(11)：6-10.

●ノミバッタの異端児返上計画

Murai, T. 2005. The family Tridactylidae（Orthoptera）of Japan. Tettigonia,（7）：9-22

●日本産ヒナバッタ類とその見分け方

市川顕彦・石川　均　1999．日本のヒナバッタ類．昆虫と自然, 34(9)：20-25.

Ishikawa, H. 2002. A new species and a new subspecies of *Glyptobothrus* Chopard, 1951（Orthoptera, Acrididae）from Japan. Tettigonia,（4）：51-53.

Ishikawa, H. 2003. A new subspecies of *Chorthippus fallax*（Zubowsky, 1899）from the Akaishi Mountains, Central Japan（Orthoptera, Acrididae）. Japanese Journal of Systematic Entomology, 9(1)：121-125.

日本直翅類学会編　2006．バッタ・コオロギ・キリギリス大図鑑．北海道大学出版会, 札幌, 687pp.

Storozhenko, S. Yu. 2002. To the knowledge of the genus *Chorthippus* Fieber, 1852 and related genera（Orthoptera：Acrididae）. Far Eastern Entomologist,（113）：1-16.

冨永　修　2002．雲上の天使達（X）北アルプス・爺ヶ岳．ばったりぎす,（131）：54-60.

●コラム：まだまだわからない幼虫の識別

日本直翅類学会編　2006．バッタ・コオロギ・キリギリス大図鑑．北海道大学出版会, 札幌, 687pp.

河合正人　1978．直翅類のはね-1-．ばったりぎす,（4）：32-34.

河合正人　1998．幼虫形態変化の検討…．ばったりぎす,（117）：6.

●本州で見られるササキリ類幼虫の見分け方

河合正人　1985．ウスイロササキリの1齢幼虫識別．ばったりぎす,（64）：26.

小田健一　2000．ササキリ類における色彩多形と体色変化．昆虫と自然, 36(12)：14-17.

●琉球の鳴く虫に会いに行こう！

村山望　1986．キリギリス科か、コロギス上科か？　ようわからん写真．ばったりぎす,（67）：1.

杉本雅志　2005．（8）マングローブで出会った昆虫たち．「宍道湖自然館第9回特別展解説マングローブ生きもの図鑑」　島根県立宍道湖自然館ゴビウス（財）ホシザキグリーン財団, pp.52-58.

日本直翅類学会編　2006．バッタ・コオロギ・キリギリス大図鑑．北海道大学出版会, 札幌, 687pp.

小林正明編．1983.南西諸島の直翅類．ばったりぎす・なおばね情報合併特別号, 69pp.

大城安弘．1986．琉球列島の鳴く虫たち．新報出版, 那覇市．158pp.

●移入か？　在来か？　移り変わる分布を追って

市川顕彦・村井貴史・本田恵理　2000．総説・日本のコオロギ.ホシザキグリーン財団研究報告,（4）：257-332.

日本直翅類学会編　2006．バッタ・コオロギ・キリギリス大図鑑．北海道大学出版会, 札幌, 687pp.

●江戸東京の虫売り：鳴く虫文化誌

長生村風土記編纂委員会　1980．長生村風土記（明治・大正編）．
江崎悌三　1953．日本昆虫学史話．新昆虫，6(1)：20-25．
半澤敏郎　1980．童遊文化史Ⅱ．東京書籍，東京．
石井　悌　1952．鳴虫譚．新昆虫，5(9)：2-5．
金子浩昌・小西正泰・佐々木清光・千葉徳爾　1992．日本史のなかの動物事典．東京堂出版，東京，266pp.
加納康嗣　1990．鳴く虫の文化誌．奥本大三郎監修「虫の日本史」，新人物往来社，東京，pp.56-65.
加納康嗣　1996．(4)鑑賞する虫－虫屋の移り変わり－．「大阪市立自然史博物館第23回特別展解説書　昆虫の化石」，大阪市立自然史博物館，pp.40-45.
菊池貴一郎著・鈴木棠三編　1965．絵本江戸風俗往来．平凡社，東京，296pp.
喜多川守貞著・宇佐美英機校訂　1996．近世風俗志(一)．岩波書店，東京，429pp.
小林清之介　1985．季語深耕　虫．角川書店，東京，278pp.
小泉八雲　1898．虫の音楽家．(平井呈一訳　1964，全訳小泉八雲作品集第8巻．恒文社，492pp.)．
小泉八雲著・大谷正信訳注　1921．虫の文学　小泉八雲文集第4編．北星堂書店，東京，515pp.
小西正泰　1948．東京の蟲売り．新昆虫，1(10)：8-12．
小西正泰　1977．虫の文化誌．朝日新聞社，東京，271pp.
小西正泰　1993．虫の博物誌．朝日新聞社，東京，300pp.
小西正泰，1996．鳴く虫の文化誌．「鳥かご・虫かご　風流と美のかたち」，INAX出版，東京，pp.70-74.
小西正泰　2007．鳴く虫を愛でる文化．生き物文化誌Biostory，7：42-43.
小西正泰　2007．虫と人と本と．創森社，東京，524pp.
松田道生　2003．大江戸花鳥風月名所めぐり．平凡社，東京，244pp.
松浦一郎　1989．鳴く虫の博物誌．文一総合出版，東京，178pp.
三田村鳶魚著・朝倉治彦編　1997．江戸の春秋．中央公論社，東京，322pp.
三谷一馬　1991．明治物売図聚．立風書房，東京，367pp.
三谷一馬　1996．彩色江戸物売図絵．中央公論社，東京，312pp.
宮田章司　2003．江戸売り声百景．岩波書店，東京，144pp.
虫屋清次郎・鈴虫之作様．(写本，制作年代不明)．
西村真次　1924．鳴く虫の観察．弥円書房，136pp.
西山松之助　1992．甦る江戸文化．日本放送出版協会，東京，239pp.
興津　要　2005．江戸娯楽誌．講談社，東京，288pp.
小野武雄　2002．江戸の歳事風俗誌．講談社，東京，258pp.
乙羽　1891．虫賣．風俗画報，東陽堂，31：11-12．．
齋藤月岑著・朝倉治彦校注　1970．東都歳事記2．平凡社，東京，296pp.
白木正光　1927．鳴く虫の飼い方．文化生活研究会．
鈴木克美　1997．金魚と日本人．三一書房，東京，250pp.
田口卯吉　1891．日本社会事彙(下)．経済雑誌社．
寺門静軒・成島柳北著・日野龍夫校注　1989．江戸繁盛記　柳橋新誌．岩波書店，東京，613pp.
若月紫蘭著・朝倉治彦校注　1968．東京年中行事1．平凡社，東京，288pp.

矢島　稔　2007．わたしの昆虫記⑤　心にひびけカンタンの声．偕成社，東京，150pp.

2章　鳴く虫の話：セミ編
● セミの鳴き方と進化

Petti, J. M. 1997. Chapter 24. Loudest. University of Florida Book of Insect Records.（http://ufbir.ifas.ufl.edu/chap24.htm）

Simmons, J. A., Wever E. G., Strother J. F., Pylcka J. M., and Long G. R. 1971. Acoustic behavior of three sympatric species of 17-yr cicadas. Journal of the Acoustical Society of America, 49: 93.

竹田真木生・Morgan, T. D. 1998. 221年目の喧噪－周期ゼミのなぞ．インセクタリゥム，35(10)：4-11.

Williams, K. S. and Simon, C. 1995. The ecology, behavior, and evolution of periodical cicadas. Annual Review of Entomology, 40：269-295.

● アカエゾゼミを絶滅から救え：鳴き声による種の同定

林　正美　1984．日本産セミ科概説．CICADA．5：2-4

松浦　肇　1986．日本のセミ（CD）．環境音響研究所．

● 原始日本のセミ：ヒメハルゼミの魅力

浅見卓他　2006．十津川の自然案内．十津川村教育委員会，477pp.

本多俊之　2005．ヒメハルゼミを大阪から初発見！．Nature Study，51(6)：6-7.

名和昆虫研究所　1911．谷貞子嬢逝く．昆虫世界，15：128.

嶋田　勇　2006．京都府北部地方に生きるセミ－生態調査研究－〈第1巻〉．あまのはしだて出版，京丹後市，99pp.

初宿成彦・宮武頼夫　2004．表紙／ジュニア会員のページ　原始の森のコーラス隊　ヒメハルゼミをさがそう．Nature Study，50(6)：1-2.

初宿成彦　2006．滋賀県内2カ所目のヒメハルゼミ新産地．Came虫，滋賀むしの会，(137)：4.

谷　貞子　1905．鳴く蟲に就て．昆虫世界，9：99-104.

● 世界最大のセミ：テイオウゼミ

初宿成彦　2007．世界のセミ200種．大阪市立自然史博物館，126pp.

安永智秀・田中　清　1991．テイオウゼミの鳴き声について．CICADA，10(3)：19-20.

● セミの系統進化と生物地理

Carpenter, F. M. 1992. Treatise on invertebrate paleontology. Part R, Arthropoda 4, vol. 3: Superclass Hexapoda. The University of Kansas and the Geological Society of America, 277pp.

Lee, Y. J. 1995. The cicadas of Korea. Jonah Publications. Seoul, 157pp.（In Korean）

佐々木健志・山城照久・村山望（共著）・林正美（監修）2006．沖縄のセミ．新星出版株式会社，那覇，64pp.

張和（主編）2001．中国化石．科学出版社，355pp.

周尭・雷仲仁（主編）1997．中国蝉科誌．香港天則出版社，380pp.＋図版16.

● セミの外来種：金沢のスジアカクマゼミ

松井正人　2006．2006年石川県金沢市におけるスジアカクマゼミの現状．翔（TOBU），(182)：2-4.

松井正人　2007．石川県金沢市で鳴いていたクマゼミ．翔（TOBU），（189）：3．
松井正人　2007．石川県のエゾゼミの分布状況．翔（TOBU）：5-8．
大串龍一　2005．金沢市に出現したスジアカクマゼミのその後の動向．昆虫と自然，40(4)：14-15．
武藤　明　2007．柳瀬川つつみ公園におけるスジアカクマゼミ発生状況．とっくりばち，(75)：38-39．
徳本　洋・大串龍一・松井正人・富沢　章・林　和美　2002．日本で発見されたスジアカクマゼミ－石川県金沢市における2001年度調査報告－．CICAPA，16(4)：57-66．

●セミの孵化を観察しよう
橋本洽二　1979．セミの生態と観察　2版．ニュー・サイエンス社，東京，80pp．
加藤正世　1981．蟬の生物学　復刻版．サイエンティスト社，東京，336pp．
Moriyama, M. and Numata, H. 2006. Induction of egg hatching by high humidity in the cicada *Cryptotympana* facialis. Journal of Insect Physiology, 52(11-12)：1219-1225.
沼田英治・初宿成彦　2007．都会にすむセミたち―温暖化の影響？．海游舎，東京，162pp．

●セミと人間生活との関係
ゲインズ・カンチー・リュウ（羽田節子訳）1996．中国のセミ考．博品社，東京，158pp.＋17pp．
宮武頼夫　1978．セミと人の生活．大阪市立自然史博物館編「鳴く虫」，大阪市立自然史博物館，p.88．
宮武頼夫　1992．セミと人の生活．宮武頼夫・加納康嗣（編）「検索入門　セミ・バッタ」，保育社，大阪，pp.187-189．
中尾舜一　1990．セミの自然誌．中央公論社，東京，179pp．
梅谷献二　1982．中国で採集した"蟬"．CICADA，4(1)：9-14．
安松京三　1965．昆虫物語－昆虫と人生．新思潮社，東京，196pp．

●芭蕉が詠んだセミはニイニイゼミか？
頴原退蔵・尾形仂訳注　1977．新訂　おくのほそ道　附 現代語訳／曾良随行日記．角川書店，東京，352pp.＋1 map．
萩原恭男校注　1979．芭蕉　おくのほそ道．岩波書店，東京，290pp．
加藤正世　1940．『静かさや岩にしみ入る蟬の聲』．蟬類博物館研究報告，11：9-15．
北　杜夫　1961/1966．どくとるマンボウ昆虫記．新潮社，東京，234pp．（原著は中央公論社刊）．
高島春雄・成瀬幹也　1954．蟬行脚．新昆虫，7(2)：24-27．

3章　鳴く虫の基礎知識

Alexander, R. D. 1962. Evolutionary change in cricket acoustical communication. Evolution, 16, 443-467.
Drosopoulos, S. and Claridge, M. F. 2006. Insect sounds and communication：physiology, behaviour, ecology, and evolution. Taylor & Francis, London, 532pp.
Duffels, J. P. and van der Laan, P. A. 1985. Catalogue of the Cicadoidea 1956-1980. Dr. W. Junk Publishers, Dordrecht, 414pp.
Gerhardt, H. C. and Huber, F. 2002. Acoustic communication in insects and anurans：Common problems and diverse solutions. The University of Chicago Press, Chicago, 531pp.

五十嵐良造　1971．コオロギ類の行動　すみ分けと順位制を中心として．インセクタリゥム，8(10):6-9.
石原　保　1971．第16目　半翅類(Hemiptera)．「動物系統分類学第7巻(下B)，節足動物(Ⅲb)，昆虫類(中)」，中山書店，東京，pp.285-316.
加藤正世　1956．蝉の生物学．岩崎書店，東京，319pp.
Lewis, T. 1984. Insect Communication. Academic Press, London, 414pp.
松浦一郎　1972．コオロギの鳴き声．インセクタリゥム，9(9):6-9.
正木進三　1974．昆虫の生活史と進化－コオロギはなぜ秋に鳴くか．中央公論社，東京，208pp.
宮本正一　1971．昆虫の発音．インセクタリゥム，8(6):12-15.
素木得一　1954．昆虫の分類．北隆館，東京，225pp.
Moulds, M. S. 1990. Australian Cicadas. New South Wales University Press, Kensington, 217pp.
沼田英治・初宿成彦 2007．都会にすむセミたち－温暖化の影響？．海游舎，東京，162pp.
初宿成彦　2007．世界のセミ200種．大阪市立自然史博物館，126pp.
Weber, H. 1930. Biologie der Hemipteren. Springer, Berlin, 543pp.
山崎柄根　1971．第8目　直翅類（Orthoptera）(=Saltatoria)．「動物系統分類学第7巻（下B），節足動物（Ⅲb），昆虫類（中）」，中山書店，東京，pp.154-195.

4章　もっと鳴く虫を楽しむために
● きれいな標本が作りたい！
宮武頼夫・加納康嗣編著　1992．検索入門　セミ・バッタ．保育社，大阪，216pp.
奥本大三郎・岡田朝雄　1991．楽しい昆虫採集．草思社，東京，304pp.
日本直翅類学会編　2006．バッタ・コオロギ・キリギリス大図鑑．北海道大学出版会，札幌，687pp.

日本の鳴く虫一覧：直翅目（目から属まで）

　直翅目の一覧は、故・日浦勇氏が1964年に作成された表（第1版）、1978年の『新版・鳴く虫』に添付された日浦氏の表（第2版）に続くものです。基本は市川の作成で、『バッタ・コオロギ・キリギリス大図鑑』の解説文も参考にしました。セミの一覧は初宿が作成しました。それぞれの種の情報は2008年6月現在のもので、未知の種（すなわち表に掲載されていないもの）、分布情報の不完全など今後の研究の余地が相当にあることに注意してください。すなわちこれは完全なリストではなく、むしろこれからへの通過点です。情報の乏しい個所は空白にしています。

〈市川顕彦・初宿成彦〉

和　名	学　名
直翅目	ORTHOPTERA Olivier, 1789
コオロギ亜目	Ensifera Geoffroy, 1764
コロギス上科	Stenopelmatoidea Burmeister, 1838
クロギリス科	Anostostomatidae Saussure, 1859
クロギリス属	*Paterdecolyus* Griffini, 1913
コロギス科	Gryllacrididae Blanchard, 1845
コロギス属	*Prosopogryllacris* Karny, 1937
コバネコロギス属	*Metriogryllacris* Karny, 1937
オガサワラコバネコロギス属	*Neanias* Brunner von Wattenwyl, 1888
ハネナシコロギス属	*Nippancistroger* Griffini, 1913
ヒメコロギス属	*Phryganogryllacris* Karny, 1937
カマドウマ科	Rhaphidophoridae Thomas, 1872
ズングリウマ亜科	Rhaphidophorinae Thomas, 1872
ズングリウマ属	*Rhaphidophora* Audinet-Serville, 1839
カマドウマ亜科	Aemodogryllinae Jacobson, 1902
マダラカマドウマ属	*Diestrammena* Brunner von Wattenwyl, 1888
マダラカマドウマ亜属	Subgenus Diestrammena s. str.
モリズミウマ亜属	Subgenus Aemodogryllus Adelung, 1902
クラズミウマ亜属	Subgenus Tachycines Adelung, 1902
カマドウマ属	*Atachycines* Furukawa, 1933
キマダラウマ属	*Neotachycines* Sugimoto & Ichikawa, 2003
ウスリーカマドウマ属	*Paratachycines* Storozhenko, 1990
ウスリーカマドウマ亜属	Subgenus Paratachycines s. str.
イシカワカマドウマ亜属	Subgenus Allotachycines Sugimoto & Ichikawa, 2003
アカゴウマ亜属	Subgenus Orphanotettix Sugimoto & Ichikawa, 2003
クチキウマ亜科	Protroglophilinae Gorochov, 1989
クチキウマ属	*Anoplophilus* Karny, 1931
ヒラタクチキウマ属	*Alpinanoplophilus* Ishikawa, 1993
キリギリス上科	Tettigonioidea Krauss, 1902
キリギリス科	Tettigoniidae Krauss, 1902
キリギリス亜科	Tettigoniinae Krauss, 1902

日本の鳴く虫一覧

和　名	学　名
キリギリス族	Tettigoniini Krauss, 1902
ヤブキリ属	*Tettigonia* Linnaeus, 1758
カラフトキリギリス属	*Decticus* Audinet-Serville, 1831
キリギリス属	*Gampsocleis* Fieber, 1852
フトギス属	*Paratlanticus* Ramme, 1939
ヒメギス族	Platycleidini Harz, 1969
ヒメギス属	*Eobiana* Bey-Bienko, 1949
コバネヒメギス属	*Chizuella* Furukawa, 1950
ヒサゴクサキリ亜科	Agraeciinae Karny, 1907
ヒサゴクサキリ属	*Palaeoagraecia* Ingrisch, 1998
クサキリ亜科	Copiphorinae Karny, 1912
カヤキリ属	*Pseudorhynchus* Audinet-Serville, 1839
ズトガリクビキリ属	*Pyrgocorypha* Stål, 1873
クサキリ属	*Ruspolia* Schulthess Schindler, 1898
シブイロカヤキリ属	*Xestophrys* Redtenbacher, 1891
クビキリギス属	*Euconocephalus* Karny, 1907
コウトウフトササキリ属	*Banza* Walker, 1870
ササキリ亜科	Conocephalinae Redtenbacher, 1891
ササキリ属	*Conocephalus* Thunberg, 1815
カスミササキリ属	*Orchelimum* Audinet-Serville, 1831
ウマオイ亜科	Listroscelidinae Kirby, 1906
ウマオイ属	*Hexacentrus* Audinet-Serville, 1831
ササキリモドキ科	Meconematidae Burmeister, 1838
トゲササキリモドキ属	*Neophisis* Jin, 1990
セモンササキリモドキ属	*Nipponomeconema* Yamasaki, 1983
ミドリササキリモドキ属	*Kuzicus* Gorochov, 1993
セスジササキリモドキ属	*Xiphidiopsis* Redtenbacher, 1891
ヒメツユムシ属	*Leptoteratura* Yamasaki, 1982
ヤエヤマササキリモドキ属	*Phlugiolopsis* Zeuner, 1940
ナントウヒメササキリモドキ属	*Microconocephalopsis* Tominaga & Kanô, 1999
キンキヒメササキリモドキ属	*Kinkiconocephalopsis* Kanô, 1999
シコクヒメササキリモドキ属	*Shikokuconocephalopsis* Kanô, 1999
セコブササキリモドキ属	*Gibbomeconema* Ishikawa, 1999
コバネササキリモドキ属	*Cosmetura* Yamasaki, 1983
ハサミオササキリモドキ属	*Asymmetricercus* Mitoki, 1999
キタササキリモドキ属	*Tettigoniopsis* Yamasaki, 1982
クツワムシ科	Mecopodidae Brunner von Wattenwyl, 1878
クツワムシ属	*Mecopoda* Audinet-Serville, 1831
ヒラタツユムシ科	Pseudophyllidae Burmeister, 1838
ヒラタツユムシ属	*Togona* Matsumura & Shiraki, 1908
ツユムシ科	Phaneropteridae Burmeister, 1838
ツユムシ属	*Phaneroptera* Audinet-Serville, 1831
セスジツユムシ属	*Ducetia* Stål, 1874

和 名	学 名
エゾツユムシ属	*Kuwayamaea* Matsumura & Shiraki, 1908
ホソクビツユムシ属	*Shirakisotima* Furukawa, 1963
オオツユムシ属	*Elimaea* Stål, 1874
ヒメクダマキモドキ属	*Phaulula* Bolívar, 1906
クダマキモドキ属	*Holochlora* Stål, 1873
サトクダマキモドキ亜属	Subgenus *Holochlora* s. str.
ヤマクダマキモドキ亜属	Subgenus *Sinochlora* Tinkham, 1945
ヘリグロツユムシ属	*Psyrana* Uvarov, 1940
アオバツユムシ属	*Isopsera* Brunner von Wattenwyl, 1878
タイワンクダマキモドキ属	*Ruidocollaris* Liu, 1994
ヒロバネツユムシ属	*Arnobia* Stål, 1876
コオロギ上科	Grylloidea Laicharting, 1781
コオロギ科	Gryllidae Laicharting, 1781
コオロギ亜科	Gryllinae Laicharting, 1781
クロツヤコオロギ族	Brachytrupini Saussure, 1877
クロツヤコオロギ属	*Phonarellus* Gorochov, 1983
ハネナシコオロギ族	Cephalogryllini Otte and Alexander, 1983
ハネナシコオロギ属	*Goniogryllus* Chopard, 1936
オチバコオロギ属	*Parasongella* Otte, 1987
フタホシコオロギ族	Gryllini Laicharting, 1781
フタホシコオロギ属	*Gryllus* Linnaeus, 1758
イエコオロギ属	*Acheta* Fabricius, 1775
エンマコオロギ属	*Teleogryllus* Chopard, 1961
エンマコオロギ亜属	Subgenus *Brachyteleogryllus* Gorochov, 1985
マメクロコオロギ属	*Melanogryllus* Chopard, 1961
オカメコオロギ族	Platyblemmini Saussure, 1877
ヒメコガタコオロギ属	*Modicogryllus* Chopard, 1961
ヒメコガタコオロギ亜属	Subgenus *Promodicogryllus* Gorochov, 1986
タンボコオロギ亜属	Subgenus *Lepidogryllus* Otte & Alexander, 1983
クマコオロギ属	*Mitius* Gorochov, 1985
ヒメコオロギ属	*Comidogryllus* Otte & Alexander, 1983
オカメコオロギ属	*Loxoblemmus* Saussure, 1877
ツヅレサセコオロギ属	*Velarifictorus* Randell, 1964
カマドコオロギ属	*Gryllodes* Saussure, 1874
クマスズムシ族	Sclerogryllini Gorochov, 1985
クマスズムシ属	*Sclerogryllus* Gorochov, 1985
イタラ亜科	Itarinae Shiraki, 1930
ハネナガコオロギ属	*Parapentacentrus* Shiraki, 1930
マツムシ科	Eneopteridae Gorochov, 1986
クチキコオロギ亜科	Landrevinae Saussure, 1878
クチキコオロギ属	*Duolandrevus* Kirby, 1906
マツムシ亜科	Eneopterinae Saussure, 1874
マツムシ族	Eneopterini Saussure., 1874

日本の鳴く虫一覧

和　名	学　名
マダラコオロギ属	*Cardiodactylus* Saussure, 1877
コバネマツムシ属	*Lebinthus* Stål, 1877
マツムシ属	*Xenogryllus* Bolívar, 1890
サワマツムシ族	Phalorini Gorochov, 1985
サワマツムシ属	*Vescelia* Stål, 1877
マツムシモドキ族	Podoscirtini Saussure, 1878
アオマツムシ属	*Truljalia* Gorochov, 1985
マツムシモドキ属	*Aphonoides* Chopard, 1940
ヤエヤママツムシモドキ属	*Mistshenkoana* Gorochov, 1990
カヤコオロギ亜科	Euscyrtinae Ohmachi, 1950
カヤコオロギ属	*Euscyrtus* Guérin-Méneville, 1844
オオカヤコオロギ属	*Patiscus* Stål, 1877
スズムシ亜科	Cacoplistinae Saussure, 1877
スズムシ属	*Meloimorpha* Walker, 1870
カンタン亜科	Oecanthinae Saussure., 1877
カンタン属	*Oecanthus* Audinet-Serville, 1831
ヒバリモドキ科	Trigonidiidae Saussure, 1870
ヒバリモドキ亜科	Trigonidiinae Saussure., 1870
ヤマトヒバリ属	*Homoeoxipha* Saussure, 1874
キンヒバリ属	*Natula* Gorochov, 1987
クロメヒバリ属	*Anaxipha* Saussure, 1874
クサヒバリ属	*Svistella* Gorochov, 1987
ヒバリモドキ属	*Trigonidium* Rambur, 1839
ウスグモスズ属	*Metiochodes* Chopard, 1931
ヤチスズ亜科	Nemobiinae Saussure, 1877
マングローブスズ族	Apteronemobiini Ohmachi, 1950
マングローブスズ属	*Apteronemobius* Chopard, 1929
モリズミスズ族	Nemobiini Saussure, 1877
イソスズ属	*Thetella* Otte & Alexander, 1983
ハマコオロギ属	*Taiwanemobius* Yang & Chang, 1997
ナギサスズ属	*Caconemobius* Kirby, 1906
ヤチスズ族	Pteronemobiini Otte and Alexander, 1983
ヤチスズ属	*Pteronemobius* Jacobson, 1905
マダラスズ属	*Dianemobius* Vickery, 1973
シバスズ属	*Polionemobius* Gorochov, 1983
カネタタキ上科	Mogoplistoidea Saussure, 1877
カネタタキ科	Mogoplistidae Saussure, 1877
カネタタキ属	*Ornebius* Guérin-Méneville, 1844
アシナガカネタタキ属	*Cycloptiloides* Sjöstedt, 1909-1910
アシジマカネタタキ属	*Ectatoderus* Guérin-Méneville, 1849
オチバカネタタキ属	*Tubarama* Yamasaki, 1985
アリツカコオロギ科	Myrmecophilidae Saussure, 1870
アリツカコオロギ属	*Myrmecophilus* Berthold, 1827

和　名	学　名
ケラ上科	Gryllotalpoidea Saussure, 1870
ケラ科	Gryllotalpidae Saussure, 1870
ケラ属	*Gryllotalpa* Latreille [1802]
バッタ亜目	Caelifera Geoffroy, 1764
ノミバッタ上科	Tridactyloidea Saussure, 1877
ノミバッタ科	Tridactylidae Saussure, 1877
ノミバッタ亜科	Tridactylinae Saussure, 1887
ノミバッタ属	*Xya* Latreille, 1809
ヒシバッタ上科	Tetrigoidea Beier, 1955
ヒシバッタ科	Tetrigidae Rambur, 1839
ヒラタヒシバッタ亜科	Cladonotinae Bolívar, 1887
ヒラタヒシバッタ属	*Austrohancockia* Günther, 1938
ヒラゼヒシバッタ亜科	Metrodorinae Bolívar, 1887
ヨリメヒシバッタ属	*Systolederus* Bolívar, 1887
チビヒシバッタ属	*Salomonotettix* Günther, 1939
コケヒシバッタ属	*Amphinotus* Hancock 1915
トゲヒシバッタ亜科	Scelimeninae Bolívar, 1887
イボトゲヒシバッタ属	*Platygavialidium* Günther, 1938
ナガレトゲヒシバッタ属	*Eucriotettix* Hebard, 1930
トゲヒシバッタ属	*Criotettix* Bolívar, 1887
ヨナグニヒシバッタ属	*Hyboella* Hancock, 1915
ヒシバッタ亜科	Tetriginae Blatchley, 1920
ハネナガヒシバッタ属	*Euparatettix* Hancock, 1904
ナガヒシバッタ属	*Paratettix* Bolívar, 1887
ニセハネナガヒシバッタ属	*Ergatettix* Kirby, 1914
コカゲヒシバッタ属	*Sciotettix* Ichikawa, 2001
コバネヒシバッタ属	*Formosatettix* Tinkham, 1937
ヒシバッタ属	*Tetrix* Latreille [1802]
セダカヒシバッタ属	*Hedotettix* Bolívar, 1887
ノセヒシバッタ属	*Alulatettix* Liang, 1993
クビナガバッタ上科	Eumastacoidea Burr, 1903
クビナガバッタ科	Eumastacidae Burr, 1899
クビナガバッタ属	*Erianthus* Stål, 1876
オンブバッタ上科	Pyrgomorphoidea Brunner von Wattenwyl, 1882
オンブバッタ科	Pyrgomorphidae Brunner von Wattenwyl, 1882
オンブバッタ亜科	Pyrgomorphinae Brunner von Wattenwyl, 1882
オンブバッタ属	*Atractomorpha* Saussure, 1861-2
バッタ上科	Acridoidea MacLeay, 1819
バッタ科	Acrididae MacLeay, 1819
アカアシホソバッタ亜科	Catantopinae Bey-Bienko & Mistshenko, 1951
アカアシホソバッタ属	*Stenocatantops* Dirsh, 1953
モリバッタ属	*Traulia* Stål, 1873
フキバッタ亜科	Melanoplinae Scudder, 1897

日本の鳴く虫一覧

和　名	学　名
タカネフキバッタ属	*Zubovskya* Dovnar-Zapolskij, 1933
サッポロフキバッタ属	*Podisma* Berthold, 1827
シリアゲフキバッタ属	*Anapodisma* Dovnar-Zapolskij, 1933
アオフキバッタ属	*Aopodisma* Tominaga & Uchida, 2001
ダイリフキバッタ属	*Callopodisma* Kanô, 1996
ミヤマフキバッタ属	*Parapodisma* Mistshenko, 1947
タイリクフキバッタ属	*Sinopodisma* Chang, 1940
トンキンフキバッタ属	*Tonkinacris* Carl, 1916
タラノキフキバッタ属	*Fruhstorferiola* Willemse, 1922
ハネナガフキバッタ属	*Ognevia* Ikonnikov, 1911
ハヤチネフキバッタ属	*Prumna* Motschoulsky, 1859
ツチイナゴ亜科	Cyrtacanthacridinae Kirby, 1902
ツチイナゴ属	*Patanga* Uvarov, 1923
ナンヨウツチイナゴ属	*Valanga* Uvarov, 1923
イナゴ亜科	Oxyinae Brunner von Wattenwyl, 1893
イナゴ属	*Oxya* Audinet-Serville, 1831
オキナワイナゴモドキ属	*Gesonula* Uvarov, 1940
ヒゲマダライナゴ属	*Hieroglyphus* Krauss, 1877
セグロイナゴ亜科	Eyprepocnemidinae Jacobson, 1905
セグロイナゴ属	*Shirakiacris* Dirsh, 1958
マボロシバッタ属	*Ogasawaracris* Ito, 2003
ショウリョウバッタ亜科	Acridinae MacLeay, 1819
ショウリョウバッタ属	*Acrida* Linnaeus, 1758
ショウリョウバッタモドキ属	*Gonista* Bolívar, 1898
ヒナバッタ亜科	Gomphocerinae Fieber., 1853
ナキイナゴ属	*Mongolotettix* Rehn, 1928
ヒザグロナキイナゴ属	*Podismopsis* Zubowsky, 1889-1900
ヒロバネヒナバッタ属	*Stenobothrus* Fischer, 1853
ヒナバッタ属	*Glyptobothrus* Chopard, 1951
ヒゲナガヒナバッタ属	*Schmidtiacris* Storozhenko, 2002
タカネヒナバッタ属	*Chorthippus* Fieber, 1852
トノサマバッタ亜科	Oedipodinae Saussure, 1884
イナゴモドキ属	*Mecostethus* Fieber, 1852
ツマグロバッタ属	*Stethophyma* Fischer, 1853
マダラバッタ属	*Aiolopus* Fieber, 1853
ヤマトマダラバッタ属	*Epacromius* Uvarov, 1942
トノサマバッタ属	*Locusta* Linnaeus, 1758
クルマバッタ属	*Gastrimargus* Saussure, 1884
クルマバッタモドキ属	*Oedaleus* Fieber, 1853
アカハネバッタ属	*Celes* Saussure, 1884
イボバッタ属	*Trilophidia* Stål, 1873
カワラバッタ属	*Eusphingonotus* Bey-Bienko, 1950
アカアシバッタ属	*Heteropternis* Stål, 1873

日本の鳴く虫一覧：直翅目

和 名	学 名
コロギス上科　クロギリス科	
クロギリス属	*Paterdecolyus* Griffini, 1913
ヤンバルクロギリス	*Paterdecolyus yanbarensis* (Ôshiro, 1995)
ヤエヤマクロギリス	*Paterdecolyus murayamai* (Sugimoto & Ichikawa, 1998)
ヤクシマクロギリス	*Paterdecolyus genetrix* (Sugimoto & Ichikawa, 1998)
コロギス上科　コロギス科	
コロギス属	*Prosopogryllacris* Karny, 1937
コロギス	*Prosopogryllacris japonica* (Matsumura & Shiraki, 1908)
マルモンコロギス	*Prosopogryllacris okadai* Ichikawa, 2001
ヒノマルコロギス	*Prosopogryllacris rotundimacula* Ichikawa, 2001
ニセヒノマルコロギス	*Prosopogryllacris gigas* Ichikawa, 2001
コバネコロギス属	*Metriogryllacris* Karny, 1937
コバネコロギス	*Metriogryllacris magnus* (Matsumura & Shiraki, 1908)
タテスジコバネコロギス	*Metriogryllacris fasciatus* (Ichikawa, 2001)
オガサワラコバネコロギス属	*Neanias* Brunner von Wattenwyl, 1888
オガサワラコバネコロギス	*Neanias ogasawarensis* Vickery & Kevan, 1999
ハネナシコロギス属	*Nippancistroger* Griffini, 1913
ハネナシコロギス	*Nippancistroger testaceus* (Matsumura & Shiraki, 1908)
オオハネナシコロギス	*Nippancistroger izuensis* Ichikawa, 2001
ヒメコロギス属	*Phryganogryllacris* Karny, 1937
ヒメコロギス	*Phryganogryllacris subrectus* (Matsumura & Shiraki, 1908)
コロギス上科　カマドウマ科　ズングリウマ亜科	
ズングリウマ属	*Rhaphidophora* Audinet-Serville, 1839
ズングリウマ	*Rhaphidophora taiwana* Shiraki, 1930
コロギス上科　カマドウマ科　カマドウマ亜科	
マダラカマドウマ属	*Diestrammena* Brunner von Wattenwyl, 1888
マダラカマドウマ亜属	Subgenus *Diestrammena* s. str.
マダラカマドウマ	*Diestrammena japanica* Blatchley, 1920

日本の鳴く虫一覧

生息環境など	鳴き声	生態(化生、越冬態など)	分布
沖縄島北部の林内にすむが、生息数は多くない	タップで発音するという	夏から秋にかけて成虫が多く見られる	沖縄島
森林性	鳴き声は不明		石垣島、西表島
原生林のやや標高の高いところに生息する	鳴き声は不明		屋久島
低地の広葉樹林に生息し、ハネナシコロギスほど普遍的でない	タップで発音するという	老齢幼虫で越冬し、年1化	本州、四国、九州；韓国
樹上性	鳴き声は不明		トカラ列島宝島、奄美大島、加計呂麻島
樹上性	鳴き声は不明		石垣島、西表島
樹上性	鳴き声は不明		沖縄島、久米島
暖地の広葉樹の樹上に生息する	鳴き声は不明	年1化で成虫越冬と思われる	本州、四国、九州、屋久島、南西諸島（トカラ列島以南）；台湾
樹上性	鳴き声は不明		八丈島、対馬、トカラ列島宝島
樹上性	鳴き声は不明		小笠原諸島父島、母島
やや標高の高い広葉樹林にも生息し、ササの葉や、広葉樹の葉をかじって巣をつくる	腹部と後脚内側をこすって発音し、タッピングもする	中齢の幼虫で越冬し、年1化。6月ごろ成虫になる	北海道、本州、佐渡島、隠岐、四国、九州、対馬、南西諸島（トカラ列島以南）
樹上性	鳴き声は不明		本州（伊豆半島とその付近）、伊豆諸島の利島、新島、神津島、三宅島、八丈島
おそらく樹上性			本州？、九州？；台湾
常緑広葉樹林の林床に生息する	タララララ…とタッピングをする	5月末に大きな幼虫や成虫が見られ、7月くらいまで成虫がえられる	南西諸島；台湾
森林内に普通に生息し、しばしば洞穴や人家に入る	鳴かないものと思われる	卵と中齢の幼虫で越冬し、2年1化	北海道、奥尻島、本州、四国、九州、隠岐、千島列島；朝鮮半島、中国、シベリア、北米、ヨーロッパ

和　名	学　名
アマミマダラカマドウマ	*Diestrammena gigas* Sugimoto & Ichikawa, 2003
サツママダラカマドウマ	*Diestrammena inexpectata* Sugimoto & Ichikawa, 2003
ヤエヤママダラウマ	*Diestrammena iriomotensis* Gorochov, 2002
モリズミウマ亜属	Subgenus *Aemodogryllus* Adelung, 1902
モリズミウマ	*Diestrammena tsushimensis* Storozhenko, 1990
ハヤシウマ	*Diestrammena itodo* Sugimoto & Ichikawa, 2003
ヒメハヤシウマ	*Diestrammena davidi* Sugimoto & Ichikawa, 2003
トサハヤシウマ	*Diestrammena taniusagi* Sugimoto & Ichikawa, 2003
ヤクハヤシウマ	*Diestrammena yakumontana* Sugimoto & Ichikawa, 2003
ゴリアテカマドウマ	*Diestrammena goliath* Bey-Bienko, 1929
オオハヤシウマ	*Diestrammena nicolai* Gorochov, 2002
タラマハヤシウマ	*Diestrammena taramensis* Sugimoto & Ichikawa, 2003
ヨナグニハヤシウマ	*Diestrammena hisanorum* Sugimoto & Ichikawa, 2003
センカクオオハヤシウマ	*Diestrammena* sp.
コノシタウマ	*Diestrammena elegantissima* Griffini, 1912
フトカマドウマ	*Diestrammena robusta* (Ander, 1932)
クラズミウマ亜属	Subgenus *Tachycines* Adelung, 1902
クラズミウマ	*Diestrammena asynamora* (Adelung, 1902)
カマドウマ属	*Atachycines* Furukawa, 1933
カマドウマ	*Atachycines apicalis* (Brunner von Wattenwyl, 1888)
ヤクカマドウマ	*Atachycines apicalis yakushimensis* Sugimoto & Ichikawa, 2003
エラブカマドウマ	*Atachycines apicalis panauruensis* Sugimoto & Ichikawa, 2003

(直翅目 コオロギ亜目)

日本の鳴く虫一覧

生息環境など	鳴き声	生態(化生、越冬態など)	分布
林床性で、大木の根の隙間や洞穴にいる	鳴かないものと思われる	2年1化と思われ、成虫は6月から12月まで見られる	奄美大島、徳之島
森林性、洞穴にも入る	鳴かないものと思われる		九州（熊本県、宮崎県、鹿児島県）
低地、石灰岩地の林、海岸林に多く、山地では少ない	鳴かないものと思われる	成虫は9〜1月に見られる	石垣島、西表島；台湾(?)
林床性	鳴かないものと思われる	卵と中齢の幼虫で越冬し、2年1化	北海道、本州、四国（愛媛県高縄半島、高知県）、九州、瀬戸内海西部の諸島、対馬；朝鮮半島、シベリア
林床性。関西の低山地には普通に生息する	鳴かないものと思われる	卵と中齢の幼虫で越冬し、2年1化	本州、四国、九州
通常林床性	鳴かないものと思われる	卵と中齢の幼虫で越冬し、2年1化	本州（中国地方西部）、四国、九州、屋久島、種子島
林床性で夜間に活動する	鳴かないものと思われる	卵と中齢の幼虫で越冬し、2年1化	四国（高知県宿毛市沖の島）
森林性	鳴かないものと思われる	標高700mくらいでは7月下旬に成虫が出始め、低地では8月中〜下旬が最盛期である	屋久島、種子島
林床性	鳴かないものと思われる	卵と中齢の幼虫で越冬し、2年1化	四国、淡路島、小豆島
基本的にシイ林の虫で、山地林には普通。林床性で樹洞や洞穴にいる	鳴かないものと思われる	8月頃から成虫が出始め、12月にはほとんど見られない。	石垣島、西表島；台湾
浅い洞穴のなかから発見された	鳴かないものと思われる	6月に成虫が出始め、8月にはほとんど成虫になる	多良間島
洞穴や沢ぞいの湿った林床に生息する	鳴かないものと思われる	成虫は7〜10月に見られる	与那国島
海岸の岩の割れ目の洞穴的環境で見つかった	鳴かないものと思われる	6月の時点で大きな幼虫が見られる	尖閣諸島北小島
林床性で、特に冷涼な広葉樹林には多産する	鳴かないものと思われる	卵と中齢の幼虫で越冬し、2年1化	北海道、本州、四国、九州、佐渡島
林内、洞穴内に生息する	鳴かないものと思われる	卵と中齢の幼虫で越冬し、2年1化	本州（兵庫県以西）、四国、九州
主に人家近くに生息し、古い帰化昆虫のように思われる	鳴かないものと思われる	越冬態は不定	本州、四国、九州、壱岐；中国、ヨーロッパ、北米
森林よりは洞穴や人家近くに多く、まれに海岸の岩の割れ目にすむ	鳴かないものと思われる	卵と中齢の幼虫で越冬し、2年1化と思われる	北海道、本州、四国、九州、隠岐；韓国
森林性	鳴かないものと思われる		屋久島
森林性	鳴かないものと思われる		沖永良部島、与論島

和　名	学　名
アグニカマドウマ	*Atachycines apicalis nabbieae* Sugimoto & Ichikawa, 2003
クメカマドウマ	*Atachycines apicalis gusouma* Sugimoto & Ichikawa, 2003
イソズミウマ	*Atachycines* sp.
メシマカマドウマ	*Atachycines* sp.
アマギカマドウマ	*Atachycines* sp.
キマダラウマ属	*Neotachycines* Sugimoto & Ichikawa, 2003
ヒメキマダラウマ	*Neotachycines furukawai* Sugimoto & Ichikawa, 2003
キマダラウマ	*Neotachycines fascipes* (Chopard, 1954)
アソキマダラウマ	*Neotachycines asoensis* Sugimoto & Ichikawa, 2003
クマドリキマダラウマ	*Neotachycines minorui* Sugimoto & Ichikawa, 2003
イブシキマダラウマ	*Neotachycines obscurus* Sugimoto & Ichikawa, 2003
ケラマキマダラウマ	*Neotachycines obscurus keramensis* Sugimoto & Ichikawa, 2003
ウスイロキマダラウマ	*Neotachycines pallidus* Sugimoto & Ichikawa, 2003
ボカシキマダラウマ	*Neotachycines mira* Gorochov, 2002
アトモンコマダラウマ	*Neotachycines bimaculatus* Sugimoto & Ichikawa, 2003
オキナワコマダラウマ	*Neotachycines kobayashii* Sugimoto & Ichikawa, 2003
モザイクコマダラウマ	*Neotachycines mosaic* Sugimoto & Ichikawa, 2003
ヒナアメイロウマ	*Neotachycines kanoi* Sugimoto & Ichikawa, 2003
ムネツヤアメイロウマ	*Neotachycines politus* Sugimoto & Ichikawa, 2003
トカラアメイロウマ	*Neotachycines politus tominagai* Sugimoto & Ichikawa, 2003
ハスオビアメイロウマ	*Neotachycines obliquofasciatus* Sugimoto & Ichikawa, 2003
アケボノアメイロウマ	*Neotachycines elegantipes* Sugimoto & Ichikawa, 2003
ムモンアメイロウマ	*Neotachycines inadai* Sugimoto & Ichikawa, 2003
ヨナグニアメイロウマ	*Neotachycines unicolor* Sugimoto & Ichikawa, 2003

直翅目　コオロギ亜目

日本の鳴く虫一覧

生息環境など	鳴き声	生態(化生、越冬態など)	分布
森林性	鳴かないものと思われる		粟国島
森林性	鳴かないものと思われる		奄美大島、徳之島、沖縄島、浜比嘉島、久米島
海岸の岩礁地帯で見られる	鳴かないものと思われる		
	鳴かないものと思われる		男女群島女島
森林性？	鳴かないものと思われる		本州(伊豆半島)
洞穴性または森林性で西日本のやや湿潤な山地に分布する	鳴かないものと思われる	卵と中齢の幼虫で越冬し、2年1化	本州(関東・東海・近畿地方)、四国(徳島県、愛媛県)
森林や洞穴に生息する	鳴かないものと思われる	卵と中齢の幼虫で越冬し、2年1化	四国(愛媛県、高知県)、九州
主として林床に生息する	鳴かないものと思われる	卵と中齢の幼虫で越冬し、2年1化と思われる	九州(熊本県、宮崎県、鹿児島県)
森林性	鳴かないものと思われる	8月中～下旬に少数えられている	屋久島、種子島
森林性	鳴かないものと思われる		奄美大島、徳之島、沖縄島
森林性	鳴かないものと思われる		渡嘉敷島
森林性	鳴かないものと思われる		宮古島
森林性	鳴かないものと思われる		石垣島、西表島
森林性	鳴かないものと思われる		奄美大島、徳之島
林床性	鳴かないものと思われる		沖縄島
洞穴性、浅いところから奥までいる	鳴かないものと思われる		西表島
	鳴かないものと思われる		屋久島
	鳴かないものと思われる		奄美大島、徳之島
	鳴かないものと思われる		トカラ列島宝島
本種は真の洞穴性ではなく海辺～山地の洞穴や湿った森にいる	鳴かないものと思われる		沖縄島、伊平屋島、浜比嘉島
	鳴かないものと思われる		西表島
	鳴かないものと思われる		石垣島
	鳴かないものと思われる		与那国島

和 名	学 名
ウスリーカマドウマ属	*Paratachycines* Storozhenko, 1990
ウスリーカマドウマ亜属	Subgenus *Paratachycines* s. str.
ウスリーカマドウマ	*Paratachycines ussuriensis* Storozhenko, 1990
クロイシカワカマドウマ	*Paratachycines saitamaensis* Sugimoto & Ichikawa, 2003
コガタカマドウマ	*Paratachycines masaakii* Sugimoto & Ichikawa, 2003
サドカマドウマ	*Paratachycines sadoensis* Sugimoto & Ichikawa, 2003
イセカマドウマ	*Paratachycines isensis* Sugimoto & Ichikawa, 2003
マメカマドウマ	*Paratachycines parvus* (Chopard, 1954)
カミタカラカマドウマ	*Paratachycines maximus* Sugimoto & Ichikawa, 2003
ツクバカマドウマ	*Paratachycines tsukubaensis* Sugimoto & Ichikawa, 2003
イシカワカマドウマ亜属	Subgenus *Allotachycines* Sugimoto & Ichikawa, 2003
サツマカマドウマ	*Paratachycines satsumensis* Sugimoto & Ichikawa, 2003
イシカワカマドウマ	*Paratachycines ishikawai* (Chopard, 1954)
キュウシュウカマドウマ	*Paratachycines kyushuensis* Sugimoto & Ichikawa, 2003
アカゴウマ亜属	Subgenus *Orphanotettix* Sugimoto & Ichikawa, 2003
アカゴウマ	*Paratachycines ogawai* Sugimoto & Ichikawa, 2003
コロギス上科　カマドウマ科　クチキウマ亜科	
クチキウマ属	*Anoplophilus* Karny, 1931
クチキウマ	*Anoplophilus acuticercus* Karny, 1931
アマギクチキウマ	*Anoplophilus amagisanus* Ishikawa, 2003
チュウブクチキウマ	*Anoplophilus utsugidakensis* Ishikawa, 2003
ミカワクチキウマ	*Anoplophilus okadai* Ishikawa, 2003
イシヅチクチキウマ	*Anoplophilus ohbayashii* Ishikawa, 2003
エサキクチキウマ	*Anoplophilus esakii* Furukawa, 1938
オオクチキウマ	*Anoplophilus major* Ishikawa, 2003

直翅目　コオロギ亜目

日本の鳴く虫一覧

生息環境など	鳴き声	生態(化生、越冬態など)	分布
森林性	鳴かないものと思われる	卵と中齢の幼虫で越冬し、2年1化と思われる	対馬、壱岐；済洲島、朝鮮半島、シベリア
埼玉県橋立鍾乳洞に生息する	鳴かないものと思われる	卵と中齢の幼虫で越冬し、2年1化と思われる	本州（埼玉県）
普通は森林性である	鳴かないものと思われる	卵と中齢の幼虫で越冬し、2年1化	本州、四国、九州
森林性	鳴かないものと思われる	卵と中齢の幼虫で越冬し、2年1化と思われる	佐渡島
洞穴に入る	鳴かないものと思われる	卵と中齢の幼虫で越冬し、2年1化と思われる	本州（岐阜県、三重県）
森林内の洞穴で採集される	鳴かないものと思われる	卵と中齢の幼虫で越冬し、2年1化と思われる	本州、四国、九州
森林性	鳴かないものと思われる	卵と中齢の幼虫で越冬し、2年1化と思われる	本州（岐阜県上宝村）
森林性	鳴かないものと思われる	卵と中齢の幼虫で越冬し、2年1化と思われる	本州（茨城県筑波山）
洞穴に入る	鳴かないものと思われる	卵と中齢の幼虫で越冬し、2年1化と思われる	九州（熊本県、鹿児島県）
洞穴に入る	鳴かないものと思われる	卵と中齢の幼虫で越冬し、2年1化と思われる	四国（高知県中央部の洞穴に分布する）
森林や洞穴に生息する	鳴かないものと思われる	卵と中齢の幼虫で越冬し、2年1化と思われる	九州
洞穴内の湿ったところに群生する	鳴かないものと思われる	卵と中齢の幼虫で越冬し、2年1化と思われる	四国（愛媛県（久万高原町黒岩洞、西予市野村町羅漢穴、内子町深山洞）、高知県（東津野村稲葉洞））
森林性	後脚のかかとや腹部を幹等に打ち付けてタッピングする	卵と中齢の幼虫で越冬し、2年1化と思われる。成虫は6月下旬から11月まで見られる	本州中部（栃木県、群馬県、埼玉県、神奈川県、長野県、山梨県、静岡県）
森林性	タッピングすると思われる	卵と中齢の幼虫で越冬し、2年1化と思われる	本州（伊豆半島天城山）
森林性	タッピングすると思われる	卵と中齢の幼虫で越冬し、2年1化と思われる	本州（長野県、静岡県、富山県）
森林性	タッピングすると思われる	卵と中齢の幼虫で越冬し、2年1化と思われる	本州（愛知県）
森林性	タッピングすると思われる	卵と中齢の幼虫で越冬し、2年1化と思われる	四国（愛媛県、高知県）
森林性	タッピングすると思われる	卵と中齢の幼虫で越冬し、2年1化と思われる	九州（福岡県、長崎県）
標高400〜1200mほどの森林に生息する	後脚のかかとや腹部を幹等に打ち付けてタッピングする	卵と中齢の幼虫で越冬し、2年1化と思われる。成虫は7月上旬頃見られるようになる	本州中部（神奈川県、静岡県）

	和 名	学 名
直翅目 コオロギ亜目	ヒョウノセンクチキウマ	*Anoplophilus hyonosenensis* Ishikawa, 2003
	キンキクチキウマ	*Anoplophilus tominagai* Ishikawa, 2003
	チビクチキウマ	*Anoplophilus minor* Ishikawa, 2003
	シコククチキウマ	*Anoplophilus shikokuensis* Ishikawa, 2003
	シコクチビクチキウマ	*Anoplophilus wakuiae* Ishikawa, 2003
	トサクチキウマ	*Anoplophilus tosaensis* Ishikawa, 2003
	アカガネクチキウマ	*Anoplophilus befui* Ishikawa, 2003
	ツルギクチキウマ	*Anoplophilus tsurugisanus* Ishikawa, 2003
	ハクサンクチキウマ	*Anoplophilus hakusanus* Ishikawa, 2003
	オタリクチキウマ	*Anoplophilus otariensis* Ishikawa, 2003
	ギフクチキウマ	*Anoplophilus hasegawai* Ishikawa, 2003
	ヒラタクチキウマ属	*Alpinanoplophilus* Ishikawa, 1993
	ヒラタクチキウマ	*Alpinanoplophilus longicercus* (Karny, 1931)
	エゾヒラタクチキウマ	*Alpinanoplophilus yezoensis* Ishikawa, 1993
	ツヤヒラタクチキウマ	*Alpinanoplophilus parvus* Ishikawa, 1993
	クチキウマモドキ	*Alpinanoplophilus azumayamanus* Ishikawa, 1993
	マツモトヒラタクチキウマ	*Alpinanoplophilus matsumotoi* Ishikawa, 1993
	トウホクヒラタクチキウマ	*Alpinanoplophilus tohokuensis* Ishikawa, 1993
	ニッコウヒラタクチキウマ	*Alpinanoplophilus gracilicercus* Ishikawa, 1993
	ヒダカヒラタクチキウマ	*Alpinanoplophilus yasudai* Ishikawa, 1993
	ドウナンヒラタクチキウマ	*Alpinanoplophilus yoteizanus* Ishikawa, 2000

日本の鳴く虫一覧

生息環境など	鳴き声	生態（化生、越冬態など）	分布
森林性	タッピングすると思われる	卵と中齢の幼虫で越冬し、2年1化と思われる	本州（兵庫県、鳥取県、岡山県、山口県）
森林性	タッピングすると思われる	卵と中齢の幼虫で越冬し、2年1化と思われる	本州（奈良県）、四国（徳島県）
標高500〜1200mほどの森林に生息する	タッピングすると思われる	卵と中齢の幼虫で越冬し、2年1化と思われる。成虫は5月下旬ごろ見られるようになる	本州（神奈川県、山梨県、長野県、静岡県、愛知県、大阪府）、九州（福岡県、宮崎県）
森林性	タッピングすると思われる	卵と中齢の幼虫で越冬し、2年1化と思われる	四国（愛媛県、高知県）
森林性	タッピングすると思われる	卵と中齢の幼虫で越冬し、2年1化と思われる	四国（高知県）
森林性	タッピングすると思われる	卵と中齢の幼虫で越冬し、2年1化と思われる	四国（高知県）
森林性	タッピングすると思われる	卵と中齢の幼虫で越冬し、2年1化と思われる	四国（愛媛県、高知県）
森林性	タッピングすると思われる	卵と中齢の幼虫で越冬し、2年1化と思われる	四国（徳島県、愛媛県、高知県）
森林性	タッピングすると思われる	卵と中齢の幼虫で越冬し、2年1化と思われる	本州（岐阜県）
森林性	タッピングすると思われる	卵と中齢の幼虫で越冬し、2年1化と思われる	本州（長野県）
森林性	タッピングすると思われる	卵と中齢の幼虫で越冬し、2年1化と思われる	本州（富山県、岐阜県）
本州中部の亜高山帯針葉樹林に生息する	タッピングすると思われる	卵と中齢の幼虫で越冬し、2年1化と思われる	本州中部（埼玉県、長野県、山梨県、静岡県）
森林性	タッピングすると思われる	卵と中齢の幼虫で越冬し、2年1化と思われる	北海道（札幌低地帯以東）、利尻島
森林性	タッピングすると思われる	卵と中齢の幼虫で越冬し、2年1化と思われる	北海道（大雪山系、日高山系、天塩岳）
森林性	タッピングすると思われる	卵と中齢の幼虫で越冬し、2年1化と思われる	本州（福島県、山形県、岩手県）
森林性	タッピングすると思われる	卵と中齢の幼虫で越冬し、2年1化と思われる	北海道（大雪山系、中川町苦頓別山）、利尻島
森林性	タッピングすると思われる	卵と中齢の幼虫で越冬し、2年1化と思われる	北海道（渡島半島狩場山）、本州（八甲田山、八幡平、蔵王山、吾妻山）
森林性	タッピングすると思われる	卵と中齢の幼虫で越冬し、2年1化と思われる	本州（栃木県日光山地）
森林性	タッピングすると思われる	卵と中齢の幼虫で越冬し、2年1化と思われる	北海道（日高山脈）
森林性	タッピングすると思われる	卵と中齢の幼虫で越冬し、2年1化と思われる	北海道（札幌低地帯〜黒松内低地帯；ニセコアンヌプリ、羊蹄山、オロフレ峠、樽前山）

和　名	学　名
キリギリス上科　キリギリス科　キリギリス亜科	
キリギリス族	Tettigoniini Krauss, 1902
ヤブキリ属	*Tettigonia* Linnaeus, 1758
ヤブキリ	*Tettigonia orientalis* Uvarov, 1924
ヤマヤブキリ	*Tettigonia yama* Furukawa, 1938
イブキヤブキリ	*Tettigonia ibuki* Furukawa, 1938
ツシマコズエヤブキリ	*Tettigonia tsushimensis* Ogawa, 2003
ウスリーヤブキリ	*Tettigonia ussuriana* Uvarov, 1939
カラフトキリギリス属	*Decticus* Audinet-Serville, 1831
カラフトキリギリス	*Decticus verrucivorus* (Linnaeus, 1758)
キリギリス属	*Gampsocleis* Fieber, 1852
ニシキリギリス	*Gampsocleis buergeri* (de Haan, 1843)
ヒガシキリギリス	*Gampsocleis mikado* Burr, 1899
ハネナガキリギリス	*Gampsocleis ussuriensis* Adelung, 1910
オキナワキリギリス	*Gampsocleis ryukyuensis* Yamasaki, 1982
フトギス属	*Paratlanticus* Ramme, 1939

直翅目　コオロギ亜目

日本の鳴く虫一覧

生息環境など	鳴き声	生態(化生、越冬態など)	分布
樹上性、森林性	連続〜速鳴き型で、ジーーー…もしくはシリリリリ…と数秒から数分間鳴き続ける	年1化だが、寒地では卵で数年越冬することがある	本州(瀬戸内海沿岸〜太平洋側)、四国(西南部を除く)、淡路島
オープンな環境の草むらや灌木にいる	断続〜速鳴き型で、ジッ・ジッ…もしくはジリリッ・ジリリッ…と鳴き続ける	年1化だが、寒地では卵で数年越冬することがある	本州(関東・中部・近畿・中国地方)
ヤマヤブキリとほとんど同じ	断続〜速鳴き型で、ヤマヤブキリより少し速い	卵越冬で年1化	本州(伊吹山周辺、京都府芦生など)
対馬の山地に広く分布し、樹上にいる	断続〜遅鳴き型	卵越冬で年1化	対馬
低地から山地山麓の開けた場所の林縁やブッシュにいる	連続〜遅鳴き型	卵越冬で年1化	対馬(厳原町西南部);韓国、済州島、中国北東部、ロシア沿海州
肉食もするが、ハマナスの実なども食べる	単独音ではジッ・ジッ・ジッあるいはジリッ…ジリッ…ジリッ…	化性は不明だが、卵越冬で年1化の可能性がある。成虫期は8〜9月初旬	北海道(稚内市、小清水町、斜里町);ヨーロッパ、中央アジア、モンゴル、ロシア、サハリン、北朝鮮
草原性	ギーッ!を繰り返し、合間にチョンッ!を入る。ヒガシキリギリスより周波数がやや低い	成虫は6〜10月に見られ、卵越冬で年1化	本州(西部)、九州(北部)
草原性	ニシキリギリスとほぼ同じだが、周波数がやや高く、抑揚のある鳴き方をする	成虫期は7〜9月であるが、山地帯では8〜10月。寒冷地のものは、卵で2年以上越冬する率が増え、4年卵もあるという	本州(青森県以南、岡山県まで確認されている)、淡路島
草原性	チョン・ギースで、チョンの後と、ギースの後には翅を閉じている。日本のキリギリスでは周波数がもっとも高い	卵越冬で年1化、成虫は8〜10月に見られる	北海道;朝鮮半島(韓国)、ロシア沿海州、ウスリー
林や集落の周辺、サトウキビ畑、ススキ原の日当たりのよいところにいる	ギーッ!の長さがもっとも長く、抑揚はほとんどない	卵越冬で年1化、成虫は6〜9月に見られる	沖縄諸島、宮古諸島;台湾?

和 名	学 名
ツシマフトギス	*Paratlanticus tsushimensis* Yamasaki, 1986
ヒメギス族	Platycleidini Harz, 1969
ヒメギス属	*Eobiana* Bey-Bienko, 1949
ヒメギス	*Eobiana engelhardti subtropica* (Bey-Bienko, 1949)
イブキヒメギス	*Eobiana japonica* (Bolívar, 1890)
トウホクヒメギス	*Eobiana gradiella* Ishikawa, 2000
バンダイヒメギス	*Eobiana* sp.
ハラミドリヒメギス	*Eobiana nagashimai* Wada & Ishikawa, 2000
イイデハラミドリヒメギス	*Eobiana nagashimai iidensis* Kusakari, 2004
タニガワハラミドリヒメギス	*Eobiana nagashimai tanigawaensis* Kusakari, 2004
ミヤマヒメギス	*Eobiana nippomontana* Ishikawa & Wada, 2000
ヒョウノセンヒメギス	*Eobiana* sp.
コバネヒメギス属	*Chizuella* Furukawa, 1950
コバネヒメギス	*Chizuella bonneti* (Bolívar, 1890)
キリギリス上科　キリギリス科　ヒサゴクサキリ亜科	
ヒサゴクサキリ属	*Palaeoagraecia* Ingrisch, 1998
ヒサゴクサキリ	*Palaeoagraecia lutea* (Matsumura & Shiraki, 1908)

直翅目　コオロギ亜目

日本の鳴く虫一覧

生息環境など	鳴き声	生態（化生、越冬態など）	分布
7月頃、クズの茂った草地に多く、クズ葉上や路上に静止している	非常に大きく、ジッツ・ジッツ・ジッツ…、あるいはジリッ・ジリッ・ジリッ…と聞こえる断続音	卵越冬で年1化、6月後半には成虫が出現し、8月後半には、ほとんど姿を消す	対馬
平地から山地の湿った草地に多い	シリリリリリリリ・シリリリリリリリ…	年1化だが、寒地では卵で数年越冬することがある。4月ごろ孵化し、6月下旬に成虫が見られる。成虫は10月まで	北海道、本州、四国、九州、佐渡島、隠岐、対馬
やや草深いところにすみ、採集しにくい場合が多い	ジッ・ジッ・ジッ・ジッ・ジッ…（1秒間に約3回）	年1化だが、寒地では卵で数年越冬することがある	北海道、択捉、国後、色丹、本州（日本海側）、佐渡島；サハリン
八幡平の高層湿原に生息する	鳴き声は不明	年1化で卵越冬と思われる	本州（岩手県）
山地から亜高山帯の草原や湿原に生息する	ジリ・ジリ・ジリ・ジリ・ジリ…（1秒間に約2回）	年1化で卵越冬と思われる	本州（関東地方北部〜東北地方南部）
山地から亜高山帯の草原や湿原に生息する	ジリ・ジリ・ジリ…（1秒間に約2回）あるいはジッ・ジッ・ジッ…（1秒間に約3回）	年1化で卵越冬と思われる	本州（山形県、新潟県、福島県）
山地から亜高山帯の草原や湿原に生息する	鳴き声は不明	年1化で卵越冬と思われる	本州（新潟県、福島県、山形県）
谷川岳、標高1600mのザンゲ岩付近の草原に生息する	鳴き声は不明	年1化で卵越冬と思われる	本州（群馬県、新潟県）
林縁の草地などに見られる	ジリ・ジリ・ジリ・ジリ、ジリ…（1秒間に約2回）	卵越冬年1化と考えられるが、8月下旬にも若齢幼虫が見られる	本州（東北、関東、中部地方の内陸山地部）
山地の草原や湿原に生息する	シリリ・シリリ・シリリ・シリリ…	年1化で卵越冬と思われる	本州（近畿地方北部〜中国地方、芦生、氷ノ山、扇ノ山、大山）
湿った草地、乾いた草地どちらにも生息し、林縁部の藪にも見られる	チチッ・チチッ・チチッ…あるいはチリッ・チリッ…と非常に小さな声で鳴く	年1化だが、寒地では卵で数年越冬することがある	北海道、本州、四国、九州、佐渡島、対馬、五島列島；極東ロシア、朝鮮半島、中国北東部
メダケ、マダケなどのタケ林に生息し、大きな河川や海岸に近い地域に見つかることが多い	ジッ・ジッと表現されることもあるが、むしろスチッ・シチッ…という短い断続音	卵越冬年1化。成虫期は8月を中心とした夏期	本州、四国、九州、伊豆諸島、対馬、大隅諸島黒島

和 名	学 名
オキナワヒサゴクサキリ	*Palaeoagraecia ascenda* Ingrisch, 1998
ボルネオヒサゴクサキリ	*Palaeoagraecia philippina* (Karny, 1926)
キリギリス上科　キリギリス科　クサキリ亜科	
カヤキリ属	*Pseudorhynchus* Audinet-Serville, 1839
カヤキリ	*Pseudorhynchus japonicus* Shiraki, 1930
ズトガリクビキリ属	*Pyrgocorypha* Stål, 1873
ズトガリクビキリ	*Pyrgocorypha subulata* (Thunberg, 1815)
シラキカヤキリモドキ	*Pyrgocorypha shirakii* Karny, 1907
クサキリ属	*Ruspolia* Schulthess Schindler, 1898
クサキリ	*Ruspolia lineosa* (Walker, 1869)
ヒメクサキリ	*Ruspolia dubia* (Redtenbacher, 1891)
オオクサキリ	*Ruspolia* sp.
和名なし	*Ruspolia interrupta* (Walker, 1869)
シブイロカヤキリ属	*Xestophrys* Redtenbacher, 1891
シブイロカヤキリ	*Xestophrys javanicus* Redtenbacher, 1891
オキナワシブイロカヤキリ	*Xestophrys platynotus* (Matsumura & Shiraki, 1908)

直翅目　コオロギ亜目

日本の鳴く虫一覧

生息環境など	鳴き声	生態(化生、越冬態など)	分布
リュウキュウチクなどのタケ林に生息し、生態はヒサゴクサキリとほぼ同様	鳴き声は不明		九州（宮崎県）、南西諸島（トカラ列島、奄美大島、沖縄島）、西表島？；ラオス、タイ
	鳴き声は不明	生活史や生態は不明。8月に採集されている	与那国島；フィリピン、ボルネオ（サバ）、スマトラ島の南の小島
草丈の高いイネ科草地に生息する	連続音でジャー…とけたたましく鳴き、時に昼間に鳴いていることもある	卵越冬年1化。成虫期は夏期で、盛夏のころピークとなる	本州、四国、九州、伊豆諸島、対馬、五島列島、男女群島、大隅諸島、屋久島
タケ類の茂みに生息し、夜間活動する	チッチッチッチッ…あるいはシ！シ！シ！というような声で鳴く	秋に羽化して成虫越冬する	南西諸島（奄美大島以南）；台湾、中国
			模式産地は横浜となっているが、不明種
比較的浅い草地にいる。幼虫はイネ科植物の葉を食べ、成虫は夜間、イネ科植物の種子や髄を食べる	ジーーまたはジーーンと聞こえる強い連続音で鳴く	卵越冬年1化で、産卵は1卵ずつイネ科植物の葉鞘間や茎中、根際の土中に行う	本州、四国、九州、佐渡島、伊豆諸島、隠岐、対馬、屋久島；韓国、台湾、中国、東洋熱帯
成虫は夜間、イネ科植物の種子を食べる	鳴きはじめにギリッ・ギリッとかジッ・ジッと聞こえる鋭い短切音を出すことが多い	生活史や食性はクサキリとほぼ同様	北海道、本州、四国、九州、佐渡島；韓国（？）
海岸河口付近の砂地や広い湿原のアシ原に生息し、九州では山地の高茎草原に生息する	鳴き声には3型が知られ、もっともテンポの速いものではシャーー、中間的なものではチャキチャキチャキ…またはキシキシキシ…、もっとも遅いものではジュワジュワジュワ…と聞こえる	卵越冬年1化。成虫は7月下旬〜9月上旬に出現。アシなどの葉鞘間、茎の中、土中などに産卵する	本州（新潟平野、関東平野、霞ヶ浦、利根川下流、渡良瀬遊水池）、九州（平尾台、由布岳麓）
高茎イネ科植物の草むらに生息する。荒れ地にも多い	ジャー…と鳴く	年1化。10月ごろ羽化し成虫越冬する。翌年5〜6月に産卵する	本州、四国、九州、佐渡島、対馬、種子島、屋久島；ジャワ
1、2、6、8月に成虫が見られ、周年発生と思われる		1、2、6、8月に成虫が見られ、周年発生と思われる	南西諸島（奄美大島以南）；台湾

和 名	学 名
クビキリギス属	*Euconocephalus* Karny, 1907
クビキリギス	*Euconocephalus varius* (Walker, 1869)
オガサワラクビキリギス	*Euconocephalus nasutus* (Thunberg, 1815)
タイワンクビキリギス	*Euconocephalus gracilis* (Redtenbacher, 1891)
和名なし	*Euconocephalus verruger* (Audinet-Serville, 1839)
コウトウフトササキリ属	*Banza* Walker, 1870
コウトウフトササキリ	*Banza parvula* (Walker, 1869)
キリギリス上科　キリギリス科　ササキリ亜科	
ササキリ属	*Conocephalus* Thunberg, 1815
ホシササキリ	*Conocephalus maculatus* (le Guillou, 1841)
エゾコバネササキリ	*Conocephalus beybienkoi* Storozhenko, 1980
キタササキリ	*Conocephalus fuscus* (Fabricius, 1793)
ウスイロササキリ	*Conocephalus chinensis* (Redtenbacher, 1891)
オナガササキリ	*Conocephalus gladiatus* (Redtenbacher, 1891)

直翅目　コオロギ亜目

日本の鳴く虫一覧

生息環境など	鳴き声	生態(化生、越冬態など)	分布
水田の土手、草地、堤防などの比較的面積のある草原にすむ	大きな鋭い声でジーー…またはビー…と長く連続して鳴く	成虫越冬し、ススキの切り株などで越冬している。イネ科草本の茎と葉鞘の間に産卵する。早春から出現し、7月まで活動する	北海道、本州、四国、九州、隠岐、対馬、壱岐、五島列島、南西諸島;台湾?、中国
草原性で、町はずれの草むらにもいる	クビキリギスによく似ているが、本種の方が少し太く強い声で鳴き、カヤキリの声に似たところがある	生活史や生態はクビキリギスとほぼ同様	本州(福島県、静岡県、和歌山県南部)、四国(愛媛県南部、高知県)、九州(鹿児島県、熊本県、宮崎県南部)、小笠原諸島、南西諸島;台湾、中国、ミャンマー、インド、フィリピン、ジャワ、ボルネオ、ハワイなど
	ジーーと鳴くという	生活史は不明。7月に採集されており、台湾でも7月にえられている	粟国島;台湾、ジャワ、ボルネオ、フィリピンなど東洋熱帯
	鳴き声は不明		小笠原諸島;台湾紅頭嶼(蘭嶼)、ハワイ
15〜20 cm以上の放置された草むらに多い	低く、弱い。ジーィ・ジーィまたはジリジリジリ…と繰り返す。昼夜ともに鳴く	卵越冬で東北では年1化、関西地方では年2化、沖縄島では周年発生で年4化	本州、四国、九州、伊豆諸島、小笠原諸島、隠岐、対馬、南西諸島;朝鮮半島、台湾、東南アジア、アフリカ
水際のヨシなどのイネ科植物にいるが、個体数は少ない	ツッツッツッツッツジーーと昼夜共鳴く	ススキの葉鞘に細長く偏平な卵を産む。卵越冬で年1化、8月中旬〜9月上旬	北海道東部(サロベツ原野、小清水町、斜里町、大樹町)、ハバロフスク南部、ロシア沿海州
林縁の湿地の丈高い草本上や小さな流れの土手のヨシ原で見られる	シリリリ…またはキシキシキシ…と鳴く	卵越冬年1化、8月中旬〜9月上旬	北海道;旧北区(ヨーロッパまで)
イネ科やカヤツリグサ科植物の明るい草原に普通	日中に鳴く。シュルルルルあるいはツルルルル・シリリリリリと繰り返す	卵越冬で東北や中部地方では年1化、暖地では年2化	北海道、本州、四国、九州、国後島、伊豆諸島、対馬、屋久島;朝鮮半島、中国東北部、東シベリア(ハバロフスク南部、アムール南部、沿海州)、サハリン
丈の高いイネ科植物の草地に普通。しばしば水田にはいる。イネ科植物の髄、花穂、種子を好んで食する	ジリリ・ジリリ・ジリリあるいはジリッ・ジリッ・ジリッ…と切り鳴きを繰り返す。夜になると声が変わる	卵越冬年1化。成虫の出現は7月ごろ。東北地方では8月中旬。沖縄島では9月上旬に出始める	本州、四国、九州、佐渡島、隠岐、対馬、南西諸島(トカラ列島、奄美大島、沖縄島);朝鮮半島、中国東北部(南部)

和　名	学　名
コバネササキリ	*Conocephalus japonicus* (Redtenbacher, 1891)
イズササキリ	*Conocephalus halophilus* Ishikawa, 2004
ササキリ	*Conocephalus melaenus* (de Haan, 1843)
フタツトゲササキリ	*Conocephalus bambusanus* Ingrisch, 1990
ハナハクササキリ	*Conocephalus semivittatus* (Walker, 1869)
カスミササキリ属	*Orchelimum* Audinet-Serville, 1831
カスミササキリ	*Orchelimum kasumigauraense* Inoue, 2000

直翅目　コオロギ亜目

キリギリス上科　キリギリス科　ウマオイ亜科

和　名	学　名
ウマオイ属	*Hexacentrus* Audinet-Serville, 1831
タイワンウマオイ	*Hexacentrus unicolor* Audinet-Serville, 1831
ハヤシノウマオイ	*Hexacentrus hareyamai* Furukawa, 1941
ハタケノウマオイ	*Hexacentrus japonicus* Karny, 1907
アシグロウマオイ	*Hexacentrus fuscipes* Matsumura & Shiraki, 1908

日本の鳴く虫一覧

生息環境など	鳴き声	生態(化生、越冬態など)	分布
水田や湿地の周辺のイネ科草原にいるが、局限される	ジ・ジジジジあるいはジ・ジジ・ジジ…、ジィ・ジィ・ジィ・ジィ、またはジリリリ・ジリリリ…といろいろに聞こえる	卵越冬年1化。南西諸島では年2化といわれるが、多化性かもしれない	北海道、本州、四国(徳島県)、九州、佐渡島、隠岐、南西諸島(トカラ列島以南);韓国、台湾、中国東北部(南～東部)
ヨシ原やマングローブ林前面の明るい砂地の幼木にいる	硬質のキシリ声で小さくジィ…ジィ…ジィジジジジジと鳴く	年1化で卵越冬と思われる	本州(東京都、埼玉県、千葉県、神奈川県、静岡県)、四国(徳島県)、奄美大島
林縁などのササ、タケなどの上にいる	低くチキチキチキあるいはジリジリジリと続けて鳴く	卵越冬年1化。南西諸島では年2化(7～8月と9～12月)といわれるが、多化性かもしれない	本州(太平洋側は宮城県、日本海側は新潟県以南)、四国、九州、南西諸島;台湾、中国、マレー半島、ジャワ、スマトラ、ボルネオ、セレベス
西日本の平地～低山地のマダケやメダケなどのタケ林に普通。夜間、タケの葉鞘をかじっているのが観察されている	ビビビビビッと鳴く	おそらく卵越冬で、年1化	本州、四国、九州、沖永良部島、沖縄島、西表島;台湾、タイ、ベトナム
1990年9月、大阪市鶴見緑地で開かれた「花の万国博」のオーストラリア庭園で1♂が採集された	鳴き声は不明		
沼沢地やガレた河原のアシ原に生息する。若齢幼虫は肉食性が強いが、成虫になるとイネ科植物の実を好む	体の大きさに比して小さく、弱々しくシリリリ…と鳴き、その合間に一段大きいツルルルルという声がいる	年1化で卵越冬と思われる	本州(宮城県、茨城県、千葉県、埼玉県、新潟県)
民家の庭先から山地のシイ林まで広くいる	シッチョ・シッチョとハタケノウマオイに似るが、テンポがやや遅い	成虫は6～7月に多い。沖縄島では10月にはほとんど見ないが、奄美大島ではまだ散見される	南西諸島(トカラ列島以南);韓国(?)、台湾、東南アジア
林縁、マント群落などに生息する。小型の昆虫を捕食する	スィーッチョンと鳴く	卵越冬年1化。産卵は土の中に1卵ずつ行う。7～10月	本州、四国、九州、伊豆大島、薩摩硫黄島、馬毛島?、トカラ列島中之島
平地や河川敷の草本草原、マント群落やブッシュにいる	スィッチョ・スィッチョとテンポ早く鳴く	8月ごろから出現する。卵越冬年1化	本州(山形県以西)、四国、九州、伊豆諸島(大島を除く)、対馬、屋久島、奄美大島?
ススキを好み、ヨシやチガヤにもいる。長翅型の♀は灯火にも来る	ギュリリリ…ギュ・ギュリリ…あるいはギュルルーと大きな声で鳴く	卵越冬年1化、7～10月	小笠原諸島母島、南西諸島(奄美大島以南);台湾

和 名	学 名
キリギリス上科　ササキリモドキ科	
トゲササキリモドキ属	*Neophisis* Jin, 1990
ヒルギササキリモドキ	*Neophisis iriomotensis* Jin, Kevan & Yamasaki, 1990
セモンササキリモドキ属	*Nipponomeconema* Yamasaki, 1983
ムサシセモンササキリモドキ	*Nipponomeconema musashiense* Yamasaki, 1983
ムツセモンササキリモドキ	*Nipponomeconema mutsuense* Yamasaki, 1983
スルガセモンササキリモドキ	*Nipponomeconema surugaense* Yamasaki, 1983
ミドリササキリモドキ属	*Kuzicus* Gorochov, 1993
ササキリモドキ	*Kuzicus suzukii* (Matsumura & Shiraki, 1908)
セスジササキリモドキ属	*Xiphidiopsis* Redtenbacher, 1891
セスジササキリモドキ	*Xiphidiopsis subpunctata* (Motschoulsky, 1866)
ヒメツユムシ属	*Leptoteratura* Yamasaki, 1982
ヒメツユムシ	*Leptoteratura albicornis* (Motschoulsky, 1866)
ヨナヒメツユムシ	*Leptoteratura jona* Yamasaki, 1987
オキナワヒメツユムシ	*Leptoteratura digitata* Yamasaki, 1987
ヤエヤマヒメツユムシ	*Leptoteratura yaeyamana* Yamasaki, 1987
ドナンヒメツユムシ	*Leptoteratura yaeyamana donan* Yamasaki, 1988
テテヒメツユムシ	*Leptoteratura symmetrica* Yamasaki, 1988
ヤエヤマササキリモドキ属	*Phlugiolopsis* Zeuner, 1940
ヤエヤマササキリモドキ	*Phlugiolopsis yaeyamensis* Yamasaki, 1986
ナントウヒメササキリモドキ属	*Microconocephalopsis* Tominaga & Kanô, 1999
ユワンササキリモドキ	*Microconocephalopsis yuwanensis* Tominaga & Kanô, 1999
キンキヒメササキリモドキ属	*Kinkiconocephalopsis* Kanô, 1999
コウヤササキリモドキ	*Kinkiconocephalopsis koyasanensis* (Kanô, 1987)

直翅目　コオロギ亜目

日本の鳴く虫一覧

生息環境など	鳴き声	生態（化生、越冬態など）	分布
暗いマングローブ林内の葉が密に茂ったところに多い	鳴き声は不明	成虫期は8〜12月。主に秋に成虫がえられている	石垣島、西表島
樹上性、主にブナ帯にいる	ツツツッ・ツツツッと鳴き、合間に後脚を使って高速でタッピングする	年1化で卵越冬と思われる	本州（関東〜中国地方）、九州（九州山地、福岡県、大分県九重山）
樹上性、主にブナ帯にいる	ツツツッ・ツツツッ。タッピングもすると思われる	年1化で卵越冬と思われる	本州、四国
樹上性、主にブナ帯にいる	ツツツッ・ツツツッ。タッピングもすると思われる	年1化で卵越冬と思われる	本州、四国（高知県）
照葉樹林帯の明るい林縁のマント群落に生息し、よく飛ぶ	蛍光灯のノイズのようなきわめて小さなビーッという連続音で鳴く	卵越冬年1化、成虫期は8〜11月	本州（宮城県以西）、四国、九州、対馬；韓国、台湾、中国、ハワイ（移入）
照葉樹林帯の林縁部や林内に生息し、林内をよく飛ぶ。灯火に飛来する	鳴き声は不明	卵越冬年1化、成虫期は8〜11月	本州（関東地方以西）、四国、九州
照葉樹林帯の林縁の常緑樹やマント群落に生息し、灯火に飛来する	ピチ・ピチあるいはプツ・プツと聞こえるきわめて小さな声で鳴く	卵越冬年1化、成虫期は8〜11月	本州（山形県以西）、四国、九州、佐渡島
樹上性	鳴き声は不明		沖縄島
林縁の高所や林内の下生えなど、藪に多い	鳴き声は不明	少なくとも10月から春には多い	沖縄島（北部）
オキナワヒメツユムシと同様、照葉樹林の藪やシダなどの下生えにいる	鳴き声は不明		石垣島、西表島
林縁の高所にいる	鳴き声は不明		与那国島
灯火でえられている	鳴き声は不明	10〜11月下旬	奄美大島、徳之島
林床に生えている広い葉にいることが多い。しばしば1カ所に集まる	鳴き声は不明	5〜6月に多く、夏は見かけないで11〜12月に再びいる	西表島、石垣島、与那国島
照葉樹林の林内の潅木や下草にいる	鳴き声は不明		奄美大島
ブナ帯から中間温帯に分布する	チッ・チッ・チッと一声ずつ断続的に切り鳴く	年1化で卵越冬と思われる	本州（近畿地方）

和 名	学 名
スズカササキリモドキ	*Kinkiconocephalopsis matsuurai* Kawakita, 1999
シコクヒメササキリモドキ属	*Shikokuconocephalopsis* Kanô, 1999
イシヅチササキリモドキ	*Shikokuconocephalopsis ishizuchiensis* (Kanô & Kawakita, 1987)
オニササキリモドキ	*Shikokuconocephalopsis onigajyoensis* Kanô & Tominaga, 1999
シマントササキリモドキ	*Shikokuconocephalopsis shimantoensis* Befu & Murai, 1999
セコブササキリモドキ属	*Gibbomeconema* Ishikawa, 1999
アマギササキリモドキ	*Gibbomeconema odoriko* Ishikawa, 1999
コバネササキリモドキ属	*Cosmetura* Yamasaki, 1983
クロスジコバネササキリモドキ	*Cosmetura ficifolia* Yamasaki, 1983
コバネササキリモドキ	*Cosmetura fenestrata* Yamasaki, 1983
ヤクシマコバネササキリモドキ（仮称）	*Cosmetura* sp.
ミクラコバネササキリモドキ	*Cosmetura mikuraensis* Kanô & Tominaga, 1988
ハチジョウコバネササキリモドキ	*Cosmetura mikuraensis hachijyoensis* Kanô, 1999
トシマコバネササキリモドキ	*Cosmetura mikuraensis toshimaensis* Takahashi, 1999
アマミコバネササキリモドキ	*Cosmetura amamiensis* Kanô & Tominaga, 1988
ハサミオササキリモドキ属	*Asymmetricercus* Mitoki, 1999
スオウササキリモドキ	*Asymmetricercus suohensis* Mitoki, 1999
キタササキリモドキ属	*Tettigoniopsis* Yamasaki, 1982
キタササキリモドキ	*Tettigoniopsis forcipicercus* Yamasaki, 1982
ミナミササキリモドキ	*Tettigoniopsis hikosana* (Yamasaki, 1983)

直翅目 コオロギ亜目

日本の鳴く虫一覧

生息環境など	鳴き声	生態(化生、越冬態など)	分布
ブナ帯から中間温帯に分布する	チッ・チッ・チッと一声ずつ断続的に切り鳴く	年1化で卵越冬と思われる	本州（近畿地方）
山地のブナ帯に生息する	鳴き声は不明	年1化で卵越冬と思われる	四国（西北部）
中間温帯を中心に分布する。篠山では頂上のササ藪に多い	鳴き声は不明	年1化で卵越冬と思われる	四国（西南部）
分布地は狭く個体数も少ない	鳴き声は不明	年1化で卵越冬と思われる	四国（高知県西部）
	鳴き声は不明		
伊豆半島のスギ植林に生息するが個体数は極めて少ない	ジッ・ジッ・ジッ・ジッ・ジッ・ジッ……と非常に小さな声で鳴き続ける	年1化で卵越冬と思われる。成虫の出現時期は遅い	本州（伊豆半島）
樹上性、主に照葉樹林帯にいる	ツツツと3声ほど、通常は1秒ほど鳴き、1秒ほど休止する	年1化で卵越冬と思われる	本州の太平洋側
樹上性、主に照葉樹林帯にいる	ツツツツ・ツツツツの4-5声を約1秒間発音、通常1秒間をおいてまた発音する	年1化で卵越冬と思われる	北海道、本州、九州、飛島、佐渡島、隠岐、対馬、五島列島；韓国
昼間も樹葉上にいることはないようで、枯れて丸まった葉をすくってえられている	鳴き声は不明	7〜8月、標高600〜1400mで採集されている	屋久島
樹上性、主に照葉樹林帯にいる	鳴き声は不明	7〜8月に採集されている	伊豆諸島御蔵島
樹上性、主に照葉樹林帯にいる	鳴き声は不明	6〜8月に成虫がえられている	伊豆諸島八丈島
樹上性、主に照葉樹林帯にいる	鳴き声は不明	タイプ標本は9月上旬に採集されている	伊豆諸島利島
原生林の林縁下生えに多い	鳴き声は不明	成虫は5月下旬からあらわれ、7月下旬〜8月上旬が最盛期	奄美大島、沖縄島
ブナ帯からその下部に分布し、灌木やササなどの葉上にいることが多い	鳴き声は不明	他種より遅く8月下旬に出現する。卵越冬で年1化	本州（中国地方中北〜西部）
ブナ帯に分布する	チッ・チッ・チッと一声ずつ断続的に切り鳴く	年1化で卵越冬と思われる	本州
300〜400mくらいの低山帯に幅広く分布する	鳴き声は不明	年1化で卵越冬と思われる	九州

和　名		学　名
直翅目　コオロギ亜目	エヒコノササキリモドキ	*Tettigoniopsis ehikonoyama* Tabata & Kawakita, 1999
	ウンゼンササキリモドキ	*Tettigoniopsis ikezakii* Yamasaki, 1983
	ホンシュウフタエササキリモドキ	*Tettigoniopsis kurosawai* Yamasaki, 1986
	エヒメフタエササキリモドキ	*Tettigoniopsis ehimensis* Kanô, 1999
	アシズリフタエササキリモドキ	*Tettigoniopsis ashizuriensis* Befu & Murai, 1999
	クニサキフタエササキリモドキ	*Tettigoniopsis kunisakiensis* Tabata, 1999
	ハダカササキリモドキ	*Tettigoniopsis hiurai* Kanô & Kawakita, 1985
	ウワササキリモドキ	*Tettigoniopsis uwaensis* Kanô & Tominaga, 1999
	クロダケササキリモドキ	*Tettigoniopsis kurodakensis* Abe, 1988
	ヒトコブササキリモドキ	*Tettigoniopsis kongozanensis* Kanô & Kawakita, 1985
	セッピコササキリモドキ	*Tettigoniopsis kongozanensis seppikoensis* Kanô, 1999
	アワジササキリモドキ	*Tettigoniopsis kongozanensis awajiensis* Kanô, 1999
	シコクササキリモドキ	*Tettigoniopsis miyamotoi* Yamasaki, 1983
	コオツササキリモドキ	*Tettigoniopsis miyamotoi kotsusana* Tominaga, 1999
	ニョタイササキリモドキ	*Tettigoniopsis nyotaiensis* Tominaga & Toshima, 1999
	ツルギササキリモドキ	*Tettigoniopsis tsurugisanensis* Tominaga, 1999
	サヌキササキリモドキ	*Tettigoniopsis sanukiensis* Kanô & Tominaga, 1988
	トサササキリモドキ	*Tettigoniopsis tosaensis* Befu, 1999
	イヨササキリモドキ	*Tettigoniopsis iyoensis* Kanô & Kawakita, 1987
	テングササキリモドキ	*Tettigoniopsis ryomai* Kanô & Tominaga, 1999

日本の鳴く虫一覧

生息環境など	鳴き声	生態(化生、越冬態など)	分布
ミナミササキリモドキとはブナ帯で混棲せず、より高所に生息する	鳴き声は不明	年1化で卵越冬と思われる	九州北部
樹上性、主にブナ帯にいる	鳴き声は不明	年1化で卵越冬と思われる	九州西部
ブナ帯から中間温帯の森林に生息する	チチチッ・チチチチチッと4-5声ずつ断続的に鳴く	年1化で卵越冬と思われる	本州(近畿地方北部、中国地方北東部)
中間温帯の森林を中心に分布する	鳴き声は不明	年1化で卵越冬と思われる	四国(愛媛県北中部;上浮穴郡、伊予市、大洲市、八幡浜市)
照葉樹林帯からその上部に生息する	鳴き声は不明	年1化で卵越冬と思われる	四国(高知県西南部)
	鳴き声は不明	年1化で卵越冬と思われる	九州(国東半島)
ブナ帯と中間温帯の森林に生息する	チッ・チッ・チッ・チッと一声ずつ断続的に切り鳴く(1秒に2〜3声)	年1化で卵越冬と思われる	本州(近畿地方北部〜中国地方)、四国
篠山では山頂部のササ藪に多産する	鳴き声は不明	年1化で卵越冬と思われる	四国(西南部)
中間温帯からブナ帯にかけて生息する	鳴き声は不明	8月下旬〜9月中旬が最盛期。卵越冬で年1化	九州(大分県九重山、熊本県、宮崎県)
ブナ帯から中間温帯の森林に分布する	ツツツッと3〜4声ずつ断続的に切り鳴く	年1化で卵越冬と思われる	本州(中部地方、近畿地方)
照葉樹林帯に生息する	鳴き声は不明	年1化で卵越冬と思われる	本州(兵庫県)
照葉樹林の下草や灌木上に生息する	鳴き声は不明	年1化で卵越冬と思われる	淡路島
林床の下生えや、灌木上に生息する	鳴き声は不明	成虫の最盛期は7月下旬〜8月上旬。卵越冬で年1化	四国(徳島県東部、愛媛県松山)
下生えや灌木上に生息する	鳴き声は不明	成虫は7月下旬〜8月上旬が最盛期。卵越冬で年1化	四国(徳島県東部)
暗い林床の藪に生息する	鳴き声は不明	成虫は7月下旬〜8月上旬が最盛期。卵越冬で年1化	四国(香川県矢筈山)
林床のシコクザサ群落に生息する	鳴き声は不明	成虫は8月下旬〜9月中旬が最盛期。卵越冬で年1化	四国(徳島県剣山)
ブナ帯から照葉樹林帯まで広く生息する	鳴き声は不明	年1化で卵越冬と思われる	四国
照葉樹林帯からその上方の中間温帯に生息する	鳴き声は不明	年1化で卵越冬と思われる	四国(高知県西部、愛媛県内子町)
ブナ帯から中間温帯にかけて分布する	鳴き声は不明	年1化で卵越冬と思われる	四国(愛媛県東部、高知県北部)
ブナ帯の林床の灌木やササに生息する	鳴き声は不明	年1化で卵越冬と思われる	四国(愛媛県中南部、高知県北西部)

和 名	学 名
ダイセンササキリモドキ	*Tettigoniopsis daisenensis* Yamasaki, 1985
キリギリス上科　クツワムシ科	
クツワムシ属	*Mecopoda* Audinet-Serville, 1831
タイワンクツワムシ	*Mecopoda elongata* (Linnaeus, 1758)
クツワムシ	*Mecopoda niponensis* (de Haan, 1843)
キリギリス上科　ヒラタツユムシ科	
ヒラタツユムシ属	*Togona* Matsumura & Shiraki, 1908
ヒラタツユムシ	*Togona unicolor* Matsumura & Shiraki, 1908
キリギリス上科　ツユムシ科	
ツユムシ属	*Phaneroptera* Audinet-Serville, 1831
ツユムシ	*Phaneroptera falcata* (Poda, 1761)
アシグロツユムシ	*Phaneroptera nigroantennata* Brunner von Wattenwyl, 1878
リュウキュウツユムシ	*Phaneroptera gracilis* Burmeister, 1838
アカアシチビツユムシ	*Phaneroptera trigonia* Ragge, 1957
オキナワツユムシ	*Phaneroptera okinawensis* Ichikawa, 2001
ナンヨウツユムシ	*Phaneroptera furcifera* Stål, 1860

直翅目　コオロギ亜目

日本の鳴く虫一覧

生息環境など	鳴き声	生態(化生、越冬態など)	分布
ブナ帯の林床の灌木やササに生息する	鳴き声は不明	成虫は7月下旬～8月下旬が最盛期。卵越冬で年1化	本州(中国地方)
林縁や河川の堤防、海岸べりの藪にすむ	夜にギーギーギー…ギュルルル…と鳴く	年1化、南西諸島では8月末から羽化する。本土では一部の個体は成虫越冬し、翌春にも鳴く	本州(太平洋沿岸地域)、四国、九州(中南部)、伊豆諸島八丈島、南西諸島、韓国(?)、台湾、熱帯アジア
林縁や河川の草丈の高い堤防にすむ	夜にガシャガシャガシャと大きな声で鳴く	卵越冬年1化	本州、四国、九州、隠岐、対馬;韓国、台湾、中国
原生林にもいるが、二次林のマント帯にも多い	チー！という鳴き声で、あまり盛んには鳴かない	終齢幼虫や新成虫は6月と9～10月にえられていて、成虫は1月ごろまで見られる	奄美大島、沖縄島、石垣島、西表島;台湾
明るい草地で、比較的草丈の高いところに生息する	はじめはピチッ・ピチッまたはプツッ・プツッというような音で、やがてツツツツジジィと聞こえる。♀はプチッという破裂音を出す	暖地では年2化。卵越冬	北海道、本州、四国、九州、隠岐、対馬、種子島、奄美大島;朝鮮半島、台湾(?)、中国西部、ロシア南部、イラン、ヨーロッパ(地中海沿岸)
林縁や林内の潅木などにいる	♂は主に夜にジュジュジュまたはチーチーと聞こえる音をだすが聞き取りにくい。♀も発音すると思われる	卵越冬で年1化。秋遅くまで見られる	北海道、本州、四国、九州、佐渡島、隠岐、対馬;朝鮮半島、台湾(?)、中国
湿地やススキ原、あるいは人工環境の開けた草地にいる	鳴き声は不明	周年発生らしく、1～11月まで見られ、主に秋から春、灯火でえられている	南西諸島;台湾、東南アジア、アフリカ(主に中部)、ニューギニア、オーストラリア北部、中央アジア
主に、低地や海岸の林、林道脇などで見つかる	鳴き声は不明	おそらく年2化で、5～6月と10～12月に採集されている	石垣島、西表島;台湾
林縁の灌木上、時にセンダングサの花上にいる	鳴き声は不明	6月と10～11月に採集されている	沖縄島、久米島
大戦後、グアムなどからの物資にまぎれて帰化したものであろう	鳴き声は不明		硫黄島;ミクロネシア、フィリピン

和 名	学 名
セスジツユムシ属	*Ducetia* Stål, 1874
セスジツユムシ	*Ducetia japonica* (Thunberg, 1815)
ウンゼンツユムシ	*Ducetia unzenensis* Yamasaki, 1983
ムニンツユムシ	*Ducetia boninensis* Ishikawa, 1987
エゾツユムシ属	*Kuwayamaea* Matsumura & Shiraki, 1908
エゾツユムシ	*Kuwayamaea sapporensis* Matsumura & Shiraki, 1908
ホソクビツユムシ属	*Shirakisotima* Furukawa, 1963
ホソクビツユムシ	*Shirakisotima japonica* (Matsumura & Shiraki, 1908)
オオツユムシ属	*Elimaea* Stål, 1874
ヤエヤマオオツユムシ	*Elimaea yaeyamensis* Ichikawa, 2004
ヒメクダマキモドキ属	*Phaulula* Bolívar, 1906
ダイトウクダマキモドキ	*Phaulula daitoensis* (Matsumura & Shiraki, 1908)
ヒメクダマキモドキ	*Phaulula macilenta* Ichikawa, 2004

直翅目 コオロギ亜目

日本の鳴く虫一覧

生息環境など	鳴き声	生態（化生、越冬態など）	分布
マント群落の虫で、空き地や庭の灌木などにも多い	♂はチチチチチとしだいにテンポを早め、最後はヂーチョ・ヂーチョ・ヂーチョと鳴く。♀は小さな音でプチプチプチと鳴き、♂はそれに誘引される	卵越冬年1化。沖縄島では年2化で、6月前後と10月ごろ	本州、四国、九州、佐渡島、伊豆諸島、対馬、南西諸島；朝鮮半島、中国（華北など）、西はインド・カシミール、東はソロモン諸島、南は北オーストラリアまで
山地の樹上性または草地性	夜間、ツ・ツ・ツと鳴き始め、次第にテンポを速めていき、最後はジキー・ジキー・ジキー・ジキッと強く鳴き終わる	卵越冬年1化、成虫期は遅い	四国、九州
樹上性または草地性。山地の林縁や空閑地の潅木や低枝上にいる	セスジツユムシに似ているが、終わり音は確認していない	4月下旬～5月上旬と10月中旬に採集されている	小笠原諸島父島、母島
低地（海岸部）～低山地～ブナ帯まで分布し、林縁部の草むらに多い。河原の丈の高い草地にもいる	前奏はなく、ツーツーツーキチ・ツーツーツーキチと繰り返した後、キキ！キキ！と何度か鳴く	卵越冬年1化、卵はイネ科の茎や柔らかい潅木の幹などに産み込まれる	北海道、本州、四国、九州、国後島、対馬；ウスリー、中国（東北部、華中）、朝鮮半島、済州島
山地性、樹上性	♂はツーツーツーツーツキチッチともジィ・ジィ・ジィ・ツキッチとも聞こえ、チッチゼミと聞き間違うこともあるというが、かなり違う発音である	卵越冬年1化、広葉樹の葉肉に産卵してから縁を丸く切り取り、地面に落とすという習性がある	本州、四国、九州、佐渡島、屋久島
灯火に来る。山地の照葉樹林の林内～林縁の藪にいる	声は大きく、ヂッチョン・ヂッチョン・ヂッチョンと少し尻上がりに数回続ける	5月中旬～6月に多い	石垣島、西表島
樹上性で、海岸林に多く、広葉樹によくいる	♂はシュ・シュ、♀はタッタッまたはカッカッと聞こえ、離れているとプッまたはプチッと聞こえる	樹枝産卵。成虫の出現は7、8月と11、12月にピークがある	八丈島、薩摩硫黄島、南西諸島（奄美大島以南）；台湾
樹上性、本土では明るい樹上に生息するが、都市公園や人家の庭などの緑地にもいる	♂♀共鳴いて交信する。♀がピチピチピチと発音すると、♂はジッ・ジッまたはシュ・シュと聞こえる短切音で応信する	卵越冬年1化、樹皮下などに産卵する	本州、四国、九州、伊豆諸島、小笠原諸島父島、対馬、南西諸島；台湾

和　名	学　名
クダマキモドキ属	*Holochlora* Stål, 1873
サトクダマキモドキ亜属	Subgenus *Holochlora* s. str.
サトクダマキモドキ	*Holochlora japonica* Brunner von Wattenwyl, 1878
ヤマクダマキモドキ亜属	Subgenus *Sinochlora* Tinkham, 1945
ヤマクダマキモドキ	*Holochlora longifissa* Matsumura & Shiraki, 1908
ヘリグロツユムシ属	*Psyrana* Uvarov, 1940
ヘリグロツユムシ	*Psyrana japonica* (Shiraki, 1930)
アマミヘリグロツユムシ	*Psyrana amamiensis* Ichikawa, 2001
オキナワヘリグロツユムシ	*Psyrana ryukyuensis* Ichikawa, 2001
ヤエヤマヘリグロツユムシ	*Psyrana yaeyamaensis* Ichikawa, 2001
ヤエヤマヘリグロツユムシ西表亜種	*Psyrana yaeyamaensis iriomoteana* Ichikawa, 2001
ヤエヤマヘリグロツユムシ与那国亜種	*Psyrana yaeyamaensis terminalis* Ichikawa, 2001
アオバツユムシ属	*Isopsera* Brunner von Wattenwyl, 1878
サキオレツユムシ	*Isopsera sulcata* Bey-Bienko, 1955
ナカオレツユムシ	*Isopsera denticulata* Ebner, 1939
タイワンクダマキモドキ属	*Ruidocollaris* Liu, 1994
タイワンクダマキモドキ	*Ruidocollaris truncatolobata* (Brunner von Wattenwyl, 1878)

直翅目　コオロギ亜目

日本の鳴く虫一覧

生息環境など	鳴き声	生態(化生、越冬態など)	分布
平地では都市公園や人家の庭に広がっている	ピンピンピンまたはチ・チ・チ、チッチッチッ、チ・チチ・チ・チチと聞こえる。♀もプチッと発音する	卵越冬で年1化、細い枝に下向きに止まり産卵器で切り込みをいれ、左右交互に八の字重ねに偏平な卵を産み込む	本州、四国、九州、佐渡島、伊豆諸島、隠岐、屋久島、馬毛島、対馬；朝鮮半島、台湾、中国、ベトナム、ハワイ
おおむね山地性で、樹上性	タッタッタッまたはチッチッチッとも聞こえる	卵越冬で年1化	本州、四国、九州、佐渡島、対馬；韓国、中国
山地性、樹上性	♂は夜、グシュルルルあるいはギュルル・ルルと鳴く。♀もピチピチピチと鳴く	産卵は樹皮下などに行われる。卵越冬で年1化	本州、四国、九州、隠岐、対馬、南西諸島（奄美大島以北）
森林性	鳴き声は不明		屋久島（？）、奄美大島、徳之島、沖永良部島
薄暗い林内～林縁の灌木上によくいる	ナカオレツユムシや区切り鳴きタイプのヤブキリに似て、シュルルル…と消え入るように鳴く	成虫は5～7月に多い	沖縄島、渡嘉敷島、久米島
主に高い樹上にいるらしい	声はオキナワヘリグロツユムシに似ているが、盛んに鳴くことはない	成虫は5月中旬～6月に見られる	石垣島
			西表島
			与那国島
樹冠にいて、マツ類の樹冠にもいる	♂の声は鋭く、沖縄島ではチキチッ・チキチッとやや不規則だが、トカラ列島～奄美大島ではチッ・チチッと規則正しく鳴く。♀が♂に応えて発音する	年1化。成虫は4～7月に見られ、♀は葉肉に産卵後、周囲を切り取って落とす	南西諸島（屋久島～沖縄島）；中国
高木の樹冠ではなく林縁の樹上に多い	♂の声はシュリリリリッ！と強く、夜、盛んに鳴く	年1化。3～6月に幼虫、5～8月に成虫が見られる	南西諸島；台湾、中国
樹上性だが、森林性ではないかも知れない	鳴き声は不明	卵越冬年1化、奄美大島では7月上旬に成虫がえられている	四国（高知）、九州（鹿児島）、奄美大島；台湾、中国

和 名	学 名
ヒロバネツユムシ属	*Arnobia* Stål, 1876
ヒロバネツユムシ	*Arnobia pilipes* (de Haan, 1843)
コオロギ上科　コオロギ科　コオロギ亜科	
クロツヤコオロギ族	Brachytrupini Saussure, 1877
クロツヤコオロギ属	*Phonarellus* Gorochov, 1983
クロツヤコオロギ	*Phonarellus ritsemai* (Saussure, 1877)
ハネナシコオロギ族	Cephalogryllini Otte and Alexander, 1983
ハネナシコオロギ属	*Goniogryllus* Chopard, 1936
ハネナシコオロギ	*Goniogryllus sexspinosus* Ichikawa, 1987
オチバコオロギ属	*Parasongella* Otte, 1987
オチバコオロギ	*Parasongella japonica* Ichikawa, 2001
フタホシコオロギ族	Gryllini Laicharting, 1781
フタホシコオロギ属	*Gryllus* Linnaeus, 1758
フタホシコオロギ	*Gryllus bimaculatus* de Geer, 1773
イエコオロギ属	*Acheta* Fabricius, 1775
イエコオロギ	*Acheta domesticus* (Linnaeus, 1758)
エンマコオロギ属	*Teleogryllus* Chopard, 1961
エンマコオロギ亜属	Subgenus *Brachyteleogryllus* Gorochov, 1985
エゾエンマコオロギ	*Teleogryllus infernalis* (Saussure, 1877)
エンマコオロギ	*Teleogryllus emma* (Ohmachi & Matsuura, 1951)
タイワンエンマコオロギ	*Teleogryllus occipitalis* (Audinet-Serville, 1839)
ムニンエンマコオロギ	*Teleogryllus boninensis* Matsuura, 1985
ナンヨウエンマコオロギ	*Teleogryllus oceanicus* (le Guillou, 1841)

直翅目　コオロギ亜目

日本の鳴く虫一覧

生息環境など	鳴き声	生態(化生、越冬態など)	分布
	鳴き声は不明だが、発音器があるので、♀も発音するようである		九州
主として南向きのやや粘土質の斜面に穴を掘って生活する	♂はチリチリチリチリ…と多少金属音で鳴く	中齢幼虫で越冬し、年1化。成虫は6～8月に多い	本州、四国、九州、対馬、屋久島、奄美大島、沖縄島、西表島；韓国、中国
九州では照葉樹林帯からブナ帯の林床にかけて生息する	鳴かない	おそらく中齢幼虫で越冬し、年1化	本州（山口県）、四国（徳島県、高知県）、九州
林床に生活し、成虫は初夏に採集されている	きわめて小さな声で鳴くらしい		沖縄島
まれに野外に逸出する個体が採集される	ピリリッ・ピリリッと単調に続ける。誘惑音はかすかである	実験動物や爬虫類などのエサになるのでよく飼育されている	沖縄島、先島諸島；台湾、東南アジアなどの熱帯、亜熱帯
日本では帰化種で、港湾地で散発的に発生する	リッ・リッと、短く切り、クチナガコオロギの音に似るが小さい	実験動物や爬虫類などのエサになるのでよく飼育されている	北海道、本州（静岡県島田市、絶滅）、四国（愛媛県伊予三島市、絶滅）；全世界
本州では河原の石が転がっているところなどに局地的に生息する	リー・リー…と鳴き、少しタイワンエンマコオロギの鳴き声に似る	卵越冬で年1化、秋に成虫が出る	北海道、本州（和歌山県が現在の南限）；韓国、中国、ロシア
卵越冬で年1化	コロコロリーと長くひくこともあれば、コロコロリと短く切ることがある	卵越冬で年1化	北海道、本州、四国、九州、伊豆諸島八丈島、対馬；朝鮮半島、台湾（？）、中国
本州では河原や空き地、畑などに生息する	鳴き声はエゾエンマコオロギに似ている	本土では幼虫で越冬し、年2化。南西諸島では周年いる	本州（三重以西）、四国、九州、対馬、南西諸島；台湾、中国、東南アジア
	エンマコオロギにやや似るがテンポが速くせわしい	周年	小笠原諸島
	ムニンエンマコオロギに似ている	周年	

和 名	学 名
コモダスエンマコオロギ	*Teleogryllus commodus* (Walker, 1869)
マメクロコオロギ属	*Melanogryllus* Chopard, 1961
マメクロコオロギ	*Melanogryllus bilineatus* Yang & Yang, 1994
オカメコオロギ族	Platyblemmini Saussure, 1877
ヒメコガタコオロギ属	*Modicogryllus* Chopard, 1961
ヒメコガタコオロギ亜属	Subgenus *Promodicogryllus* Gorochov, 1986
ヒメコガタコオロギ	*Modicogryllus consobrinus* (Saussure, 1877)
タンボコオロギ亜属	Subgenus *Lepidogryllus* Otte & Alexander, 1983
タンボコオロギ	*Modicogryllus siamensis* Chopard, 1961
クマコオロギ属	*Mitius* Gorochov, 1985
クマコオロギ	*Mitius minor* (Shiraki, 1913)
ヒメコオロギ属	*Comidogryllus* Otte & Alexander, 1983
ヒメコオロギ	*Comidogryllus nipponensis* (Shiraki, 1913)
オカメコオロギ属	*Loxoblemmus* Saussure, 1877
ネッタイオカメコオロギ	*Loxoblemmus equestris* Saussure, 1877
モリオカメコオロギ	*Loxoblemmus sylvestris* Matsuura, 1988
ハラオカメコオロギ	*Loxoblemmus campestris* Matsuura, 1988
タンボオカメコオロギ	*Loxoblemmus aomoriensis* Shiraki, 1930
ミツカドコオロギ	*Loxoblemmus doenitzi* Stein, 1881
オオオカメコオロギ	*Loxoblemmus magnatus* Matsuura, 1986

直翅目 コオロギ亜目

日本の鳴く虫一覧

生息環境など	鳴き声	生態(化生、越冬態など)	分布
	鳴き声の音質はエンマコオロギに近いが、やや単調	卵越冬でおそらく年1化	本州（岡山県）；オーストラリア
草地にいるが少ない	タイワンエンマコオロギの声に似てピリリ・ピリリと鳴く		南西諸島（奄美大島以南）；台湾
草地や町中の空き地、市街地に生息する	チリ・チリ・チリ…と単調に続ける		南西諸島；台湾、東南アジア
主に暖地の湿地などに出現する	ジッ・ジッ・ジッ…と続ける	本州では幼虫越冬で年2化	本州、四国、九州、伊豆諸島八丈島、対馬、南西諸島；韓国、台湾、東南アジア
主によく湿った草地に生息する	昼からチルッ・チルッと鳴く	卵越冬で年1化	本州、四国、九州、対馬、種子島；韓国
河原のアシヨシ原や山道の藪に生息する	昼間からルーーーと続けて鳴く	卵越冬で年1化	本州、四国、九州、伊豆大島、対馬；韓国、台湾、中国
いろいろな環境にいる	鳴き声ではモリオカメコオロギと識別が難しい	本種は決まった越冬態がない	南西諸島（トカラ列島以南）、韓国（?）、台湾、中国、東南アジア
ハラオカメコオロギやタンボオカメコオロギと共存する場合は森林を好む	鳴き方にはいくつかの型があり、リッリッリッと5～6声続ける場合、リー、リーと区切って鳴き続ける場合などがある	卵越冬で年1化	本州、四国、九州、対馬、屋久島；韓国（?）
草原や市街地に普通	普通リッリッリッと5～6声続ける	卵越冬で年1化	北海道、本州、四国、九州、対馬、南西諸島（奄美大島以北）；韓国（?）、中国
通常湿ったところにいるが、北地では乾燥したところにもすむ	音色はハラオカメコオロギに似るが、鳴き方はむしろモリオカメコオロギに近い	卵越冬で年1化	北海道、本州、四国（愛媛県、高知県）、九州
草原や市街地に普通	ハラオカメコオロギに似て、鋭い	卵越冬で年1化	本州、四国、九州、対馬、大隅諸島黒島；韓国、中国
河川敷や寺社の境内などで局地的に見つかる	ミツカドコオロギに似た音色が丸く小さい	卵越冬で年1化	本州、四国（徳島県）、九州；韓国（?）

和 名	学 名
ツシマオカメコオロギ	*Loxoblemmus tsushimensis* Ichikawa, 2001
ツヅレサセコオロギ属	*Velarifictorus* Randell, 1964
クチナガコオロギ	*Velarifictorus aspersus* (Walker, 1869)
ツヅレサセコオロギ	*Velarifictorus micado* (Saussure, 1877)
ナツノツヅレサセコオロギ	*Velarifictorus grylloides* (Chopard, 1969)
コガタコオロギ	*Velarifictorus ornatus* (Shiraki, 1913)
ムニンツヅレサセコオロギ	*Velarifictorus politus* Ichikawa, 2001
カマドコオロギ属	*Gryllodes* Saussure, 1874
カマドコオロギ	*Gryllodes sigillatus* (Walker, 1869)
クマスズムシ族	*Sclerogryllini* Gorochov, 1985
クマスズムシ属	*Sclerogryllus* Gorochov, 1985
クマスズムシ	*Sclerogryllus punctatus* (Brunner von Wattenwyl, 1893)
ネッタイクマスズムシ	*Sclerogryllus coriaceus* (de Haan, 1844)
コオロギ上科　コオロギ科　イタラ亜科	
ハネナガコオロギ属	*Parapentacentrus* Shiraki, 1930
ハネナガコオロギ	*Parapentacentrus formosanus* Shiraki, 1930
コオロギ上科　マツムシ科　クチキコオロギ亜科	
クチキコオロギ属	*Duolandrevus* Kirby, 1906
クチキコオロギ	*Duolandrevus ivani* (Gorochov, 1988)

直翅目　コオロギ亜目

生息環境など	鳴き声	生態(化生、越冬態など)	分布
	ミツカドコオロギともハラオカメコオロギとも異なった音色で、リリリリリ…リリリリリ…と鳴く	年1化で卵越冬と思われる	九州（長崎県）、愛媛県？、対馬
丘陵地に多く、しばしばツヅレサセコオロギなどと混棲する	リッ・リッと切るか短く続け、音色が丸い	卵越冬で年1化	本州（静岡県以西）、四国、九州；韓国、台湾、中国
ほとんどあらゆる環境に生息する	リリリリリと続けて鳴く。早朝に鳴くことが多い	卵越冬で年1化	北海道（温熱地帯）、本州、四国、九州、伊豆諸島、対馬；韓国、台湾？、中国、北米（移入）
ツヅレサセコオロギほどどこにでもいないが、環境の選り好みはあまりしない	6〜7月ごろ盛んに鳴く。もしかしたら2化目が秋に鳴くのかもしれない	幼虫越冬で初夏に羽化する	本州、四国、九州、対馬、南西諸島；台湾、インド北部
芝地や草原にすむ	ジー・ジーと断続的に鳴く。誘惑音はツヅレサセコオロギやクチナガコオロギと同様、ツツジー・ツツジーというかすかな音である	幼虫越冬で初夏に羽化する。伊豆諸島や土佐沖ノ島のような暖地では秋にも出現する（2化生）	本州、四国、九州、伊豆諸島（三宅島、八丈島）、対馬、南西諸島（トカラ列島以南）；台湾
森林内にすむ	クチナガコオロギの音色に似て、長く続ける		小笠原諸島父島、母島、兄島
本土では港湾や温泉、暖地に生息し、南西諸島では主に市街地にいるが、山中にもいる	リンリンリン、あるいはチリチリチリチリ…と高い音で連続的に鳴く	おそらく周年発生	本州、四国、九州、対馬、小笠原諸島、南西諸島（奄美大島以南）；韓国、台湾、東南アジアをはじめ世界の熱帯、亜熱帯
畑や草むらのやや湿ったところに生息する	夜にリューーーと高く弱い声で鳴き、突然終わる	卵越冬で年1化	本州、四国、九州、対馬、南西諸島（久米島まで）；ミャンマー
不明	鳴き声は不明		与那国島；東南アジア、ジャワ、インド
樹上性	鳴かないものと思われる		四国（高知県）；台湾、東南アジア
昼間は岩の割れ目や樹皮の下などに隠れていて、主に夜間に活動する	鳴くのは主に夜で、グリー・グリーと低い声でゆっくり鳴く	決まった越冬態はなく、幼虫、成虫共に周年見られる	本州、四国、九州、伊豆諸島、対馬、奄美諸島、沖縄諸島

和 名	学 名
ヤエヤマクチキコオロギ	*Duolandrevus guntheri* (Gorochov, 1988)
ヨナグニクチキコオロギ	*Duolandrevus yonaguniensis* Ichikawa, 2001
オガサワラクチキコオロギ	*Duolandrevus major* Otte, 1988
コオロギ上科　マツムシ科　マツムシ亜科	
マツムシ族	Eneopterini Saussure., 1874
マダラコオロギ属	*Cardiodactylus* Saussure, 1877
マダラコオロギ	*Cardiodactylus guttulus* (Matsumura, 1913)
コバネマツムシ属	*Lebinthus* Stål, 1877
コバネマツムシ	*Lebinthus yaeyamensis* Ôshiro, 1996
マツムシ属	*Xenogryllus* Bolívar, 1890
マツムシ	*Xenogryllus marmoratus* (de Haan, 1844)
オキナワマツムシ	*Xenogryllus marmoratus unipartitus* (Karny, 1915)
サワマツムシ族	Phalorini Gorochov, 1985
サワマツムシ属	*Vescelia* Stål, 1877
リュウキュウサワマツムシ	*Vescelia pieli ryukyuensis* (Ôshiro, 1985)
マツムシモドキ族	Podoscirtini Saussure, 1878
アオマツムシ属	*Truljalia* Gorochov, 1985
アオマツムシ	*Truljalia hibinonis* (Matsumura, 1917)
マツムシモドキ属	*Aphonoides* Chopard, 1940
マツムシモドキ	*Aphonoides japonicus* (Shiraki, 1930)
アカマツムシモドキ	*Aphonoides rufescens* Ichikawa, 2001
ヤエヤママツムシモドキ属	*Mistshenkoana* Gorochov, 1990
ヤエヤママツムシモドキ	*Mistshenkoana gracilis* (Chopard, 1925)
コオロギ上科　マツムシ科　カヤオオロギ亜科	
カヤコオロギ属	*Euscyrtus* Guérin-Méneville, 1844
カヤコオロギ	*Euscyrtus japonicus* Shiraki, 1930

日本の鳴く虫一覧

生息環境など	鳴き声	生態(化生、越冬態など)	分布
森林内にすむ	鳴くのは主に夜で、グリー・グリーと低い声でゆっくり鳴く		石垣島、西表島；台湾
森林性	鳴くのは主に夜で、グリー・グリーと低い声でゆっくり鳴く		与那国島
森林性	♂は発音する		小笠原諸島
森林内の樹上や林縁、藪に生息する	昼からシッ・シッとクダマキモドキのような声で鳴く	8月から成虫が出始め、1月まで見られる	南西諸島（奄美大島以南）、台湾
通常は原生林の林床に生息する	鳴き声は不明	9月に出始め、年1化	石垣島、与那国島；台湾、アンボイナ
河川敷や林縁、まれに林内に生息する	暗くなってからチッチッチルルッまたはチッチッチルルッと鳴く	卵越冬で年1化	本州、四国、九州、伊豆大島；韓国、中国
林縁や草丈の高い草むらにすむ	暗くなってからチッチッチッチルルッと鳴く	卵越冬で年1化	南西諸島；台湾、中国？
薄暗い沢ぞいを好み、成虫は樹幹など植物上に多い。♀はヘゴ類に産卵する	夜にリンリンリリリリ…とよく響く声で鳴く	年1化で卵越冬と思われる	奄美大島、徳之島、沖縄島、久米島、石垣島、西表島
中国から移入した鳴く虫。主に都市の樹上に多い	♂は主に夜間にリン・リン・リン…と騒がしく鳴き、昼はリューー・リューーと鳴く	卵越冬で年1化	本州、四国、九州；中国
成虫は灯火にも飛来する	♂は口器でドラミングをする	卵越冬で年1化	本州（静岡県以西）、四国、九州
ヤエヤママツムシモドキよりも低地に広くいる	鳴き声は不明	7〜10月に見られる	伊豆諸島、小笠原諸島、南西諸島
照葉樹林の低地林や林縁部にいる	鳴き声は不明	7〜9月に見られる	石垣島、西表島、与那国島；フィリピン
河川敷や明るい林内のイネ科草本に群生する	発音はしないと考えられている	卵越冬で年1化	本州、四国、九州；韓国

和　名	学　名
オオカヤコオロギ属	*Patiscus* Stål, 1877
オオカヤコオロギ	*Patiscus nagatomii* Ôshiro, 1999
コオロギ上科　マツムシ科　スズムシ亜科	
スズムシ属	*Meloimorpha* Walker, 1870
スズムシ	*Meloimorpha japonica* (de Haan, 1844)
コオロギ上科　マツムシ科　カンタン亜科	
カンタン属	*Oecanthus* Audinet-Serville, 1831
カンタン	*Oecanthus longicauda* Matsumura, 1904
インドカンタン	*Oecanthus indicus* Saussure, 1878
チャイロカンタン	*Oecanthus rufescens* Audinet-Serville, 1839
ヒロバネカンタン	*Oecanthus euryelytra* Ichikawa, 2001
コガタカンタン	*Oecanthus similator* Ichikawa, 2001
コオロギ上科　ヒバリモドキ科　ヒバリモドキ亜科	
ヤマトヒバリ属	*Homoeoxipha* Saussure, 1874
ヤマトヒバリ	*Homoeoxipha obliterata* (Caudell, 1927)
フタイロヒバリ	*Homoeoxipha lycoides* (Walker, 1869)
ネッタイヒバリ	*Homoeoxipha nigripes* Hsia & Liu, 1993

直翅目　コオロギ亜目

日本の鳴く虫一覧

生息環境など	鳴き声	生態(化生、越冬態など)	分布
チガヤを好み、開けた牧草地～林縁にいる	発音はしないと考えられている	周年発生と思われる	石垣島、西表島、与那国島
河床や林床などに生息する	主に夜、リーン・リーンと鳴くがこれは誘惑音で、本来の呼び鳴きはリンリンリンリン…と続ける	卵越冬で年1化	北海道（帰化）、本州、四国、九州、対馬、種子島；韓国、台湾、中国
山地や海岸のクズなどが茂る草原にいる	リューーーあるいはルルルル…と鳴く	卵越冬で年1化	北海道、本州、四国、九州；朝鮮半島、中国、シベリア
平地の荒れ地にいる	夜にリー・リーと鳴く。1声の長さはヒロバネカンタンより長く音色が高い		先島諸島；台湾、東南アジア、インド
平地の荒れ地にいる	鳴き始めはリュー・リューと少し長めに引いて鳴き、その後間断なくリューーーと鳴き続ける		奄美大島、八重山諸島；東南アジア、インド、オーストラリア
平地の荒れ地にいる	夜にリー・リーと切って鳴く	西日本では卵越冬で年2化	本州（青森県以南）、四国、九州、南西諸島；朝鮮半島、台湾？、ラオス、パキスタン？
生息地はキイチゴ属の上に限られている	夜間にだけ鳴き、カンタンと違ってしばしば切って鳴く	卵越冬で年1化	本州（群馬県が現在の北限）、四国、九州
林内や海岸などの薄暗い湿った藪にいる	昼間から曇った声でリューリューリュー…リュー…と鳴く	卵越冬で暖地では年2化	本州、四国、九州、伊豆諸島、屋久島、奄美大島、沖縄島
明るい湿性草地に多い	明るい声でリィリィリィリィ・リィリィリィリィ…と鳴く		伊豆諸島（八丈島）、沖縄島、渡嘉敷島；東南アジア
暗く湿った林内の下生えにいる	リュリュリュリュリュリューーと繰り返し鳴く		石垣島、西表島；台湾、中国

和 名	学 名
キンヒバリ属	*Natula* Gorochov, 1987
カヤヒバリ	*Natula pallidula* (Matsumura, 1910)
キンヒバリ	*Natula matsuurai* Sugimoto, 2001
セグロキンヒバリ	*Natula pravdini* (Gorochov, 1985)
クロメヒバリ属	*Anaxipha* Saussure, 1874
クロメヒバリ	*Anaxipha longealata* Chopard, 1930
クサヒバリ属	*Svistella* Gorochov, 1987
タイワンカヤヒバリ	*Svistella henryi* (Chopard, 1936)
クサヒバリ	*Svistella bifasciata* (Shiraki, 1913)
ヒバリモドキ属	*Trigonidium* Rambur, 1839
オキナワヒバリモドキ	*Trigonidium pallipes* Stål, 1861
クロヒバリモドキ	*Trigonidium cicindeloides* Rambur, 1839
キアシヒバリモドキ	*Trigonidium japonicum* Ichikawa, 2001
オガサワラヒバリモドキ	*Trigonidium ogasawarense* Shiraki, 1930
チャマダラヒバリモドキ	*Trigonidium chamadara* Sugimoto, 2001
ウスグモスズ属	*Metiochodes* Chopard, 1931
ウスグモスズ	*Metiochodes genji* (Furukawa, 1970)
カルニーウブゲヒバリ	*Metiochodes karnyi* (Chopard 1930)

(直翅目 コオロギ亜目)

日本の鳴く虫一覧

生息環境など	鳴き声	生態（化生、越冬態など）	分布
ススキやチガヤの草原やキビ畑に多い	昼間はジリジリジリ…と速く鳴き、夜はリー・リー・リー・リー…と遅く鳴く	本州では幼虫で越冬する	本州、四国、九州、伊豆諸島、南西諸島（奄美大島以南）；台湾
林縁などの半日陰の湿地に多い	リッリッリッリッリーリーと繰り返して鳴く	本州では幼虫越冬だが、時に成虫越冬する	本州、四国、九州、屋久島、トカラ列島、奄美大島、徳之島、伊平屋島、沖縄島、久米島；中国（？）
明るい湿地のイネ科植物に多い	非常に速いテンポでジリジリジリジリジィジィジィ…と鳴く		南西諸島（奄美大島以南）；中国
丈の低い密生した湿性草地に多い	ジジジジジー・ジジジジジー とせわしなく繰り返し鳴く		西表島、与那国島；東南アジア
トキワススキなどが生える乾いた草原やキビ畑に多い	昼夜の区別なくチリッ・チリッ・チリッ…とカネタタキに似た声で鳴く		沖縄島、石垣島、西表島、与那国島；台湾、中国、東南アジア
市街地の生け垣や林縁にもすむ	朝からフィリリリリリリ…という声で鳴く	卵越冬で年1化	本州、四国、九州、南西諸島；韓国、ロシア、台湾
やや湿ったところに多いが、草地に普通	発音はしないと考えられている	おそらく周年発生	小笠原諸島、南西諸島；台湾、東南アジア
低くまばらな草地にいることが多い	発音はしないと考えられている	周年発生	本州（和歌山県）、四国（愛媛県南部、高知県）、九州、南西諸島；台湾、東南アジア、南アジア、ヨーロッパ南部など
草地や林縁に普通	発音はしないと考えられている	幼虫越冬で年1化	北海道、本州、四国、九州；韓国（？）
尾根筋の林道の、開けた道ばたにあるイネ科の草むらで採集されている	発音はしないと考えられている		小笠原諸島
	発音はしないと考えられている		沖縄島、渡嘉敷島；台湾
樹上性で、公園の緑地や人家の生け垣などでえられている	発音はしないと考えられている	年1化で卵越冬と思われる	本州（関東〜近畿地方）、宮崎県
	発音はしない		石垣島、西表島；ボルネオ

和 名	学 名
コオロギ上科　ヒバリモドキ科　ヤチスズ亜科	
マングローブスズ族	Apteronemobiini Ohmachi, 1950
マングローブスズ属	*Apteronemobius* Chopard, 1929
マングローブスズ	*Apteronemobius asahinai* Yamasaki, 1979
モリズミスズ族	Nemobiini Saussure, 1877
イソスズ属	*Thetella* Otte & Alexander, 1983
イソスズ	*Thetella elegans* Kobayashi, 1983
ハマコオロギ属	*Taiwanemobius* Yang & Chang, 1997
ハマコオロギ	*Taiwanemobius ryukyuensis* Ôshiro & Ichikawa, 1997
ナギサスズ属	*Caconemobius* Kirby, 1906
ダイトウウミコオロギ	*Caconemobius daitoensis* (Ôshiro, 1986)
ウスモンナギサスズ	*Caconemobius takarai* (Ôshiro, 1990)
ナギサスズ	*Caconemobius sazanami* (Furukawa, 1970)
ヤチスズ族	Pteronemobiini Otte and Alexander, 1983
ヤチスズ属	*Pteronemobius* Jacobson, 1905
エゾスズ	*Pteronemobius yezoensis* (Shiraki, 1913)
キタヤチスズ	*Pteronemobius gorochovi* Storozhenko, 2004
ヤチスズ	*Pteronemobius ohmachii* (Shiraki, 1930)
ネッタイヤチスズ	*Pteronemobius indicus* (Walker, 1869)
ヒメスズ	*Pteronemobius nigrescens* (Shiraki, 1913)
リュウキュウチビスズ	*Pteronemobius sulfurariae* Chopard, 1931

直翅目　コオロギ亜目

生息環境など	鳴き声	生態(化生、越冬態など)	分布
マングローブ林の林床に特異的に生息する	発音はしないと考えられている	北部（奄美大島など）では年1化で、南部（八重山諸島）では成虫と若齢幼虫が混ざる	南西諸島（奄美大島以南）；中国、東南アジア
小石の多い海岸に生息し、夜に石の間から出てくる	低い音でジィ・ジィと鳴く	周年発生と思われる	南西諸島
やや大きな石の転がる海岸の河口部に生息する	発音はしないと考えられている	周年発生と思われる	奄美大島、沖縄島
大東島では波打ち際より上の方や陸寄りに多い	発音はしないと考えられている	12月に成虫も幼虫もいる	大東諸島
主に、岩石の積み重なった海岸やサンゴ礁の崖、防波堤の壁面にいる。魚介類の死体に群がる	発音はしないと考えられている	沖縄島以南では年2化と考えられる。本土では成虫期が8～10月の卵越冬年1化であろう	本州、四国、九州、伊豆諸島、小笠原諸島、対馬、種子島、南西諸島
主に、岩石の積み重なった海岸やサンゴ礁の崖、防波堤の壁面にいる。魚介類の死体に群がる	発音はしないと考えられている	卵越冬で年1化	北海道、本州、四国、熊本県、宮崎県、佐渡島、伊豆諸島、対馬、奄美大島、国後島；韓国
湿地に生息する。やや暗い所に多い	晩春からジー・ジーと単調な鳴き方をする	幼虫越冬で年1化	北海道、本州、四国、九州
湿地に生息する	ジー・ジーと単調な鳴き方をする	年1化で卵越冬と思われる	北海道（？）、本州、九州、佐渡島；韓国、ロシア
湿地や水田に生息する	通常、ジーー・ジーーと尻あがりで長めに鳴くが、他の鳴き方もある	西日本では卵越冬で年2化	北海道、本州、四国、九州、南西諸島（？）；台湾（？）
湿地に生息する	声は出だしが小さく、通常、ジィーーーーーと長く鳴き、急に鳴き終わる		南西諸島（トカラ列島以南）；東南アジア
林床や林縁に生息する	リー・リーと弱々しい声で鳴く	本土では卵越冬で年1化	本州、四国、九州、伊豆諸島、小笠原諸島？、奄美大島、沖縄島、西表島；台湾
湿った落葉の下にすむが暗い林内にはいない	ジー・ジーとマダラスズやネッタイシバスズに似た鳴き声を出す	本州では年1化で秋に成虫がでる。南西諸島では7～12月に採集されているが、化性は不明	本州（新潟県、関東地方）、南西諸島（トカラ列島以南）；スマトラ、ジャワ

和 名	学 名
マダラスズ属	*Dianemobius* Vickery, 1973
マダラスズ	*Dianemobius nigrofasciatus* (Matsumura, 1904)
ネッタイマダラスズ	*Dianemobius fascipes* (Walker, 1869)
ハマスズ	*Dianemobius csikii* (Bolívar, 1901)
カワラスズ	*Dianemobius furumagiensis* (Ohmachi & Furukawa, 1929)
チビスズ	*Dianemobius chibae* (Shiraki, 1913)
シバスズ属	*Polionemobius* Gorochov, 1983
シバスズ	*Polionemobius mikado* (Shiraki, 1913)
ネッタイシバスズ	*Polionemobius taprobanensis* (Walker, 1869)
ヒゲシロスズ	*Polionemobius flavoantennalis* (Shiraki, 1913)
カネタタキ上科　カネタタキ科	
カネタタキ属	*Ornebius* Guérin-Méneville, 1844
カネタタキ	*Ornebius kanetataki* (Matsumura, 1904)
イソカネタタキ	*Ornebius bimaculatus* (Shiraki, 1930)
オガサワラカネタタキ	*Ornebius longipennis* (Shiraki, 1930)
オガサワラカネタタキ南西諸島亜種	*Ornebius longipennis ryukyuensis* Ôshiro, 1998
ヒルギカネタタキ	*Ornebius fuscicerci* (Shiraki, 1930)
ウスグロカネタタキ	*Ornebius infuscatus* (Shiraki, 1930)
アシナガカネタタキ属	*Cycloptiloides* Sjöstedt, 1909-1910
アシナガカネタタキ	*Cycloptiloides longipes* Ueshima & Sugimoto, 2001

直翅目　コオロギ亜目

日本の鳴く虫一覧

生息環境など	鳴き声	生態(化生、越冬態など)	分布
裸地に近い草むらに多い	ジィーッ・ジィーッとやや抑揚のある声で短く鳴く	卵越冬で年1~2化	北海道、本州、四国、九州、伊豆諸島、南西諸島（奄美大島以北）；韓国、中国北部、シベリア
本土のマダラスズ生息地と同様の環境に生息する	声はジィー・ジィー…で、シバスズより短く切り鳴らし、やや鋭い		八重山諸島；台湾、東南アジア、南アジア
砂浜や内陸の河原に生息する	ジー・ジーと鳴き、たまにチョンという	卵越冬で年1~2化	本州、四国、九州、南西諸島（徳之島以北）；韓国、中国北部、台湾？
河原や鉄道線路内に生息する。成虫は灯火に飛来する	チリチリチリと鳴く	卵越冬で年1~2化	本州、四国、九州；韓国、台湾、中国北部
	鳴き声は不明		本州（東京都）、小笠原諸島
芝生のような短い草の草原に多い	普通ジーーと引いて長く鳴く	卵越冬で年1~2化	北海道、本州、四国、九州、伊豆諸島、対馬、奄美大島、徳之島（北端）、小笠原諸島父島；韓国、中国
草地に生息する	ジー・ジーと短く鳴く	年間を通じて多い	南西諸島（徳之島以南）；台湾、東南アジア
深い草むらに生息する	フィリリリリ…と涼しげな声で鳴く	卵越冬で年1化	本州、四国、九州、伊豆諸島、対馬；韓国、中国
庭木、生け垣、林縁などに生息する	チン・チン・チン…と澄んだ小さな声で鳴く	基本的には卵越冬で年1化であるが、南西諸島では卵は非休眠で周年成虫と幼虫が見られる	本州、四国、九州、伊豆諸島、小笠原諸島、小豆島、対馬、平戸島、五島列島、種子島、南西諸島；韓国、台湾、中国
海辺のトベラなどの低木上に生息し、しばしばハマユウの葉や茎の隙間に多く見られる	チリリリ…と低い声で連続的に鳴く	基本的には卵越冬で年1化であるが、南西諸島では卵は非休眠で周年成虫と幼虫が見られる	本州（房総半島以西）、四国、九州（沿岸部）、小笠原諸島、平戸島、五島列島、南西諸島；台湾、東南アジア
	鳴き声は不明		小笠原諸島
主に低地、海岸林の灌木上に生息する	チン・チン・チリン…と低く澄んだ声で鳴く	卵越冬で年1化	南西諸島；台湾
ヒルギ（マングローブ）樹上に生息する	チンチンチン…と低く沈んだ声で鳴く	卵越冬で年1化	奄美大島、沖縄島、石垣島、西表島；台湾
	鳴き声は不明		台湾
家屋内から庭先でえられており、野外での生息環境は未知	発音はしないと考えられている		トカラ列島宝島、沖永良部島

和　名	学　名
アシジマカネタタキ属	*Ectatoderus* Guérin-Méneville, 1849
アシジマカネタタキ	*Ectatoderus annulipedus* (Shiraki, 1913)
フトアシジマカネタタキ	*Ectatoderus* sp., 1
イリオモテアシジマカネタタキ	*Ectatoderus* sp., 2
オチバカネタタキ属	*Tubarama* Yamasaki, 1985
オチバカネタタキ	*Tubarama iriomotejimana* Yamasaki, 1985
カネタタキ上科　アリツカコオロギ科	
アリツカコオロギ属	*Myrmecophilus* Berthold, 1827
アリツカコオロギ	*Myrmecophilus sapporensis* Matsumura, 1904
テラニシアリツカコオロギ	*Myrmecophilus teranishii* Teranishi, 1914
サトアリツカコオロギ	*Myrmecophilus tetramorii* Ichikawa, 2001
オオアリツカコオロギ	*Myrmecophilus gigas* Ichikawa, 2001
クマアリツカコオロギ	*Myrmecophilus horii* Maruyama, 2004
クボタアリツカコオロギ	*Myrmecophilus kubotai* Maruyama, 2004
クサアリツカコオロギ	*Myrmecophilus kinomurai* Maruyama, 2004
ウスイロアリツカコオロギ	*Myrmecophilus ishikawai* Maruyama, 2004
シロオビアリツカコオロギ	*Myrmecophilus albicinctus* (Chopard, 1924)
ミナミアリツカコオロギ	*Myrmecophilus formosanus* Shiraki, 1930
ケラ上科　ケラ科	
ケラ属	*Gryllotalpa* Latreille [1802]
ケラ	*Gryllotalpa orientalis* Burmeister, 1839

直翅目　コオロギ亜目

日本の鳴く虫一覧

生息環境など	鳴き声	生態（化生、越冬態など）	分布
林縁の潅木上に生息する	鳴き声は高音で小さく、聞こえない	本州、四国、九州では1化性で卵越冬、南西諸島では多化性で非休眠	本州、四国、九州、男女群島、屋久島、種子島、南西諸島
	チン・チリリリリと鳴く		トカラ列島中之島・悪石島・宝島、久米島
低地林でえられている	♂の成虫は振動音を出す		西表島；台湾蘭嶼
海岸近くの林床の落葉中に生息する	ジ…ジ…ジ…ジジジと細く澄んだ声で鳴く	卵は非休眠	南西諸島；台湾蘭嶼
主にケアリ亜属各種、キイロケアリの巣より主に採集されている	発音はしないと考えられている		北海道、本州（北部）
ケアリ亜属のアリの巣から見つかっている	発音はしないと考えられている	決まった越冬態はなく、幼虫、成虫ともに周年見られる	本州（西部）、四国、九州
平地から低山地まで生息している。主にトビイロシワアリの巣で見られる	発音はしないと考えられている	決まった越冬態はなく、幼虫、成虫ともに周年見られる	本州、四国、九州
ムネアカオオアリの巣の周辺から得られている	発音はしないと考えられている		本州、四国、九州
エゾアカヤマアリ亜属、クロヤマアリ亜属各種から採集されている	発音はしないと考えられている		北海道
平地から山地まで生息しており、クロオオアリなどの巣から見つかる	発音はしないと考えられている		本州
北海道から九州のクサアリ亜属の巣に普通で、時に多産する	発音はしないと考えられている		北海道、本州、四国、九州
アメイロケアリ亜属の巣から見つかった	発音はしないと考えられている		本州
主にアシナガキアリの巣から見つかっている	発音はしないと考えられている		八重山諸島；インド・東南アジア一帯
主にオオズアリ類、オオトゲハリアリの巣にすむ	発音はしないと考えられている		小笠原諸島、八重山諸島、大東諸島；台湾
柔らかく湿った土中にトンネルを掘って生活し、雑食性で、しばしば灯火に飛来する	♂は長くジーーーと鳴き、♀は短く断続的に鳴く	5～7月に産卵し、早いものは9～10月に羽化し、成虫で越冬。遅いものは幼虫で越冬、翌年夏～初秋に羽化する	日本全土；韓国、アジア

和 名	学 名
ノミバッタ上科　ノミバッタ科　ノミバッタ亜科	
ノミバッタ属	*Xya* Latreille, 1809
ノミバッタ	*Xya japonica* (de Haan, 1844)
ニトベノミバッタ	*Xya nitobei* (Shiraki, 1913)
マダラノミバッタ	*Xya riparia* (Saussure, 1877)
ツノジロノミバッタ	*Xya apicicornis* Chopard, 1928
ヒシバッタ上科　ヒシバッタ科　ヒラタヒシバッタ亜科	
ヒラタヒシバッタ属	*Austrohancockia* Günther, 1938
アマミヒラタヒシバッタ	*Austrohancockia amamiensis* Yamasaki, 1994
オキナワヒラタヒシバッタ	*Austrohancockia okinawaensis* Yamasaki, 1994
ヒシバッタ上科　ヒシバッタ科　ヒラゼヒシバッタ亜科	
ヨリメヒシバッタ属	*Systolederus* Bolívar, 1887
ヨリメヒシバッタ	*Systolederus japonicus* Ichikawa, 1994
チビヒシバッタ属	*Salomonotettix* Günther, 1939
チビヒシバッタ	*Salomonotettix hygrophilus* Ichikawa, 1994
コケヒシバッタ属	*Amphinotus* Hancock 1915
アマミコケヒシバッタ	*Amphinotus amamiensis* (Ichikawa, 1994)
オキナワコケヒシバッタ	*Amphinotus okinawaensis* Uchida, 2001
ヒシバッタ上科　ヒシバッタ科　トゲヒシバッタ亜科	
イボトゲヒシバッタ属	*Platygavialidium* Günther, 1938
イボトゲヒシバッタ	*Platygavialidium formosanum* (Tinkham, 1936)
ナガレトゲヒシバッタ属	*Eucriotettix* Hebard, 1930
ナガレトゲヒシバッタ	*Eucriotettix oculatus transpinosus* Zheng, 1994
トゲヒシバッタ属	*Criotettix* Bolívar, 1887
トゲヒシバッタ	*Criotettix japonicus* (de Haan, 1843)

日本の鳴く虫一覧

生息環境など	鳴き声	生態（化生、越冬態など）	分布
やや湿った砂質の裸地に棲み、畑地や河川敷に多い。地表に生じた藻類やコケなどを食べる	鳴かないものと思われる	おそらく年1化で成虫越冬	北海道、本州、四国、九州、淡路島；沿海州、朝鮮半島
生態はおそらくノミバッタと同様だが、やや乾燥したところに見られる	鳴かないものと思われる		南西諸島（奄美大島、徳之島、沖縄島、西表島）；台湾
生態はノミバッタと同様。やや局所的	鳴かないものと思われる	周年成虫が見られる	本州（大阪府豊中市、兵庫県神戸市）、南西諸島（奄美以南）；台湾、東南アジア
生態はおそらくノミバッタと同様	鳴かないものと思われる	周年成虫が見られる	八重山諸島（西表島、与那国島）；台湾、インド
沢ぞいややや薄暗い林縁の湿った地表や朽木上、林床の落葉上に生息しており、よく樹上に登る	鳴かないものと思われる		奄美大島、徳之島
やや薄暗い林縁の湿った地表や朽木上に生息しているが、やや局所的	鳴かないものと思われる	沖縄島では5～6月と10～11月に多くえられている	沖縄島、渡嘉敷島、石垣島、西表島
河原の日当たりのよいところを好む	鳴かないものと思われる		奄美大島
原生林内を流れる川ぞいに生息する	鳴かないものと思われる	7月ごろに多くえられている	石垣島、西表島、与那国島
湿り気のある林縁の地表や地衣類の生えた岩の上に生息している	鳴かないものと思われる	7月ごろに少なくない	奄美大島
枯れ沢や水のしみだす崖や法面の苔むした岩の上にいることが多い	鳴かないものと思われる	6月に多くえられている	沖縄島
渓流の湿った岩場に生息している	鳴かないものと思われる	7月中旬に多く見られる	石垣島、西表島；台湾
渓流の湿った岩場などに生息している	鳴かないものと思われる	5～7月に多く、周年発生もしくは年2～3化であろう	本州（広島県）、多良間島、石垣島、西表島、与那国島；台湾、中国南部
河川敷や休耕田などの湿地に生息している	鳴かないものと思われる	幼虫で越冬し、化数は不明	北海道（石狩平野以南）、本州、四国、九州、対馬?、種子島；韓国

和 名	学 名
オキナワトゲヒシバッタ	*Criotettix okinawanus* Ichikawa, 1994
ミナミトゲヒシバッタ	*Criotettix saginatus* Bolívar, 1887
ヨナグニヒシバッタ属	*Hyboella* Hancock, 1915
ヨナグニヒシバッタ	*Hyboella aberrans* Ichikawa, 1994

ヒシバッタ上科　ヒシバッタ科　ヒシバッタ亜科

和 名	学 名
ハネナガヒシバッタ属	*Euparatettix* Hancock, 1904
ハネナガヒシバッタ	*Euparatettix insularis* Bey-Bienko, 1951
ミナミハネナガヒシバッタ	*Euparatettix histricus* (Stål, 1861)
ホソハネナガヒシバッタ	*Euparatettix tricarinatus* (Bolívar, 1887)
ナガヒシバッタ属	*Paratettix* Bolívar, 1887
ナガヒシバッタ	*Paratettix spicuvertex* (Zheng, 1998)
ニセハネナガヒシバッタ属	*Ergatettix* Kirby, 1914
ニセハネナガヒシバッタ	*Ergatettix dorsifer* (Walker, 1871)
コカゲヒシバッタ属	*Sciotettix* Ichikawa, 2001
コカゲヒシバッタ	*Sciotettix sakishimensis* (Ichikawa, 1997)
ヨナグニコカゲヒシバッタ	*Sciotettix yonaguniensis* (Ichikawa, 1997)
コバネヒシバッタ属	*Formosatettix* Tinkham, 1937
コバネヒシバッタ	*Formosatettix larvatus* Bey-Bienko, 1951
ホクリクコバネヒシバッタ	*Formosatettix niigataensis* Storozhenko & Ichikawa, 1993
トウカイコバネヒシバッタ	*Formosatettix tokaiensis* Uchida, 2001
スルガコバネヒシバッタ	*Formosatettix surugaensis* Ishikawa, 2004

直翅目　バッタ亜目

日本の鳴く虫一覧

生息環境など	鳴き声	生態（化生、越冬態など）	分布
水田などの水際の湿地に生息する	鳴かないものと思われる	8月下旬～1月まで見られている	南西諸島（奄美大島以南）；台湾
湿地に生息する	鳴かないものと思われる	11～3月には幼虫は見られていない	石垣島、西表島；台湾、中国、ビルマ、ジャワ、スマトラ、ボルネオ、南インド
水田の畦の地面が硬い草地に生息している	鳴かないものと思われる	年1化、秋～冬に羽化して春に活動するのかもしれない	与那国島；台湾
平地の裸地から草地的環境に生息し、湿地を好む	鳴かないものと思われる	幼虫で越冬し、化数は不明	北海道？、本州、四国、九州、伊豆八丈島、小笠原諸島、南西諸島（奄美大島以北）；朝鮮半島
低地の水田畦などの明るくて湿った草地におり、粘土質のところに多い	鳴かないものと思われる	周年発生と思われる	小笠原諸島、南西諸島（トカラ列島以南）；台湾、中国、東南アジア、南アジア
低地の湿地などにいる	鳴かないものと思われる	周年発生と思われる	南西諸島；台湾、中国、東南アジア、スンダ列島
	鳴かないものと思われる		沖縄島？、八重山諸島；中国（雲南）
河原の砂地などの湿った裸地に生息している	鳴かないものと思われる	幼虫で越冬し、化数は不明	本州（関東地方以南）、四国、九州、三宅島、種子島、奄美大島、沖縄島；台湾、東南アジア、インドなど
湿って薄暗い森林床の落葉上にいる	鳴かないものと思われる	9月から羽化し、翌年5月まで成虫が見られる。年1化	石垣島、西表島
	鳴かないものと思われる		与那国島
林縁や林床に生息する	鳴かないものと思われる	幼虫、成虫共に越冬し、通常は2年1化、寒地では3年1化の可能性がある	本州、四国、九州、対馬、野崎島
林縁性だが、コバネヒシバッタに比べて林縁に接したやや明るい草地にも進出する傾向がある	鳴かないものと思われる	幼虫、成虫ともに越冬し、通常は2年1化、寒地では3年1化の可能性がある	本州（青森県、秋田県、山形県、福島県、栃木県、群馬県、長野県、新潟県、岐阜県、富山県、石川県）
コバネヒシバッタとは微環境ですみわけていると考えられ、林縁のガレ場的な環境から見出される傾向がある	鳴かないものと思われる	幼虫で越冬し、2年1化	本州（埼玉県、東京都、神奈川県、山梨県、静岡県、愛知県、岐阜県、長野県）
南アルプスの亜高山帯のガレ場に生息する	鳴かないものと思われる		本州（関東地方？、中部の亜高山帯や山地帯）

和 名			学 名
直翅目 バッタ亜目		ヒシバッタ属	*Tetrix* Latreille [1802]
		ハラヒシバッタ	*Tetrix japonica* (Bolívar, 1887)
		エゾハラヒシバッタ	*Tetrix* sp. (Possibly T. sibirica (Bolívar, 1887))
		ヤセヒシバッタ	*Tetrix macilenta* Ichikawa, 1993
		ヒメヒシバッタ	*Tetrix minor* Ichikawa, 1993
		モリヒシバッタ	*Tetrix silvicultrix* Ichikawa, 1993
		サドヒシバッタ	*Tetrix sadoensis* Storozhenko Ichikawa & Uchida, 1995
		ギフヒシバッタ	*Tetrix gifuensis* Storozhenko Ichikawa & Uchida, 1995
		アカギヒシバッタ	*Tetrix akagiensis* Uchida & Ichikawa, 1999
		ボウソウサワヒシバッタ	*Tetrix wadai* Uchida & Ichikawa, 1999
		ニッコウヒシバッタ	*Tetrix nikkoensis* Uchida & Ichikawa, 1999
		チチブヒシバッタ	*Tetrix chichibuensis* Uchida & Ichikawa, 1999
		アズマモリヒシバッタ	*Tetrix kantoensis* Uchida & Ichikawa, 1999
		ミジカヅノヒシバッタ	*Tetrix bipunctata* (Linnaeus, 1758)
		セダカヒシバッタ属	*Hedotettix* Bolívar, 1887
		セダカヒシバッタ	*Hedotettix gracilis* (de Haan, 1843)
		ノセヒシバッタ属	*Alulatettix* Liang, 1993
		ノセヒシバッタ	*Alulatettix fornicatus* (Ichikawa, 1993)
	クビナガバッタ上科　クビナガバッタ科		
		クビナガバッタ属	*Erianthus* Stål, 1876
		タイワンクビナガバッタ	*Erianthus formosanus* Shiraki, 1910
		ニッコウクビナガバッタ	*Erianthus nipponensis* Rehn, 1904
	オンブバッタ上科　オンブバッタ科　オンブバッタ亜科		
		オンブバッタ属	*Atractomorpha* Saussure, 1861-2
		オンブバッタ	*Atractomorpha lata* (Motschoulsky, 1866)
		ヒメオンブバッタ	*Atractomorpha nipponica* Steinmann, 1967

日本の鳴く虫一覧

生息環境など	鳴き声	生態(化生、越冬態など)	分布
比較的乾燥した草地に多いが、湿った草地でもかなり普通に見られる	鳴かないものと思われる	幼虫、成虫で越冬し、化数は不明	北海道、本州、四国、九州、佐渡島、伊豆大島；ロシア極東地方、朝鮮半島、中国
	鳴かないものと思われる	幼虫、成虫で越冬し、化数は不明	北海道
山道などの明るく比較的乾いた環境に生息する	鳴かないものと思われる	幼虫で越冬し、化数は不明	本州、四国、九州、伊豆諸島；朝鮮半島
大きな河川の下流域の河川敷などに見られ、湿った草地を好む	鳴かないものと思われる	幼虫、成虫で越冬し、化数は不明	北海道、奥尻島、本州、四国、九州、対馬、南西諸島；中国？、ロシア沿海州
林縁に生息する	鳴かないものと思われる	幼虫で越冬し、年1化	本州（愛知県以西～近畿地方、岡山県）、小豆島
林縁に生息している	鳴かないものと思われる	幼虫で越冬し、年1化	佐渡島
湿地に生息する	鳴かないものと思われる	幼虫で越冬し、年1化	本州（愛知県、岐阜県）
赤城山山頂付近のササ群落やその付近の裸地に特異的に見られる	鳴かないものと思われる	幼虫で越冬し、年1化	本州（群馬県赤城山）
沢ぞいの林縁に生息している	鳴かないものと思われる	幼虫で越冬し、年1化	本州（房総半島中部～南部）
周囲を林に囲まれた小規模な草地に生息する	鳴かないものと思われる	幼虫で越冬し、年1化	本州（日光山地）
比較的乾いた林縁地表や崩壊地的な環境に生息する	鳴かないものと思われる	幼虫で越冬し、年1化	本州（秩父山地）
林縁性	鳴かないものと思われる	幼虫で越冬し、年1化	本州（福島県、新潟県、茨城県、栃木県、群馬県、埼玉県、山梨県、長野県）
	鳴かないものと思われる		国後島；ユーラシア北部
比較的乾いた草地に生息する	鳴かないものと思われる		南西諸島（奄美大島以南）；台湾、東南アジア
比較的明るい林縁や草地に生息する	鳴かないものと思われる	幼虫で越冬し、年1化	本州（愛知県以西）、四国、九州、隠岐
台湾では樹広葉樹の樹上に見られる	鳴き声は不明		西表島；台湾
			本州（日光）
畑や人家の庭先などに多い。双子葉植物を好む	♀の幼虫が発音した例がある	本土では年1化、南西諸島では周年発生	日本全土；台湾？、朝鮮半島、中国東北部
オンブバッタに準じるが、やや山手に多い	発音はしないと考えられている	卵越冬で年1化	本州、四国；中国

和　名	学　名
アカハネオンブバッタ	*Atractomorpha sinensis* Bolívar, 1905
バッタ上科　アカアシホソバッタ亜科	
アカアシホソバッタ属	*Stenocatantops* Dirsh, 1953
アカアシホソバッタ	*Stenocatantops mistschenkoi* (F. Willemse, 1968)
モリバッタ属	*Traulia* Stål, 1873
アマミモリバッタ	*Traulia ornata amamiensis* Yamasaki, 1966
オキナワモリバッタ	*Traulia ornata okinawaensis* Yamasaki, 1966
イシガキモリバッタ	*Traulia ishigakiensis* Yamasaki, 1966
イリオモテモリバッタ	*Traulia ishigakiensis iriomotensis* Yamasaki, 1966
ヨナグニモリバッタ	*Traulia ishigakiensis yonaguniensis* Yamasaki, 1966
バッタ上科　バッタ科　フキバッタ亜科	
タカネフキバッタ属	*Zubovskya* Dovnar-Zapolskij, 1933
ダイセツタカネフキバッタ	*Zubovskya parvula* (Ikonnikov, 1911)
サッポロフキバッタ属	*Podisma* Berthold, 1827
サッポロフキバッタ	*Podisma sapporensis* Shiraki, 1910
サッポロフキバッタ千島亜種	*Podisma sapporensis kurilensis* Bey-Bienko, 1949
チャチャフキバッタ	*Podisma tyatiensis* Bugrov & Sergeev, 1997
クサツフキバッタ	*Podisma kanoi* Storozhenko, 1993
シリアゲフキバッタ属	*Anapodisma* Dovnar-Zapolskij, 1933
シリアゲフキバッタ	*Anapodisma miramae* Dovnar-Zapolskij, 1933
アオフキバッタ属	*Aopodisma* Tominaga & Uchida, 2001
アオフキバッタ	*Aopodisma subaptera* (Hebard, 1924)
ダイリフキバッタ属	*Callopodisma* Kanô, 1996
ダイリフキバッタ	*Callopodisma dairisama* (Scudder, 1897)

直翅目　バッタ亜目

日本の鳴く虫一覧

生息環境など	鳴き声	生態(化生、越冬態など)	分布
平地の草原から山地の林縁部にいる	発音はしないと考えられている	周年発生	南西諸島(トカラ列島以南);台湾、中国、アッサム、ジャワ
低地の荒れ地などの明るい環境にいる	鳴き声は不明	周年発生と思われる	南西諸島(奄美大島以南);台湾、中国
林内の日当たりのよい空間地や山道にいる	鳴かないものと思われる		奄美大島、加計呂麻島、徳之島、沖永良部島
平地から山地までの森や林にいる	鳴かないものと思われる		与論島、伊是名島、沖縄島、粟国島、渡嘉敷島、座間味島、久米島
平地から山地までの古くから林のあるところに普通	鳴かないものと思われる		宮古島、多良間島、石垣島、竹富島
海岸部から山地まで各所にいる	鳴かないものと思われる		西表島
海岸部から山地まで各所にいる	鳴かないものと思われる		与那国島、小浜島、波照間島
高山のお花畑に生息する	鳴かないものと思われる	卵越冬で年1化、出現期は8〜9月	北海道;南ハバロフスク、アムール、沿海州、サハリン、中国北東部
札幌周辺で個体群密度がもっとも高い	鳴かないものと思われる	卵越冬で年1化、出現期は6月下旬〜10月上旬	北海道、奥尻島;国後、択捉、サハリン
	鳴かないものと思われる	年1化で卵越冬と思われる	国後島、択捉島
	鳴かないものと思われる	年1化で卵越冬と思われる	国後島爺爺岳
樹林帯以上の潅木などの上で見つかる	鳴かないものと思われる	卵越冬で年1化、出現期は8〜10月	本州(会津駒ヶ岳、草津白根山、越後駒ヶ岳、鳥甲山、苗場山、大倉山、平ガ岳)
低木林や疎林縁の日当たりのよい草地にいる	鳴かないものと思われる	卵越冬で年1化、対馬ではヤマトフキバッタよりも最盛期が早い	対馬;済州島、朝鮮半島、ロシア沿海州、中国河南省
低山地の陽地林縁の潅木上や下生えにいる	鳴かないものと思われる	卵越冬で年1化	本州(青森県、岩手県、山形県、福島県、新潟県、栃木県、茨城県、群馬県、埼玉県、東京都、神奈川県、長野県)
山間地の人工的に開けた環境にいる。各種の双子葉植物のほか、イネ科などの単子葉植物も食べる	鳴かないものと思われる	卵越冬で年1化	本州(中国地方東部〜長野県)

和 名	学 名
ミヤマフキバッタ属	*Parapodisma* Mistshenko, 1947
ミカドフキバッタ	*Parapodisma mikado* (Bolívar, 1890)
ヤマトフキバッタ	*Parapodisma setouchiensis* Inoue, 1979
オマガリフキバッタ	*Parapodisma tanbaensis* Tominaga & Kanô, 1989
ヒョウノセンフキバッタ	*Parapodisma hyonosenensis* Tominaga & Kanô, 1996
キビフキバッタ	*Parapodisma hyonosenensis kibi* Tominaga & Kanô, 1996
シコクフキバッタ	*Parapodisma niihamensis* Inoue, 1979
キイフキバッタ	*Parapodisma hiurai* Tominaga & Kanô, 1987
オナガフキバッタ	*Parapodisma yasumatsui* Yamasaki, 1980
キンキフキバッタ	*Parapodisma subastris* Huang, 1983
メスアカフキバッタ	*Parapodisma tenryuensis* Kobayashi, 1983
タンザワフキバッタ	*Parapodisma tanzawaensis* Tominaga & Wada, 2001
カケガワフキバッタ	*Parapodisma awagatakensis* Ishikawa, 1998
テカリダケフキバッタ	*Parapodisma caelestis* Tominaga & Ishikawa, 2001
ヒメフキバッタ	*Parapodisma etsukoana* Kobayashi, 1986
タイリクフキバッタ属	*Sinopodisma* Chang, 1940
アマミフキバッタ	*Sinopodisma punctata* Mistshenko, 1954
クガニフキバッタ	*Sinopodisma aurata* Ito, 1999
トンキンフキバッタ属	*Tonkinacris* Carl, 1916
オキナワフキバッタ	*Tonkinacris ruficerus* Ito, 1999
ヤエヤマフキバッタ	*Tonkinacris yaeyamaensis* Ito, 1999

直翅目 バッタ亜目

日本の鳴く虫一覧

生息環境など	鳴き声	生態(化生、越冬態など)	分布
比較的陰湿なところに多い	鳴かないものと思われる	卵越冬で年1化、出現期は7〜10月	北海道、本州、国後；サハリン
河岸や峠のクズ群落に多く、他種より陽地性	鳴かないものと思われる	卵越冬で年1化	本州、四国、九州、淡路島、沼島、小豆島、隠岐、対馬、五島、種子島、屋久島、韓国、中国
ヤマトフキバッタに準ずる	鳴かないものと思われる	卵越冬で年1化	本州（丹波山地）、淡路島
ヤマトフキバッタに準ずる	鳴かないものと思われる	卵越冬で年1化	本州（京都府西部、兵庫県、鳥取県東部）
ヤマトフキバッタに準ずる	鳴かないものと思われる	卵越冬で年1化	本州（兵庫県、岡山県）
ヤマトフキバッタよりもおおむね高所に生息し、やや陰湿なところを好む	鳴かないものと思われる	卵越冬で年1化	四国、淡路島（先山）
山地のブナ林床や陰湿な谷奥などに生息する	鳴かないものと思われる	卵越冬で年1化、最盛期は8月末〜9月上旬	本州（紀伊山地とその前縁山地）
山地性で陰湿な林内を好む	鳴かないものと思われる	卵越冬で年1化	九州、甑島
陽地性で、山間のやや乾いた陽地に多い	鳴かないものと思われる	卵越冬で年1化	本州（紀伊半島南部を除く近畿地方から長野県、福井県、岐阜県）
2次林縁にいる	鳴かないものと思われる	卵越冬で年1化	本州（中部地方、静岡県、岐阜県、長野県）
2次林縁にいる	鳴かないものと思われる	卵越冬で年1化	本州
	鳴かないものと思われる	卵越冬で年1化	本州（静岡県、天竜川〜大井川）
高山性	鳴かないものと思われる	卵越冬で年1化	本州（南アルプス、静岡県、長野県）
北向き斜面や陰湿な林内や林縁に多い	鳴かないものと思われる	卵越冬で年1化、他種よりも出現期が遅い	本州
海岸近くから標高600mの山頂部まで生息する。林縁の灌木や草本にいて、陽地に多い	鳴かないものと思われる	出現時期は7〜12月	口ノ三島（薩摩硫黄島）、トカラ列島（口之島、宝島、小宝島、臥蛇島）、奄美大島
石灰岩地の照葉樹林の林縁で見つかる	鳴かないものと思われる	出現時期は7〜12月	石垣島、西表島
リュウキュウマツ林の林縁に多い	鳴かないものと思われる	出現時期は6〜12月	沖縄島北部
生息環境はオキナワフキバッタと同様だが、より薄暗いシイ林寄りにいるように思われる	鳴かないものと思われる	出現時期は7〜12月	石垣島、西表島

和　名	学　名
タラノキフキバッタ属	*Fruhstorferiola* Willemse, 1922
タラノキフキバッタ	*Fruhstorferiola okinawaensis* (Shiraki, 1930)
ハネナガフキバッタ属	*Ognevia* Ikonnikov, 1911
ハネナガフキバッタ	*Ognevia longipennis* (Shiraki, 1910)
ハヤチネフキバッタ属	*Prumna* Motschoulsky, 1859
ハヤチネフキバッタ	*Prumna hayachinensis* (Inoue, 1979)
バッタ上科　バッタ科　ツチイナゴ亜科	
ツチイナゴ属	*Patanga* Uvarov, 1923
ツチイナゴ	*Patanga japonica* (Bolívar, 1898)
タイワンツチイナゴ	*Patanga succincta* (Johansson, 1763)
ナンヨウツチイナゴ属	*Valanga* Uvarov, 1923
ナンヨウツチイナゴ	*Valanga excavata* (Stål, 1860)
バッタ上科　バッタ科　イナゴ亜科	
イナゴ属	*Oxya* Audinet-Serville, 1831
コイナゴ	*Oxya hyla intricata* (Stål, 1861)
チョウセンイナゴ	*Oxya sinuosa* Mistshenko, 1952
サイゴクイナゴ	*Oxya occidentalis* Ichikawa, 2001
ニンポーイナゴ	*Oxya ninpoensis* Chang, 1934

直翅目　バッタ亜目

日本の鳴く虫一覧

生息環境など	鳴き声	生態(化生、越冬態など)	分布
タラノキの生えるような石灰岩台地の明るい林〜林縁に多い	鳴かないものと思われる	出現時期は6〜9月	沖縄島（北部）、伊平屋島、奄美大島、木山島、徳之島、沖永良部島
山地の高茎草原や潅木帯に多い。フキなどの草本や樹葉を食べる	鳴かないものと思われる	卵越冬で年1化、出現期は7〜10月	北海道、本州、四国、九州、礼文島、利尻島；北東カザフスタン、南カザフスタン、南シベリア（アルタイ地方〜ロシア沿海州）、サハリン、北モンゴル、中国東北部、朝鮮半島
亜高山帯や森林限界に近い山道などに多い	鳴かないものと思われる	卵越冬で年1化、出現期は8〜9月	北海道（渡島半島）、本州（東北地方）
草原でクズなどが繁茂する環境を好む。クズを好んで食するが、イネ科植物も食べる	本種またはタイワンツチイナゴが、ササに止まって、チ…チ…チ…チ…と大顎をきしらせてかぼそい音を出す	成虫越冬し、年1化	本州、四国、九州、対馬、南西諸島；台湾、朝鮮半島、中国東部、シッキム、北西インド
イネ科のほか、アダン、ササ、バナナ（バショウ）などをよく食べる。沖縄島ではサトウキビ畑の害虫となることがある	交尾しているときに、ジュッジュッジュッジュッという音を出し、♂は後腿節で発音していると思われる	年1化で、成虫は1年近く生存する	南西諸島（トカラ列島以南）；台湾、中国、東南アジア、インド、スリランカ、オーストラリア
	鳴き声は不明		南鳥島；マリアナ諸島（アグリハン、パガン、サイパン、テニアン、アギグアン、グアム）
水田や周辺の草地にいて、公園や庭先にもいる。石垣島では林内の薄暗く湿った下草にいる	鳴き声は不明	成虫は5〜7月と10〜11月に多く、年2化と思われる	南西諸島；台湾、中国（華中以南）、熱帯アジア（ミャンマー以東）
	鳴き声は不明	卵越冬で年1化	渡嘉敷島；朝鮮半島、中国北部、ロシア沿海州
河川敷、水田近くの草地にいる。はねると少し飛行する	鳴き声は不明	卵越冬で年1化	本州（山口県）、四国（高知県）、九州（福岡市、大分県、宮崎県、鹿児島県）
自然度の高い平地の池沼湿地に生えている大型のイネ科植物の上や水田にいた	鳴き声は不明	卵越冬で年1化	本州（青森県、宮城県（仙台平野）、新潟県）；中国（寧波）

和 名	学 名
タイワンハネナガイナゴ	*Oxya chinensis* (Thunberg, 1815)
ハネナガイナゴ	*Oxya japonica* (Thunberg, 1824)
コバネイナゴ	*Oxya yezoensis* Shiraki, 1910
リクチュウイナゴ	*Oxya rikuchuensis* Ichikawa, 2001
タイワンコバネイナゴ	*Oxya podisma* Karny, 1915
オガサワライナゴ	*Oxya ogasawarensis* Ichikawa, 2001
オキナワイナゴモドキ属	*Gesonula* Uvarov, 1940
オキナワイナゴモドキ	*Gesonula punctifrons* (Stål, 1861)
ヒゲマダライナゴ属	*Hieroglyphus* Krauss, 1877
ヒゲマダライナゴ	*Hieroglyphus annulicornis* (Matsumura, 1910)
バッタ上科　バッタ科　セグロイナゴ亜科	
セグロイナゴ属	*Shirakiacris* Dirsh, 1958
セグロイナゴ	*Shirakiacris shirakii* (Bolívar, 1914)
マボロシバッタ属	*Ogasawaracris* Ito, 2003
マボロシオオバッタ	*Ogasawaracris gloriosus* Ito, 2003
バッタ上科　バッタ科　ショウリョウバッタ亜科	
ショウリョウバッタ属	*Acrida* Linnaeus, 1758
ショウリョウバッタ	*Acrida cinerea* (Thunberg, 1815)

直翅目　バッタ亜目

日本の鳴く虫一覧

生息環境など	鳴き声	生態(化生、越冬態など)	分布
ススキ原やサトウキビ畑にいて、それらを食害することもあるが、湿ったところのヨシ類に多い	♀は発音する	年2〜3化もしくは周年発生	南西諸島（トカラ列島以南）；韓国（？）、台湾、中国
水田やその周辺、湿性の草地にいる	鳴き声は不明	年1化、成虫出現期は8〜11月	本州（北限は秋田県、岩手県南部）、四国、九州、南西諸島（奄美大島以北、ただしトカラ列島産は未確認）；韓国（？）、台湾、中国
水田とその周辺、池沼の周囲、山地の湿地や林縁にいる。イネ科植物を食べる	♀は後肢で腹を蹴ってチャ！・チャ！と発音する	年1化、成虫出現期は8〜11月	北海道、本州、四国、九州
河川敷に少数の個体が見られ、コバネイナゴと同様の環境にいる	鳴き声は不明	卵越冬で年1化	本州（岩手県）
普通山地の林縁にいて、水田には生息しないが、畑地で見ることがある	鳴き声は不明	5月〜12月に採集されており、9月に多い	奄美大島、徳之島、沖永良部島、石垣島、西表島；台湾
タイワンコバネイナゴと同様、山地の林縁におり、畑地や草地には生息しない	鳴き声は不明	4月下旬と8月上旬に採集されている	小笠原諸島父島、母島
湿性草地にいて、ミズイモやサトイモの葉上に群生することが多い	♂は発音するらしい		南西諸島；台湾、中国南部、海南島
畑の周辺や道ぞいによく見られ、イネなどを食害し、チガヤにもいる	鳴き声は不明	6月下旬〜8月上旬が主な出現期	宮古島、伊良部島、多良間島、石垣島、西表島；台湾、中国南部、海南島、ベトナム、タイ、インド
堤防斜面や山の斜面など、地表が深く覆われた草地に見られる。食草はイネ科植物	♂は大あご同士をこすってキイ・キイ・キイ…とか細い音を出す	卵越冬で年1化、8〜11月に出現	本州、四国、九州、佐渡島、隠岐？、壱岐、対馬、平戸島、五島列島、馬毛島、南西諸島（トカラ列島、奄美大島、沖縄島、八重山）；台湾、朝鮮半島、中国東部〜東北部、沿海州南部、カシミール、バルチスタン
11月に採集されている	鳴き声は不明	11月に採集されている	小笠原諸島母島・父島
明るい草原に普通	♂は飛翔時にキチキチキチキチと発音する	卵越冬で年1化、8〜11月に多く見られるが、南西諸島では周年見られる	本州、四国、九州、南西諸島；中国、朝鮮半島、シベリア

和 名	学 名
ショウリョウバッタモドキ属	*Gonista* Bolívar, 1898
ショウリョウバッタモドキ	*Gonista bicolor* (de Haan, 1842)

バッタ上科　バッタ科　ヒナバッタ亜科

和 名	学 名
ナキイナゴ属	*Mongolotettix* Rehn, 1928
ナキイナゴ	*Mongolotettix japonicus* (Bolívar, 1898)
ヒザグロナキイナゴ属	*Podismopsis* Zubowsky, 1889-1900
ヒザグロナキイナゴ	*Podismopsis genicularibus* (Shiraki, 1910)
エトロフナキイナゴ	*Podismopsis konakovi* Bey-Bienk, 1948
ヒロバネヒナバッタ属	*Stenobothrus* Fischer, 1853
ヒロバネヒナバッタ	*Stenobothrus fumatus* Shiraki, 1910
ヒナバッタ属	*Glyptobothrus* Chopard, 1951
ヒナバッタ	*Glyptobothrus maritimus* (Mistshenko, 1951)
ヤクヒナバッタ	*Glyptobothrus maritimus saitorum* Ishikawa, 2002
レブンヒナバッタ	*Glyptobothrus rebuntoensis* Ishikawa, 2002
ヒゲナガヒナバッタ属	*Schmidtiacris* Storozhenko, 2002
ヒゲナガヒナバッタ	*Schmidtiacris schmidti* (Ikonnikov, 1913)
タカネヒナバッタ属	*Chorthippus* Fieber, 1852
タカネヒナバッタ	*Chorthippus intermedius* (Bey-Bienko, 1926)
クモマヒナバッタ	*Chorthippus kiyosawai* Furukawa, 1950
ミヤマヒナバッタ	*Chorthippus supranimbus* Yamasaki, 1968

直翅目　バッタ亜目

生息環境など	鳴き声	生態(化生、越冬態など)	分布
チガヤなどイネ科植物の草原に群生する	発音はしないと考えられている	卵越冬で年1化、成虫出現期は8～11月	本州、四国、九州、伊豆諸島、淡路島、壱岐、対馬、五島列島、平戸島、南西諸島；韓国、台湾、中国、東南アジア
日当たりのよい、明るい草地のススキなど丈の高い草の群落を好む	♂はシャカシャカシャカ…と鳴く	卵越冬で年1化で、成虫は6～9月に見られる	北海道、本州、四国、九州、佐渡島、隠岐；韓国、中国、ロシア
荒れ地などの草原にすむ	♂はズズズズズ…と鳴く。夜も鳴く	卵越冬で年1化、成虫は6～8月に見られる	北海道、千島列島；韓国、ロシア、サハリン
留別川上流、標高500mの湿性草地で8月に見つかっている	鳴き声は不明		択捉島
低山地の林縁部の草地に多い	♂はジュルルルル…、チーーチチチチチチ…などいくつかの鳴き方で鳴く	卵越冬で年1化で、成虫は7～11月に見られる	北海道（南部）、本州、四国、九州、淡路島、対馬；朝鮮半島（?）
日当たりのよい草原に生息する	♂はジュルルルルル…などと発音する	卵越冬で山地では6月から初冬まで、低地では4月下旬から1月まで見られる。年2化と思われるが、北海道では年1化	北海道、本州、四国、九州、佐渡島、淡路島、五島列島、対馬；朝鮮半島、中国、ロシア沿海州
屋久島の高所で見つかった	♂は発音する		屋久島
	♂は発音する		礼文島
普通ツルヨシが生育する河原の砂礫地にいる	♂はジジジッ・ジジジジッ…と3、4声ずつ発音する	年1化で卵越冬と思われ、成虫は夏から秋に採集されている	本州（岩手県、山形県、山梨県、長野県）；韓国、中国、モンゴル、ロシア（ツーバ、トランスバイカリア、極東南部）
山地から亜高山の草原、スキー場の縁などに多い	♂はシキシキシキ…と鳴く	卵越冬で年1化で、夏から秋に成虫が見られる	本州（岐阜県、静岡県以北～福島県）；極東ロシア、シベリア、モンゴル、中国
お花畑や稜線の風衝草原にいるが、森林限界以下の渓沢のガレ場にもいることがある	♂は発音する	年1化で卵越冬と思われる	本州（北アルプス高山帯、立山、針ノ木岳、燕岳、常念岳、蝶ヶ岳、穂高岳）
お花畑や稜線の風衝草原にいるが、森林限界以下でも高層湿原や稜線の岩場にもいる	♂は発音する	年1化で卵越冬と思われる	本州（東北～中部地方、月山、蔵王以南、尾瀬、妙高、爺ヶ岳、木曽駒ヶ岳、御岳山）

和 名	学 名
ノリクラミヤマヒナバッタ	*Chorthippus supranimbus norikuranus* Yamasaki, 1968
ハクサンミヤマヒナバッタ	*Chorthippus supranimbus hakusanus* Yamasaki, 1968
シロウマミヤマヒナバッタ	*Chorthippus supranimbus shiroumanus* Yamasaki, 1968
エゾコバネヒナバッタ	*Chorthippus fallax strelkovi* Bey-Bienko, 1949
ヤマトコバネヒナバッタ	*Chorthippus fallax yamato* Yamasaki, 1968
ヤツコバネヒナバッタ	*Chorthippus fallax yatsuanus* Yamasaki, 1968
アカイシコバネヒナバッタ	*Chorthippus fallax akaishicus* Ishikawa, 2003
フジコバネヒナバッタ	*Chorthippus fallax* ssp.
クナシリコバネヒナバッタ	*Chorthippus fallax saltator* Bey-Bienko, 1949
チシマコバネヒナバッタ	*Chorthippus fallax kurilensis* Bey-Bienko, 1948
バッタ上科　バッタ科　トノサマバッタ亜科	
イナゴモドキ属	*Mecostethus* Fieber, 1852
イナゴモドキ	*Mecostethus parapleurus* (Hagenbach, 1822)
ツマグロバッタ属	*Stethophyma* Fischer, 1853
ツマグロバッタ	*Stethophyma magister* (Rehn, 1902)
マダラバッタ属	*Aiolopus* Fieber, 1853
マダラバッタ	*Aiolopus thalassinus tamulus* (Fabricius, 1798)
ヤマトマダラバッタ属	*Epacromius* Uvarov, 1942
ヤマトマダラバッタ	*Epacromius japonicus* (Shiraki, 1910)

直翅目　バッタ亜目

日本の鳴く虫一覧

生息環境など	鳴き声	生態(化生、越冬態など)	分布
乗鞍岳付近のお花畑に生息する	♂は発音する	年1化で卵越冬と思われる	乗鞍岳（岐阜県、長野県）
お花畑や稜線の風衝草原、高層湿原にいる	♂は発音する	年1化で卵越冬と思われる	加賀白山（石川県、岐阜県、福井県）
お花畑や稜線の風衝草原、高層湿原にいる	♂は発音する	年1化で卵越冬と思われる	本州後立山連峰（乗鞍岳、白馬岳、白馬大池、八方尾根）
低地のスキー場などのイネ科草原に普通	♂はズィズィズィ…と鳴く	年1化で卵越冬と思われる	北海道、本州北部（八幡平、早池峰山、鳥海山）；サハリン南部
お花畑や稜線の風衝草原にいる	♂は発音する	年1化で卵越冬と思われる	北関東山地（草津白根山、浅間山、根子岳）
お花畑や稜線の風衝草原等にいる	♂はシュル・シュル・シュルと発音する	年1化で卵越冬と思われる	八ヶ岳（長野県、山梨県）
稜線の風衝草原等にいる	♂はシュル・シュル・シュルと発音する	年1化で卵越冬と思われる	南アルプス（上河内岳、聖岳、千枚岳、三伏峠、塩見岳、間ノ岳、農鳥岳）
富士山の高所にいる	♂はシュル・シュル・シュルと発音する	年1化で卵越冬と思われる	富士山（静岡県）
火山に近い場所にある、スゲやトクサなどの生えた、湿った草地に生息する	♂は発音する	年1化で卵越冬と思われる	国後島
択捉島では火山噴火口付近、標高700mのコケモモ群落で見つかっている	♂は発音する	年1化で卵越冬と思われる	色丹島、択捉島
山間部の湿地や水田、草原にすむ	♂はきわめて小声でシュルシュルシュル…と発音する	卵越冬年1化で、成虫は6〜8月に見られる	北海道、本州、四国、九州、奥尻島、佐渡島、隠岐、対馬；韓国、旧北区全域
丈の高い草が茂るところに多い	昼夜を問わず、シュッ！・シュッ！・シュッ！と集団で鳴いている	卵越冬年1化で、成虫は7〜9月に見られる	北海道、本州、四国、九州、佐渡島；韓国、中国東北部、東シベリア
荒れ地や、海岸、河原などで普通に見られる	♂はチュルルルル…（間をおいて）チュルルルル…とかわいい声で鳴く	卵越冬年1化で、成虫は8〜11月に多いが、南西諸島では周年発生している	北海道、本州、四国、九州、伊豆諸島、淡路島、小豆島、対馬、五島列島、南西諸島、南鳥島；韓国、東洋熱帯、インド、オーストラリア、サモア、トンガ
海岸の砂地にいるが、まれに内陸部の大きな河原の砂地にいる	♂は発音する	卵越冬年1化で、成虫は8〜10月に見られる	北海道、本州、四国、九州；韓国

	和 名	学 名
直翅目 バッタ亜目	トノサマバッタ属	*Locusta* Linnaeus, 1758
	トノサマバッタ	*Locusta migratoria* (Linnaeus, 1758)
	クルマバッタ属	*Gastrimargus* Saussure, 1884
	クルマバッタ	*Gastrimargus marmoratus* (Thunberg, 1815)
	クルマバッタモドキ属	*Oedaleus* Fieber, 1853
	クルマバッタモドキ	*Oedaleus infernalis* Saussure, 1884
	アカハネバッタ属	*Celes* Saussure, 1884
	アカハネバッタ	*Celes akitanus* (Shiraki, 1910)
	イボバッタ属	*Trilophidia* Stål, 1873
	イボバッタ	*Trilophidia japonica* Saussure, 1888
	タイワンイボバッタ	*Trilophidia annulata* (Thunberg, 1815)
	カワラバッタ属	*Eusphingonotus* Bey-Bienko, 1950
	カワラバッタ	*Eusphingonotus japonicus* (Saussure, 1888)
	アカアシバッタ属	*Heteropternis* Stål, 1873
	アカアシバッタ	*Heteropternis rufipes* (Shiraki, 1910)

日本の鳴く虫一覧

生息環境など	鳴き声	生態(化生、越冬態など)	分布
イネ科やカヤツリグサ科を食草とし、造成地のような人工環境によくはいりこむ。灯火にも来る	♂、♀ともにチュチュチュチュ、チュチュチュチュ…と発音する	卵越冬で西日本では年2化で、成虫は7～11月に多い。北海道では年1化。南西諸島では周年発生している可能性がある	日本全土；アフリカ、オーストラリア、旧北区
草原に多い種で、南西諸島では耕作地や空き地に普通	♂は飛び上がるときにブルルルル…と低い羽音を出し、降りるときにタッ・タッ・タタッと鋭い音を出す	卵越冬年1化で、成虫は7～11月に多いが、南西諸島では、おそらく周年発生しているであろう	本州、四国、九州、佐渡島、小豆島、壱岐、対馬、五島列島、南西諸島（トカラ列島以南）；台湾、朝鮮半島、中国、ジャワ、セレベス、アッサム、カシミール
裸地に近い低草地に多い	♂はチチチチチ・チチチチチ…と早口で鳴く	卵越冬年1化で、成虫は7～11月に見られる	北海道、本州、四国、九州、佐渡島、淡路島、小豆島、対馬；朝鮮半島、中国東北部、モンゴル、東シベリア
明るい林道やまばらなマツ林などの下草にいるが、数は少なく産地は局限される	鳴き声は不明	年1化で卵越冬と思われ、7～10月に採集例がある	本州（秋田県？、岩手県、宮城県？、山形県、福島県？、新潟県、栃木県、茨城県？、群馬県、千葉県？、東京都、長野県、静岡県？、石川県、福井県、三重県）；朝鮮半島北部、中国東北部、内モンゴル、東シベリア
地面が露出した場所にいる	♂は発音する	卵越冬年1化で、成虫は7～11月に見られる	本州、四国、九州、伊豆諸島、淡路島、壱岐、対馬、五島列島、口ノ三島（薩摩硫黄島）；朝鮮半島、中国北部
オヒシバなど匍匐性のイネ科のあるような裸地に多い	鳴き声は不明	周年発生と思われる	先島諸島；台湾、中国、東南アジア
中流域に氾濫原を残す河川でしか見られなくなっている。幼虫、成虫共動物食の傾向がある	少なくとも♂は発音し、ジリリ・ジリリ・ジリリ…と鳴く	卵越冬年1化で、成虫は7～9月に見られる	北海道、本州、四国、九州、隠岐
開けた草地の少し湿ったところを好み、赤土や粘土、石灰岩質の低草地に多い	♂はツ…ツ…ツ…ツ…とツユムシのような声で鳴く	成虫は秋～翌春にかけて多い	南西諸島（奄美大島以南）；台湾、中国

日本の鳴く虫一覧：同翅亜目 頚吻群 セミ科

	学 名
セミ亜科	
ニイニイゼミ族	Platypleurini Schmidt, 1919
ニイニイゼミ属	*Platypleura* Amyot et Serville, 1848
ニイニイゼミ	*Platypleura kaempferi* (Fabricius, 1794)
クロイワニイニイ	*Platypleura kuroiwae* Matsumura, 1917
ミヤコニイニイ	*Platypleura miyakona* (Matsumura, 1917)
ヤエヤマニイニイ	*Platypleura yayeyama* Matsumura, 1917
イシガキニイニイ	*Platypleura albivannata* M. Hayashi, 1974
ケナガニイニイ属 Suisha	*Suisha* Kato, 1925
チョウセンケナガニイニイ	*Suisha coreana* (Matsumura, 1927).
エゾゼミ族 Tibicenini	Tibicenini Distant, 1889
エゾゼミ属 Tibicen	*Tibicen* Latreille, 1825
エゾゼミ	*Tibicen japonicus* (Kato, 1925)
コエゾゼミ	*Tibicen bihamatus* (Motschulsky, 1861)
アカエゾゼミ	*Tibicen flammatus* (Distant, 1892)
キュウシュウエゾゼミ	*Tibicen kyushyuensis* (Kato, 1926)
ヤクシマエゾゼミ	*Tibicen esakii* Kato, 1958
クマゼミ属	*Cryptotympana* Stål, 1861
クマゼミ	*Cryptotympana facialis* (Walker, 1858)
ヤエヤマクマゼミ	*Cryptotympana yaeyamana* Kato, 1925
スジアカクマゼミ	*Cryptotympana atrata* (Fabricius, 1775)
アブラゼミ族	Polyneurini Amyot et Serville, 1843
アブラゼミ属	*Graptopsaltria* Stål, 1866
アブラゼミ	*Graptopsaltria nigrofuscata* (Motschulsky, 1866)
リュウキュウアブラゼミ	*Graptopsaltria bimaculata* Kato, 1925

生息環境など	鳴き声	成虫期	分布
市街地から山林まで広く分布する	チィーーー	6月下旬から8月中旬	北海道南部から沖縄本島；朝鮮半島、中国（遼寧・河北以南）、台湾
平地の灌木・低木が中心	チィーーー	4月下旬から8月上旬	徳之島、奄美大島、沖縄本島とその周辺
平地のモクマオウ林など	チィーーー	5月中旬から6月下旬	宮古群島
リュウキュウマツ林	チィーーー	5月下旬から9月下旬	石垣島・西表島
ヤシ林近くの林内	チィーーー	6月初旬から7月中旬	石垣島
広葉樹林	チーチッチッチッチーーー	10月上旬から11月上旬	対馬；朝鮮半島、中国（華北）
マツ・スギ・ヒノキ林などに多い	ギィーーーー	7月中旬から9月上旬	北海道（上川・十勝以西）、本州、四国、九州
ブナなど広葉樹林や針葉樹林	ジーーーー	7月中旬から8月下旬	北海道、本州（中国地方以東・紀伊半島）、四国（剣山・石鎚山など）
ブナなど広葉樹林	ギィーーーー	7月中旬から8月下旬	北海道（西半分）、本州、四国、九州；中国（華南）？
ブナなど広葉樹林	ギィーーーー	7月初旬から8月下旬	本州（広島県以西）、四国（香川県以外）
スギ林など	ギィーーーー	6月下旬から9月上旬	屋久島
市街地や明るい林など	ワシワシワシ……	7月上旬から9月上旬	本州（関東以西）、四国、九州、対馬、五島、南西諸島
平地の広葉樹林内	ギュウィン・ギュウィン・ギュウィン	6月中旬から9月上旬	石垣島、西表島
都市部公園	ギィーーーー	7月上旬から9月上旬	本州（石川県）；朝鮮半島、中国（遼寧以南）、台湾、インドシナ北部雨
平地から山地の樹林	ジリジリジリジリ……	7月初旬から9月下旬	北海道（札幌以南）、本州、四国、九州、対馬；朝鮮半島
低山帯の薄暗い林	ジリジリ……ジーー	6月初旬から10月下旬	徳之島、奄美大島、沖縄本島、久米島など

	学 名
ホソヒグラシ族	Cicadini Oshanin, 1907
ハルゼミ属	*Terpnosia* Distant, 1892
ハルゼミ	*Terpnosia vacua* (Olivier, 1790)
エゾハルゼミ	*Terpnosia nigricosta* (Motschulsky, 1866)
ヒメハルゼミ属	*Euterpnosia* Matsumura, 1917
ヒメハルゼミ	*Euterpnosia chibensis* Matsumura, 1917
オキナワヒメハルゼミ	*Euterpnosia chibensis okinawana* Ishihara, 1968
ダイトウヒメハルゼミ	*Euterpnosia chibensis daitoensis* Matsumura, 1917
イワサキヒメハルゼミ	*Euterpnosia iwasakii* (Matsumura, 1913)
ヒグラシ属	*Tanna* Distant, 1905
ヒグラシ	*Tanna japonensis* (Distant, 1892)
イシガキヒグラシ	*Tanna japonensis ishigakiana* (Kato, 1960)
タイワンヒグラシ属	*Pomponia* Stål, 1866
タイワンヒグラシ	*Pomponia linearis* (Walker, 1850)
ミンミンゼミ族	Oncotympanini Ishihara, 1961
ミンミンゼミ属	*Oncotympana* Stål, 1870
ミンミンゼミ	*Oncotympana maculaticollis* (Motschulsky, 1866)
ツクツクボウシ族	Dundubiini Distant, 1905
ツクツクボウシ属	*Meimuna* Distant, 1906
ツクツクボウシ	*Meimura opalifera* (Walker, 1850)
クロイワツクツク	*Meimuna kuroiwae* Matsumura, 1917
オオシマゼミ	*Meimuna oshimensis* (Matsumura, 1905)

日本の鳴く虫一覧

生息環境など	鳴き声	成虫期	分布
マツ林（アカマツ、クロマツ）	ギーオ・ギーオ……	4月下旬から6月中旬	本州（東北南部以南）、四国、九州；中国（山東、江蘇、浙江）
落葉広葉樹林	ミョーキン・ミョーキン・ミョーケケケケケケーーー	6月中旬頃から7月下旬	北海道、本州、四国、九州、国後島；中国（陝西・湖南）
シイ・カシなどからなる照葉樹林	ウィーン・ウィーン……（合唱）	6月下旬から7月下旬	本州（茨城県・新潟県以南）、四国、九州、南西諸島（奄美大島以北）
シイ・カシなどからなる照葉樹林	ウィーン・ウィーン……（合唱）	6月下旬から7月下旬	沖縄本島
アダン、ススキ、ダイトウビロウ、モクマオウなど草本から樹木まで	ウィーン・ウィーン……（合唱）	6月下旬から7月下旬	大東諸島
シイ林周辺	グェーン・グェーン……（合唱）	5月上旬から7月中旬	石垣島、西表島、与那国島
広葉樹林、スギ・ヒノキ林など	カナカナカナ……	6月下旬から8月下旬	北海道（渡島半島）、本州、四国、九州、南西諸島（奄美以北）
山地の広葉樹林	キーン・キンキン・キキキキキ……	6月末頃から9月下旬	石垣島、西表島
山地の薄暗い広葉樹林	ビンビンビンギューーー	6月初旬から11月上旬	石垣島、西表島；台湾、中国（四川・浙江以南）、インド、ミャンマー、フィリピン、マレーシアなど
広葉樹林など	ミーンミンミンミンミー	7月上旬から10月上旬	北海道（屈斜路湖畔および札幌以南）、本州、四国、九州、対馬；朝鮮半島、中国（遼寧、河北、四川、貴州、江西、福建など）、ロシア（沿海州南部）
平地から山地の広葉樹林など	オーシ・ツクツク・オーシ	7月下旬から10月上旬	北海道（札幌以南）、本州、四国、九州、南西諸島（トカラ列島以北）；朝鮮半島、台湾、中国（河北、四川、貴州、広西など）
人里近くの樹林など	ジィーワッ・ジィーワッ・ワッ	8月中旬から11月下旬	鹿児島県（大隅半島）、南西諸島（沖縄本島以北）
広葉樹林・マツ林など	ケーン・ケーン	8月下旬から11月下旬	奄美大島、徳之島、沖縄本島、久米島

	学 名
イワサキゼミ	*Meimuna iwasakii* Matsumura, 1913
オガサワラゼミ	*Meimuna boninensis* (Distant, 1905)
クサゼミ族	Moganniini Distant, 1905
ツマグロゼミ属	*Nipponosemia* Kato, 1927
ツマグロゼミ	*Nipponosemia terminalis* (Matsumura, 1913)
クサゼミ属	*Mogannia* Amyot et Serville, 1843
イワサキクサゼミ	*Mogannia minuta* Matsumura, 1907
チッチゼミ亜科	
チッチゼミ族	Cicadettini Boulard, 1972
チッチゼミ属	*Cicadetta* Amyot, 1847
チッチゼミ	*Cicadetta radiator* (Uhler, 1896)
エゾチッチゼミ	*Cicadetta yezoensis* (Matsumura, 1898)
クロイワゼミ族	Taphurini Distant, 1905
クロイワゼミ属	*Muda* Distant, 1897
クロイワゼミ	*Muda kuroiwae* (Matsumura, 1913)

日本の鳴く虫一覧

生息環境など	鳴き声	成虫期	分布
海岸から山地までの日当たりのよい林縁	ゲーッ・ゲーッ・ゲーッ・テケテケテケ	8月下旬から11月下旬	石垣島、西表島；台湾
人里近くの樹林など	ジィーワッ・ジィーワッ・ワッ	5月から12月	小笠原（父島・母島）
人家近くの樹林	シー・シ・シ・シ・シ・シー	4月下旬から7月中旬	宮古島、石垣島、西表島、与那国島；台湾、中国（福建、四川）
ススキ、サトウキビなどの草原	ジーーーーーーチッチッチッチッ	3月上旬から8月上旬	南西諸島（沖縄本島から与那国島）；台湾（恒春半島）
林床にツツジ類があるマツ林	チッチッチッチッ……	7月下旬から10月中旬	北海道（渡島半島）、本州、四国、九州
カラマツ林	シュシュシュシュシュ……	7月下旬から9月中旬	北海道（小樽・登別以北）、国後島；サハリン、沿海州、アムール、バイカル湖周辺、中国（黒竜江、遼寧）、朝鮮半島（山地）
広葉樹林	チュチュ……	5月下旬から7月中旬	沖縄本島・久米島

索引

【ア行】

アオマツムシ　　口絵36, 4, 101, 226
アカアシホソバッタ　　42
アカイシコバネヒナバッタ　　62, 64, 68
アカエゾゼミ　　116, 159
アカハネゼミ属　　133
アブラゼミ　　110, 145, 152, 156, 170, 172, 174, 177, 180
アマミモリバッタ　　222
アモイハネナガキリギリス　　48
アリツカコオロギ　　41
アリツカコオロギ科　　178
イシガキニイニイ　　136
イシガキモリバッタ　　222
イズササキリ　　73
イブキヤブキリ　　50
イボトゲヒシバッタ　　83
イリオモテモリバッタ　　222
イワサキクサゼミ　　口絵34, 136, 149, 153, 177
イワサキゼミ　　136
イワサキヒメハルゼミ　　136
ウスイロササキリ　　73, 178
ウスモンナガサスズ　　230
ウスリーヤブキリ　　50
ウマオイ　　22, 100
ウマオイムシ属　　168, 182
ウミコオロギ　　230
エゾエンマコオロギ　　5, 178
エゾコバネササキリ　　73
エゾコバネヒナバッタ　　64, 68
エゾスズ　　178
エゾゼミ　　116, 138, 156, 174
エゾゼミ属　　133
エゾゼミ類　　177
エゾチッチゼミ　　110
エゾハルゼミ　　110, 134, 158, 176
エンマコオロギ　　口絵1, 4, 41, 100, 169, 178, 182
オオクサキリ　　100
オオシマゼミ　　130
オーストラリアムカシゼミ　　口絵30, 134
オガサワラクビキリギス　　37
オキナワキリギリス　　口絵24, 45, 48, 88
オキナワモリバッタ　　222
オナガササキリ　　口絵17, 73, 178

【カ行】

カスミササキリ　　73
カネタタキ　　100, 169, 178, 211
カホクコバネギス　　46
カマドウマ　　227
カマドウマ科　　179
カマドコオロギ　　178
カヤキリ　　100, 173, 182
カラフトキリギリス　　45
カレイゼミ　　130
カワラスズ　　99
カワラバッタ　　口絵4, 16, 168
カンタン　　26, 93, 169, 178, 203
キアシヒバリモドキ　　口絵7, 23
キソコマコバネヒナバッタ　　64, 68
キタササキリ　　73
キュウシュウエゾゼミ　　119
キリギリス　　41, 43, 94, 168, 176, 216, 220
キリギリス類　　166, 168, 173, 174, 178, 181
キンヒバリ　　100, 182
クサキリ　　168, 178, 221
クサキリ亜科　　167
クサヒバリ　　26, 99, 178, 182, 208
クダマキモドキ類　　22, 224
クチキコオロギ　　169, 179
クチナガコオロギ　　169, 182
クツワムシ　　口絵35, 22, 93, 168, 175, 178, 182, 212
クナシリコバネヒナバッタ　　69
クビキリギス　　口絵9, 37, 41, 168, 178
クマゼミ　　口絵29, 110, 127, 135, 138, 145, 152, 161, 166, 174, 176, 177, 180
クモマヒナバッタ　　64, 67
クラズミウマ　　178
クルマバッタ　　口絵3, 13
クルマバッタモドキ　　15
クロイワゼミ　　136, 181
クロイワツクツク　　113, 136
クロイワニイニイ　　136
クロギリス科　　81
クロシマレーオオツクツク　　130
クロツヤコオロギ　　86
クロテイオウゼミ　　127

— 329 —

クロヒバリ　　　99
ケラ科　　　169
ケラ類　　　178
コエゾゼミ　　　口絵25, 110, 116, 158
コオロギ　　　2, 228
コオロギ類　　　166, 168, 174, 178, 181
コカゲヒシバッタ　　　83
コケヒシバッタ　　　83
コノシタウマ　　　178
コバネイナゴ　　　18, 174
コバネキリギリス群　　　46
コバネササキリ　　　73
コバネヒシバッタ　　　228
コバネヒシバッタ属　　　179
コバネヒナバッタ　　　64, 67
コモダスエンマコオロギ　　　5
コロギス　　　178, 225
コロギス類　　　169

【サ行】

ササキリ　　　口絵16, 72, 169, 178, 221
ササキリ亜科　　　167
ササキリモドキ　　　22
ササキリモドキ類　　　169
シバスズ　　　182
シブイロカヤキリ　　　41, 178
周期ゼミ　　　112
13年ゼミ　　　153, 176, 177
17年ゼミ　　　153, 176, 177
ショウリョウバッタ　　　18, 41
ショウリョウバッタモドキ　　　19
シロウマミヤマヒナバッタ　　　64, 69
スジアカクマゼミ　　　口絵33, 135, 138
スズムシ　　　22, 93, 169, 178, 182, 196
セスジツユムシ　　　22, 178
セミ類　　　169, 174

【タ行】

タイワンエンマコオロギ　　　5, 178
タイワンカヤヒバリ　　　口絵23, 85
タイワンキリギリス　　　49
タイワンクダマキモドキ　　　225
タイワンクビキリギス　　　37
タイワンツチイナゴ　　　口絵18, 80
タイワンヒグラシ　　　127, 136
タカネヒナバッタ　　　64, 67
タカネヒナバッタ属　　　67

タフラ　　　114
タンザワフキバッタ　　　18
タンボコオロギ　　　173, 178
チェンアミバネゼミ　　　口絵31, 134
チシマコバネヒナバッタ　　　69
チッチゼミ　　　口絵32, 135, 159, 177
チビヒシバッタ　　　83
チョウセンケナガニイニイ　　　134
チョウセンフトキリギリス　　　48
ツクツクボウシ　　　113, 136, 146, 150, 159,
　　　170, 172, 174, 176, 177, 180
ツシマコズエヤブキリ　　　50
ツシマフトギス　　　221
ツチイナゴ　　　口絵12, 18, 41
ツヅレサセコオロギ　　　178, 182
ツノジロノミバッタ　　　59
ツマグロゼミ　　　136
ツマグロバッタ　　　17
ツマグロバッタ属　　　168
ツユムシ　　　168, 178
ツユムシ科　　　167
テイオウゼミ　　　口絵29, 127, 181
トノサマバッタ　　　12, 41, 168, 174

【ナ行】

ナガレトゲヒシバッタ　　　83
ナキイナゴ　　　口絵2, 11, 19, 168
ナギサスズ　　　230
ナツノツヅレサセコオロギ　　　178, 182
ニイニイゼミ　　　111, 134, 146, 150, 156,
　　　164, 170, 172, 174, 177, 181
ニシキリギリス　　　46, 48, 88
ニトベノミバッタ　　　59
ネッタイエンマコオロギ　　　178
ノミバッタ　　　口絵15, 41, 55
ノリクラミヤマヒナバッタ　　　64, 69

【ハ行】

ハクサンミヤマヒナバッタ　　　64, 69
ハタオリムシ　　　100
ハタケノウマオイ　　　178
バッタ類　　　174
ハナハクササキリ　　　73
ハネナガキリギリス　　　45, 47
ハネナシコロギス　　　口絵6, 23, 226
ハヤシノウマオイ　　　178
ハラオカメコオロギ　　　182

ハラブトゼミ　　口絵26, 113
ハルゼミ　　134, 150, 177, 180
ヒガシキリギリス　　口絵13, 46, 48, 88
ヒグラシ　　113, 134, 146, 158, 170, 173, 176, 181
ヒゲナガヒナバッタ　63, 66
ヒゲナガヒナバッタ属　66
ヒシバッタ　41
ヒシバッタ類　178
ヒナバッタ　19, 61, 173
ヒナバッタ属　65
ヒナバッタ類　61, 168
ヒメギス　101, 221
ヒメクダマキモドキ　224
ヒメスズ　99
ヒメテイオウゼミ　127
ヒメハルゼミ　口絵28, 121, 136, 181
ヒラタツユムシ　口絵20, 81
ヒラタヒシバッタ類　83
ヒルギササキリモドキ　口絵19, 80
ヒロバネカンタン　178
ヒロバネヒナバッタ　19, 61
ヒロバネヒナバッタ属　65
フジコバネヒナバッタ　64, 68
フタイロヒバリ　口絵21, 84
フタットゲササキリ　73
フトキリギリス群　46
プラティペディアゼミ　口絵27, 114
ヘリグロツユムシ類　224
ホシササキリ　73
ホソクビツユムシ　22

【マ行】

マエアカクマゼミ　129
マダラカマドウマ　41, 42
マダラコオロギ　226
マダラスズ　178, 182
マダラゼミ属　133
マダラノミバッタ　60
マダラバッタ　19, 62

マツムシ　口絵8, 22, 28, 93, 169, 178, 182, 199
マツムシモドキ　23, 226
マレーミドリゼミ　133
マンシュウキリギリス　47
ミツカドコオロギ　182
ミドリチッチゼミ　181
ミヤコニイニイ　136
ミヤマヒナバッタ　64, 69
ミンミンゼミ　110, 146, 156, 170, 172, 177
ムカシゼミ　114
ムカシゼミ科　133
ムニンエンマコオロギ　5
モリバッタ　222

【ヤ行】

ヤエヤマクマゼミ　136
ヤエヤマニイニイ　136
ヤクヒナバッタ　63, 66
ヤチスズ　99, 182
ヤツコバネヒナバッタ　64, 68
ヤブキリ　口絵14, 50, 182, 219
ヤブキリ属　178
ヤマクダマキモドキ　口絵5, 23
ヤマチッチゼミ　137
ヤマトコバネヒナバッタ　64, 68
ヤマトスズ　100
ヤマトヒバリ　99
ヤマトマダラバッタ　19
ヤマヤブキリ　50
ヨーロッパキリギリス群　46
ヨナグニヒシバッタ　83
ヨナグニモリバッタ　222
ヨリメヒシバッタ　83

【ラ行】

リュウキュウアブラゼミ　136
レブンヒナバッタ　63, 66

鳴く虫セレクション　執筆者紹介

安藤俊夫（あんどう　としお）
日本直翅類学会、日本鳴く虫保存会神奈川支部長

石川　均（いしかわ　ひとし）
日本直翅類学会

市川顕彦（いちかわ　あきひこ）
日本直翅類学会

伊藤ふくお（いとう　ふくお）
日本直翅類学会、昆虫生態写真家

内田正吉（うちだ　まさよし）
日本直翅類学会

大谷英児（おおや　えいじ）
独立行政法人森林総合研究所　主任研究員、
日本直翅類学会、日本セミの会会員
昆虫行動学、生物音響学

小川次郎（おがわ　じろう）
日本直翅類学会
昆虫分類学

加納康嗣（かのう　やすつぐ）
日本直翅類学会

河合正人（かわい　まさと）
日本直翅類学会、大阪市立自然史博物館友の会
評議員

初宿成彦（しやけ　しげひこ）
大阪市立自然史博物館　学芸員、
日本セミの会会員
昆虫分類学

杉本雅志（すぎもと　まさし）
日本直翅類学会、沖縄昆虫同好会

角（本田）恵理（すみ（ほんだ）えり）
日本直翅類学会
生物音響学、進化生態学

中原直子（なかはら　なおこ）
日本直翅類学会

宮武頼夫（みやたけ　よりお）
元　大阪市立自然史博物館　学芸員、日本セミ
の会会員
昆虫分類学、近畿地方のセミの分布

村井貴史（むらい　たかし）
日本直翅類学会、大阪市立自然史博物館友の会
評議員

森山　実（もりやま　みのる）
大阪市立大学大学院理学研究科、日本セミの会
会員
昆虫生理生態学

和田一郎（わだ　いちろう）
日本直翅類学会

編集者紹介

釋知恵子（しゃく　ちえこ）
特定非営利活動法人大阪自然史センター

中条武司（なかじょう　たけし）
大阪市立自然史博物館　学芸員

大阪市立自然史博物館叢書―④

鳴く虫セレクション

2008年10月20日　第1版第1刷発行

編　著　大阪市立自然史博物館・大阪自然史センター

　　　　大阪市立自然史博物館
　　　　　〒546-0034　大阪市東住吉区長居公園1-23
　　　　　TEL 06-6697-6221　FAX 06-6697-6225
　　　　　URL http://www.mus-nh.city.osaka.jp/

　　　　特定非営利活動法人　大阪自然史センター
　　　　　TEL 06-6697-6262　FAX 06-6697-6306
　　　　　URL http://www.omnh.net/npo/

発行者　大塚　保

発行所　東海大学出版会
　　　　　〒257-0003　神奈川県秦野市南矢名3-10-35
　　　　　TEL 0463-79-3921　FAX 0463-69-5087
　　　　　URL http://www.press.tokai.ac.jp/
　　　　　振替　00100-5-46614

印　刷　港北出版印刷株式会社

製本所　株式会社石津製本所

ⓒOsaka Museum of Natural History and Osaka Natural History Center, 2008
ISBN978-4-486-01815-5

Ⓡ〈日本複写権センター委託出版物〉
本書の全部または一部を無断で複写複製（コピー）することは，著作権法上の例外を除き，禁じられています．本書から複写複製する場合は日本複写権センターへご連絡の上，許諾を得てください．日本複写権センター（電話　03-3401-2382）